要点がわかる
ベクトル解析

工学博士　丸山　武男
博士(工学)　石井　望
共著

コロナ社

まえがき

ベクトル解析は，電気系技術者にとって，多くの専門科目を学ぶ上で必要不可欠な科目である。特に，電磁気学（物理学の一分野）では，ベクトル量として取り扱われる物理量が頻繁に現れる。また，勾配（傾き），発散・湧き出し，回転などの概念も頻繁に必要となる。数学と物理学との違いは，物理学においては数値や数学記号などが，すべて物理的意味を持つという点にある。したがって，数学的手法を実際の物理量や物理現象と結びつけて理解しておくことが大切である。

本書は，「良い講義は教員と学生の共同作業で生まれる」という信念に基づいて行っている講義のレジュメ（講義要録）をベースとして書きあげた自信作である。レジュメは電気系学生に対してわかりやすい講義を行うことを目的に作成したものである。技術者にとって，数学は専門分野を理解するために，あるいは，研究するために必要なツールである。必要な場面で，必要な知識を使えなければ意味がない。そこで，数学的な厳密さよりも，電気系の技術者として“使える数学”を身につけることを主眼として執筆した。このため，できるだけ電気工学にかかわりの深い例題を取り上げて説明するとともに，随所に電磁気学との関連についても記述した。また，同様の観点から，位置ベクトルに関する演習を数多くとり入れた。

本書の大きな特徴は，講義に際して実施してきた長年にわたる学生との Q&A（Question and Answer）を通じてつかんだ，学生のウイークポイントを熟知した上で執筆していることである。つまり，学生の立場に立って執筆した本である。このことは「過去の Q&A から」や「アドバイスコーナー」を拾い読みしていただけばわかるだろう。学生からの質問に対する回答については，できるだけわかりやすくするため，イメージをつかみやすいように解説してある。いま，本書を手にとって立ち読みをしている学生の皆さん，ぜひ「過去の Q&A から」や「アドバイスコーナー」を読んでみていただきたい。皆さんが知りたかった内容がわかりやすく書かれているはずである。

なぜこのような本を執筆する気になったかについて，簡単に触れておきたい。筆者らは，ベクトル解析の講義を担当することになった 1999 年以来，受講者の立場に立ってわかりやすい講義を行うために，学生の意見や要望を積極的に取り入れるなど，種々の試みをしてきた。その一つが，学生の疑問や質問に答えるため，また，講義の聞き間違いなどによる誤解や勘違いを次回の講義で解消するために，毎回の講義終了後に実施してきた「Q&A の質問票」である。本来ならば，授業中に質問を受け付け，その場で回答するのがよいのだが，いまどきの学生はなかなか質問をしてくれない。そこで，考案したのがこの「Q&A」である。毎回，講義終了後に「質問票」を配布・回収し，次回の講義の際に，学生の疑問・質問に対する回答集をプリントにして配布した。本書に記載した「過去の Q&A から」や「アドバイスコーナー」は，8 年間にわたって蓄積した膨大な Q&A データの中から選んだ『珠玉』である。これらは，教える側の押し付けではなく，教わる側の率直な疑問に対して回答した事柄であるので，ベクトル解析を初めて学ぶ初心者にとっては，同世代の先輩からのたいへん心強いプレゼントといえる。ぜひ読んでみていただきたい。

本書は電磁気学を学ぶためのベクトル解析という位置づけであるが，電磁気学の教科書として本書と同じ趣旨で著者の一人が執筆した「要点がわかる電磁気学」（コロナ社）をあげておく。

最後に，本書の出版に当って，原稿の整理，製版，校正などでお世話になった，コロナ社の編集部の皆さんに，感謝の意を表します。問題解答例のチェック，誤字脱字のチェックなどに協力してくれた，大学院生の川上歩君，長浜大作君，片桐康男君に謝意を表します。

2007 年 2 月

丸山武男
石井　望

目　　　次

1. ベ　ク　ト　ル

2. ベクトル関数の微分と積分

3. 勾配・発散・回転

4. 線積分・面積分

5. 積 分 定 理

1 ベクトル

力，速度，加速度をはじめとして，ベクトルによって記述される物理量は数多く存在する。**ベクトル**（vector）とは，大きさと向きの情報を持つ量で，力，速度，加速度などがその代表的な物理量であり，三次元空間において矢印を用いて表現されることが多い。矢印の長さがベクトルの大きさに，矢印の向きがベクトルの向きに対応する。これに対して，大きさのみの情報を持つ量を**スカラー**（scalar）といい，質量，長さ，時間などがその代表的な物理量である。本章では，ベクトルに関して基本事項を簡単に振り返ったのち，ベクトルの加減算，スカラー倍，内積，外積について述べる。さらに，物理計算においてよく現れるスカラー三重積ならびにベクトル三重積についても説明する。

1.1 ベクトルの代数

1.1.1 ベクトルの基本事項

本節では，ベクトルに関する基本事項を示す。以降，断りのない限り，直角座標系（xyz 座標系）を用いることにする。

（1） 基本ベクトル　　x, y, z 軸の正の方向を向いた大きさが 1 のベクトルを x, y, z 軸に関する**基本ベクトル**（base vector）といい，$\boldsymbol{i}, \boldsymbol{j}, \boldsymbol{k}$ と表記する。$\boldsymbol{i}, \boldsymbol{j}, \boldsymbol{k}$ の大きさは 1 であるから，式 (1.1) の関係が成り立つ。

$$|\boldsymbol{i}| = |\boldsymbol{j}| = |\boldsymbol{k}| = 1 \tag{1.1}$$

（2） ベクトルの成分表示　　図 **1.1** に示すように，ベクトル $\boldsymbol{A}$ は基本ベク

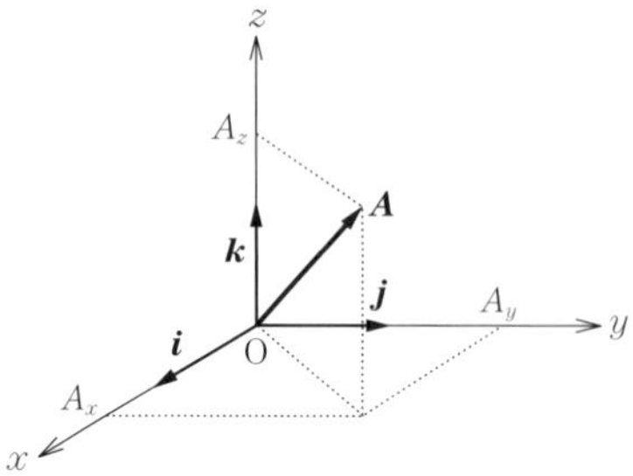

図 **1.1**　ベクトル $\boldsymbol{A}$ の成分表示

トル $\boldsymbol{i}, \boldsymbol{j}, \boldsymbol{k}$ を基底とする線形結合によって式 (1.2) のように表される。

$$\boldsymbol{A} = A_x\boldsymbol{i} + A_y\boldsymbol{j} + A_z\boldsymbol{k} \tag{1.2}$$

ここに，$\boldsymbol{i}, \boldsymbol{j}, \boldsymbol{k}$ の係数 A_x, A_y, A_z をベクトル $\boldsymbol{A}$ の x, y, z 成分という。

（**3**） **位置ベクトル**　　図 **1.2** に示すように，始点を原点 $\mathrm{O}(0, 0, 0)$ とし，終点を点 $\mathrm{P}(x, y, z)$ とするベクトル $\boldsymbol{r}$ を，点 P に関する**位置ベクトル**（position vector）といい，式 (1.3) のように表す。

$$\boldsymbol{r} = x\boldsymbol{i} + y\boldsymbol{j} + z\boldsymbol{k} \tag{1.3}$$

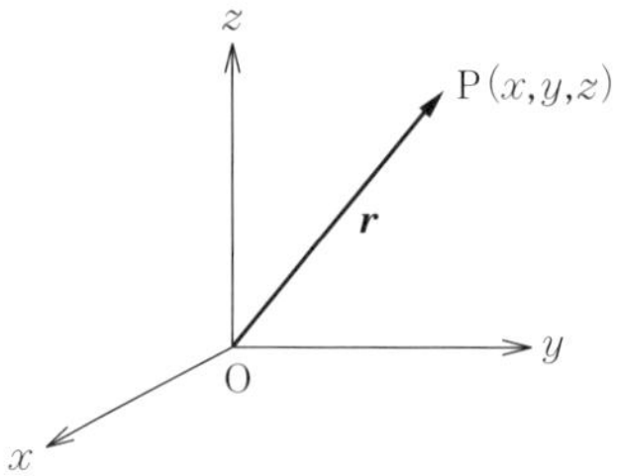

図 **1.2**　位置ベクトル $\boldsymbol{r}$

（**4**） **ベクトルの表記**　　本書では，太字 $\boldsymbol{A}, \boldsymbol{B}, \boldsymbol{C}, \boldsymbol{a}, \boldsymbol{b}, \boldsymbol{c}$ を用いてベクトルを表記する。細字の上に矢印を付けて表記し，$\vec{A}, \vec{B}, \vec{C}, \vec{a}, \vec{b}, \vec{c}$ としても間違いではないが，太字で表記することを強く勧める。また，ベクトル $\boldsymbol{A}$ の大きさは，式 (1.4) のように，単に細字で表記するか，太字に絶対値記号を付けて表記するかのいずれかでよい。

$$A = |\boldsymbol{A}| = \sqrt{A_x^2 + A_y^2 + A_z^2} \tag{1.4}$$

（5） **ベクトルの相等**　図 **1.3** に示すように，$\boldsymbol{A}, \boldsymbol{B}$ の大きさ，向きとも等しいとき，$\boldsymbol{A}$ と $\boldsymbol{B}$ は等しいといい，式 (1.5) で表す。

$$\boldsymbol{A} = \boldsymbol{B} \tag{1.5}$$

このとき，$|\boldsymbol{A}| = |\boldsymbol{B}|$, $\boldsymbol{A} \mathbin{/\!/} \boldsymbol{B}$ の関係が成り立つ。

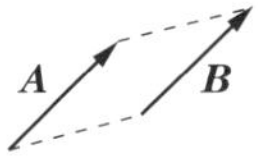

図 **1.3**　ベクトルの相等

また，$\boldsymbol{A} = A_x\boldsymbol{i} + A_y\boldsymbol{j} + A_z\boldsymbol{k}$, $\boldsymbol{B} = B_x\boldsymbol{i} + B_y\boldsymbol{j} + B_z\boldsymbol{k}$ において，各成分が等しいとき，$\boldsymbol{A}$ と $\boldsymbol{B}$ は等しく，式 (1.6) で表す。

$$\boldsymbol{A} = \boldsymbol{B} \quad \Leftrightarrow \quad A_x = B_x,\ A_y = B_y,\ A_z = B_z \tag{1.6}$$

（6） **零ベクトル**　大きさが 0 のベクトルを**零**（ぜろ）**ベクトル**（zero vector）といい，太字の $\boldsymbol{0}$ で表す。$\boldsymbol{A} = A_x\boldsymbol{i} + A_y\boldsymbol{j} + A_z\boldsymbol{k}$ において，各成分が 0 に等しいとき，$\boldsymbol{A}$ は零ベクトルであり，式 (1.7) で表す。

$$\boldsymbol{A} = \boldsymbol{0} \quad \Leftrightarrow \quad A_x = 0,\ A_y = 0,\ A_z = 0 \tag{1.7}$$

【注意】　零ベクトルは，向きは定義されないが，必ず太字 $\boldsymbol{0}$ で表記しなければならない。細字 0 で表記してはいけない。

（7） **単位ベクトル**　大きさが 1 のベクトルを**単位ベクトル**（unit vector）という。ベクトル $\boldsymbol{A} = A_x\boldsymbol{i} + A_y\boldsymbol{j} + A_z\boldsymbol{k}$ が単位ベクトルであるとき

$$A = |\boldsymbol{A}| = \sqrt{A_x^2 + A_y^2 + A_z^2} = 1 \tag{1.8}$$

の関係が成り立つ。また，ベクトル $\boldsymbol{A}$ の向きにおける単位ベクトル $\boldsymbol{a}_A$ は

$$\boldsymbol{a}_A = \frac{\boldsymbol{A}}{|\boldsymbol{A}|} \tag{1.9}$$

によって与えられる。

（例）$\boldsymbol{A} = \boldsymbol{i} + \boldsymbol{j} + \boldsymbol{k}$ は，$A = |\boldsymbol{A}| = \sqrt{1^2 + 1^2 + 1^2} = \sqrt{3} \neq 1$ となるので，単位ベクトルではない。

（8） 方向余弦　図 **1.4** に示すように，$\boldsymbol{A} = A_x\boldsymbol{i} + A_y\boldsymbol{j} + A_z\boldsymbol{k}$ が x, y, z 軸となす角をそれぞれ α, β, γ とするとき，$\cos\alpha$, $\cos\beta$, $\cos\gamma$ を $\boldsymbol{A}$ の**方向余弦**（direction cosine）という。ベクトル $\boldsymbol{A}$ の各成分と方向余弦の間には式 (1.10) の関係が成り立つ。

$$A_x = A\cos\alpha, \quad A_y = A\cos\beta, \quad A_z = A\cos\gamma \tag{1.10}$$

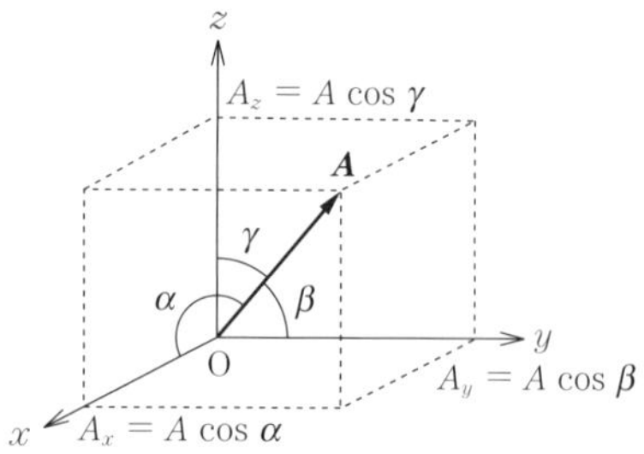

図 **1.4**　ベクトル $\boldsymbol{A}$ の方向余弦

例題 1.1　$\boldsymbol{A} = \boldsymbol{i} + 2\boldsymbol{j} + 3\boldsymbol{k}$ に対して，(1) 大きさ $A = |\boldsymbol{A}|$, (2) 方向余弦を計算せよ。

【解答】 (1)　$A = |\boldsymbol{A}| = \sqrt{1^2 + 2^2 + 3^2} = \sqrt{14}$

(2)　$\cos\alpha = \dfrac{A_x}{A} = \dfrac{1}{\sqrt{14}}, \quad \cos\beta = \dfrac{A_y}{A} = \dfrac{2}{\sqrt{14}}, \quad \cos\gamma = \dfrac{A_z}{A} = \dfrac{3}{\sqrt{14}}$　◇

問 1.1　$\cos\alpha$, $\cos\beta$, $\cos\gamma$ が方向余弦であるとき，$\cos^2\alpha + \cos^2\beta + \cos^2\gamma = 1$ が成り立つことを示せ。

過去の Q&A から

Q1.1: 右手系と左手系の違いがわからない。

A1.1: x 軸の正の部分が y 軸の正の部分に重なるように右回りに回転したとき，右ねじの進む方向を z 軸の正方向と決めた座標系を右手系（right–handed system）という。x 軸の正の部分が y 軸の正の部分に重なるように左回りに回転したとき，左ねじの進む方向を z 軸の正方向と決めた座標系を左手系（left–handed system）という。

Q1.2: 大きさ $|\boldsymbol{A}|$ とノルム $\|\boldsymbol{A}\|$ の違いがわからない。

A1.2: 同じもので，線形代数では $\|\boldsymbol{A}\|$，ベクトル解析では $|\boldsymbol{A}|$ を使用する。

Q1.3: 零ベクトルは向きがないのになぜベクトルなのか。

A1.3: 零ベクトルはベクトルの演算がベクトルの世界で閉じるようにするために取り入れられている。例えば，$\boldsymbol{A} \times \boldsymbol{A} = \boldsymbol{0}$ のように用いる。外積の定義から明らかなように，$\boldsymbol{A} \times \boldsymbol{A}$ の大きさは 0 であるが，これを $\boldsymbol{A} \times \boldsymbol{A} = 0$ と書いてしまうと，左辺はベクトルであるのに対して，右辺はスカラーの 0 となり，等号で結ぶわけにはいかない。そこで，零ベクトル $\boldsymbol{0}$ を導入したというわけである。

Q1.4: 単位ベクトルの計算の仕方がわからない。

A1.4: 単位ベクトルの意味をしっかり理解しよう。単位ベクトルとは大きさ 1 のベクトルである。したがって，ベクトル $\boldsymbol{A}$ の向きの単位ベクトル $\boldsymbol{a}_A$ は，$\boldsymbol{A}$ にその大きさ $A = |\boldsymbol{A}|$ の逆数を乗じることで得られる。すなわち，$\boldsymbol{a}_A = (1/A)\boldsymbol{A} = \boldsymbol{A}/A$ となる。これが基本で，あとは応用である。

Q1.5: 方向余弦の定義がわからない。方向余弦は負値となるのか。

A1.5: 〔方向余弦の定義〕　図 1.4 で $\boldsymbol{A}$ が x, y, z 軸の正方向となす角をそれぞれ α, β, γ とすると，$A_x = A\cos\alpha, A_y = A\cos\beta, A_z = A\cos\gamma$ である。そこで，$l = \cos\alpha, m = \cos\beta, n = \cos\gamma$ とおくとき，これらの組 (l, m, n) をベクトル $\boldsymbol{A}$ の方向余弦という。$l = A_x/A, m = A_y/A, n = A_z/A$ であるから，ベクトルの成分が与えられると方向余弦が決定する。

〔方向余弦の正負〕　理解を容易にするため，2 次元で説明する。図 **1.5**(a) で $\boldsymbol{A}$ は第 1 象限のベクトルであるから，α, β は共に鋭角であって，$\cos\alpha > 0$，$\cos\beta > 0$ となる。図 (b) で $\boldsymbol{B}$ は第 2 象限のベクトルであるから，α は鈍角，β は鋭角であって，$\cos\alpha < 0$，$\cos\beta > 0$ となる。すなわち，$\boldsymbol{B}$ の x 成分 $B\cos\alpha$ は負値となる。

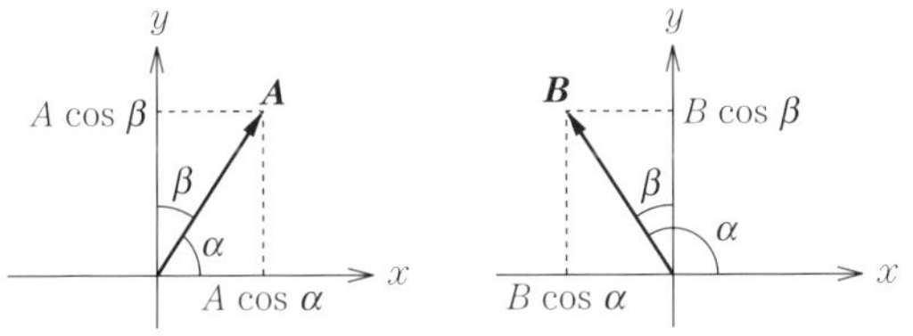

(a)　方向余弦が正となる場合　　(b)　方向余弦が負となる場合

図 1.5　方向余弦の正負

1.1.2　ベクトルの代数演算

(1)　ベクトルのスカラー倍　　$\boldsymbol{A}$ をベクトル，p をスカラーとするとき，ベクトルのスカラー倍 $p\boldsymbol{A}$ をつぎのように定義する。

- $p > 0$ のとき，$\boldsymbol{A}$ と同方向で，大きさを $p|\boldsymbol{A}|$ とする。
- $p < 0$ のとき，$\boldsymbol{A}$ と逆方向で，大きさを $|p||\boldsymbol{A}|$ とする。
- $p = 0$ のとき，零ベクトル $\boldsymbol{0}$ とする。すなわち，$(0)\boldsymbol{A} = \boldsymbol{0}$ となる。

$p = -1$ のとき，$(-1)\boldsymbol{A} = -\boldsymbol{A}$ を $\boldsymbol{A}$ の逆ベクトルという（図 **1.6** 参照)。

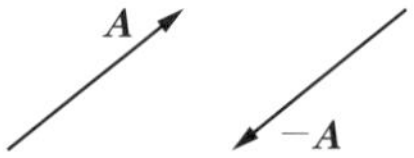

図 **1.6**　逆ベクトル $-\boldsymbol{A}$

また，$\boldsymbol{A} = A_x\boldsymbol{i} + A_y\boldsymbol{j} + A_z\boldsymbol{k}$ のとき，$p\boldsymbol{A}$ は $\boldsymbol{A}$ の各成分を p 倍することで与えられ，式 (1.11) で表される。

$$p\boldsymbol{A} = p(A_x\boldsymbol{i} + A_y\boldsymbol{j} + A_z\boldsymbol{k}) = (pA_x)\boldsymbol{i} + (pA_y)\boldsymbol{j} + (pA_z)\boldsymbol{k} \qquad (1.11)$$

(2)　ベクトルの和・差　　二つのベクトル $\boldsymbol{A}, \boldsymbol{B}$ から平行四辺形の規則 (law of parallelogram) によって得られるベクトルを $\boldsymbol{A}$ と $\boldsymbol{B}$ の和といい，$\boldsymbol{A} + \boldsymbol{B}$ と書く。具体的には，図 **1.7** に示すように，$\boldsymbol{A}$ の終点に $\boldsymbol{B}$ の始点が一致するように $\boldsymbol{B}$ を平行移動させたとき，$\boldsymbol{A}$ の始点 O から平行移動後の $\boldsymbol{B}$ の終点までのベクトルが $\boldsymbol{A} + \boldsymbol{B}$ に対応する。ベクトルの差 $\boldsymbol{A} - \boldsymbol{B}$ は，図に示すように，$\boldsymbol{A} - \boldsymbol{B} = \boldsymbol{A} + (-\boldsymbol{B})$ と考え，$\boldsymbol{A}$ と $(-\boldsymbol{B})$ の和として平行四辺形の規則によって得られる。また，$\boldsymbol{A} = A_x\boldsymbol{i} + A_y\boldsymbol{j} + A_z\boldsymbol{k}$, $\boldsymbol{B} = B_x\boldsymbol{i} + B_y\boldsymbol{j} + B_z\boldsymbol{k}$ のとき，$\boldsymbol{A} \pm \boldsymbol{B}$ は $\boldsymbol{A}, \boldsymbol{B}$ の各成分の和もしくは差によって与えられ，式 (1.12) で表される。

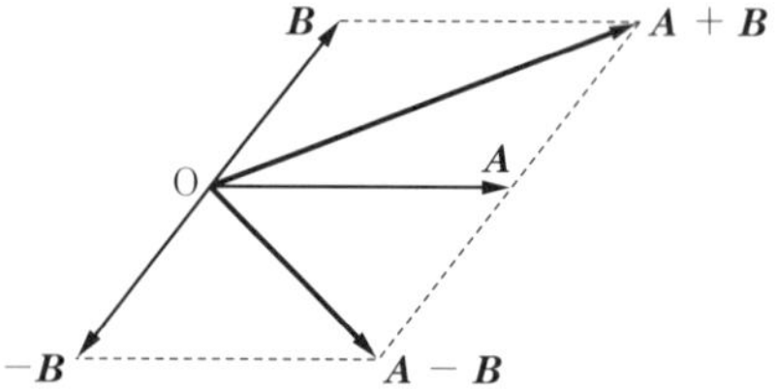

図 **1.7**　ベクトルの和・差

$$\boldsymbol{A} \pm \boldsymbol{B} = (A_x\boldsymbol{i} + A_y\boldsymbol{j} + A_z\boldsymbol{k}) \pm (B_x\boldsymbol{i} + B_y\boldsymbol{j} + B_z\boldsymbol{k})$$
$$= (A_x \pm B_x)\boldsymbol{i} + (A_y \pm B_y)\boldsymbol{j} + (A_z \pm B_z)\boldsymbol{k} \qquad (1.12)$$

ベクトルの和とスカラー倍について，つぎの三つの演算法則が成り立つ。

結合法則： $(\boldsymbol{A} + \boldsymbol{B}) + \boldsymbol{C} = \boldsymbol{A} + (\boldsymbol{B} + \boldsymbol{C})$ (1.13)

交換法則： $\boldsymbol{A} + \boldsymbol{B} = \boldsymbol{B} + \boldsymbol{A}$ (1.14)

分配法則： $p(\boldsymbol{A} + \boldsymbol{B}) = p\boldsymbol{A} + p\boldsymbol{B}$ (1.15)

$(p+q)\boldsymbol{A} = p\boldsymbol{A} + q\boldsymbol{A}$ (1.16)

問 1.2　$\boldsymbol{A} = 2\boldsymbol{i} + \boldsymbol{j} - 5\boldsymbol{k}$, $\boldsymbol{B} = 4\boldsymbol{i} - 3\boldsymbol{j} + 2\boldsymbol{k}$ のとき，$\boldsymbol{A} + \boldsymbol{B}$ の方向余弦を求めよ。

1.2 内 積 と 外 積

1.2.1 内　　積

（1） 内積の定義　図 **1.8** に示すように，ベクトル $\boldsymbol{A}$ と $\boldsymbol{B}$ のなす角を θ とするとき

$$\boldsymbol{A} \cdot \boldsymbol{B} = |\boldsymbol{A}||\boldsymbol{B}|\cos\theta = AB\cos\theta \qquad (1.17)$$

で与えられる演算を $\boldsymbol{A}$ と $\boldsymbol{B}$ の**内積**（inner product）という。式 (1.17) から明らかなように，内積 $\boldsymbol{A} \cdot \boldsymbol{B}$ はスカラーである。この意味で，内積はスカラー積（scalar product）とも呼ばれる。なお，$\boldsymbol{A} \cdot \boldsymbol{B}$ の $\boldsymbol{A}$ と $\boldsymbol{B}$ の間のドット ・

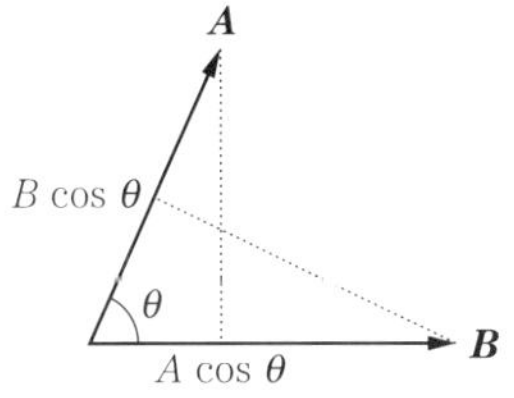

図 **1.8**　ベクトルの内積

は，内積であることを表す演算子であるから，これを省略してはいけない†。

式 (1.17) からわかるように，$0 < \theta < \pi/2$ のとき $\boldsymbol{A}\cdot\boldsymbol{B} > 0$, $\pi/2 < \theta < \pi$ のとき $\boldsymbol{A}\cdot\boldsymbol{B} < 0$ となる。$\theta = 0$ のとき $\boldsymbol{A}\cdot\boldsymbol{B} = AB$, $\theta = \pi/2$ のとき $\boldsymbol{A}\cdot\boldsymbol{B} = 0$, $\theta = \pi$ のとき $\boldsymbol{A}\cdot\boldsymbol{B} = -AB$ となる。

(2) 直 交 条 件　$\boldsymbol{A}$ と $\boldsymbol{B}$ が直交するとき，$\theta = \pi/2$ であるから

$$\boldsymbol{A} \perp \boldsymbol{B} \quad \Leftrightarrow \quad \boldsymbol{A}\cdot\boldsymbol{B} = 0 \tag{1.18}$$

の関係が成り立つ。

(3) 基本ベクトルどうしの内積　内積の定義から，自分自身どうしの内積は 1，自分と自分以外との内積は 0 となる。具体的にはつぎのようになる。

$$\boldsymbol{i}\cdot\boldsymbol{i} = \boldsymbol{j}\cdot\boldsymbol{j} = \boldsymbol{k}\cdot\boldsymbol{k} = 1 \tag{1.19}$$

$$\boldsymbol{i}\cdot\boldsymbol{j} = \boldsymbol{j}\cdot\boldsymbol{k} = \boldsymbol{k}\cdot\boldsymbol{i} = 0 \tag{1.20}$$

(4) $\boldsymbol{A}$ と $\boldsymbol{B}$ のなす角　内積の定義から，$\boldsymbol{A}$ と $\boldsymbol{B}$ のなす角 θ の余弦は

$$\cos\theta = \frac{\boldsymbol{A}\cdot\boldsymbol{B}}{|\boldsymbol{A}||\boldsymbol{B}|} = \frac{\boldsymbol{A}\cdot\boldsymbol{B}}{AB} \tag{1.21}$$

と与えられる。

(5) 内積の意味　図 1.8 に示すように，$\boldsymbol{B}$ の大きさ（$B = |\boldsymbol{B}|$）と $\boldsymbol{B}$ 上への $\boldsymbol{A}$ の正射影（$A\cos\theta$）の積と考えられる。あるいは，$\boldsymbol{B}$ 上への $\boldsymbol{A}$ の正射影を求める演算でもある。

$$A\cos\theta = \boldsymbol{A}\cdot\frac{\boldsymbol{B}}{B} = \boldsymbol{A} \text{ の } \boldsymbol{B} \text{ 方向成分} \tag{1.22}$$

以上は $\boldsymbol{A}$ と $\boldsymbol{B}$ を入れ換えて考えてもかまわない。

(6) 内積の成分表示　$\boldsymbol{A}\cdot\boldsymbol{B}$ の成分表示は式 (1.23) で与えられる。

$$\begin{aligned}\boldsymbol{A}\cdot\boldsymbol{B} &= (A_x\boldsymbol{i} + A_y\boldsymbol{j} + A_z\boldsymbol{k})\cdot(B_x\boldsymbol{i} + B_y\boldsymbol{j} + B_z\boldsymbol{k}) \\ &= A_xB_x + A_yB_y + A_zB_z \end{aligned}\tag{1.23}$$

---

† スカラーどうしの積の場合，$A\cdot B$ を単に AB と書いてもよかったが，内積の場合はそのような特例規則はないので注意されたい。

〔証明〕 図 **1.9** の △OPQ の ∠QOP を狭角として余弦定理を適用する。

$$\overline{\mathrm{PQ}}^2 = \overline{\mathrm{OP}}^2 + \overline{\mathrm{OQ}}^2 - 2\overline{\mathrm{OP}} \cdot \overline{\mathrm{OQ}} \cos\theta$$

ここで

$$\overrightarrow{\mathrm{OP}} = \boldsymbol{A} = A_x\boldsymbol{i} + A_y\boldsymbol{j} + A_z\boldsymbol{k}$$

$$\overrightarrow{\mathrm{OQ}} = \boldsymbol{B} = B_x\boldsymbol{i} + B_y\boldsymbol{j} + B_z\boldsymbol{k}$$

$$\overrightarrow{\mathrm{PQ}} = \boldsymbol{B} - \boldsymbol{A} = (B_x - A_x)\boldsymbol{i} + (B_y - A_y)\boldsymbol{j} + (B_z - A_z)\boldsymbol{k}$$

であるから

$$(B_x - A_x)^2 + (B_y - A_y)^2 + (B_z - A_z)^2$$
$$= (A_x^2 + A_y^2 + A_z^2) + (B_x^2 + B_y^2 + B_z^2) - 2\boldsymbol{A} \cdot \boldsymbol{B}$$

となる。整理すると式 (1.23) が得られる。

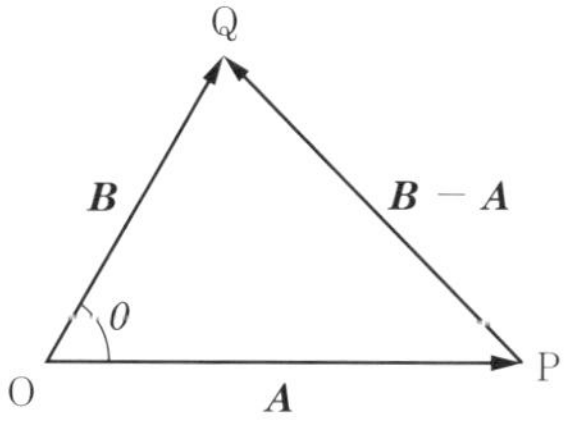

図 **1.9** 内積の成分表示の証明

(7) 内積の演算法則　内積について，以下の演算法則が成り立つ。

交 換 法 則：$\boldsymbol{A} \cdot \boldsymbol{B} = \boldsymbol{B} \cdot \boldsymbol{A}$ (1.24)

分 配 法 則：$(\boldsymbol{A} + \boldsymbol{B}) \cdot \boldsymbol{C} = \boldsymbol{A} \cdot \boldsymbol{C} + \boldsymbol{B} \cdot \boldsymbol{C}$ (1.25)

スカラー倍：$(p\boldsymbol{A}) \cdot \boldsymbol{B} = \boldsymbol{A} \cdot (p\boldsymbol{B}) = p(\boldsymbol{A} \cdot \boldsymbol{B})$ (1.26)

$$\boldsymbol{A} \cdot \boldsymbol{A} = |\boldsymbol{A}|^2 = A_x^2 + A_y^2 + A_z^2 \quad (1.27)$$

問 1.3 内積の成分表示の式 (1.23) を用いて，内積の演算法則の式 (1.24)～(1.27) を示せ。

(8) 正 射 影　図**1.10**に示すように，単位ベクトル $\boldsymbol{u}$ の方向への $\boldsymbol{A}$ の正射影（orthogonal projection）A_u は

$$A_u = |\boldsymbol{A}|\cos\theta = \boldsymbol{A}\cdot\boldsymbol{u} \tag{1.28}$$

で与えられる。これは $\boldsymbol{A}$ の $\boldsymbol{u}$ 方向成分である。

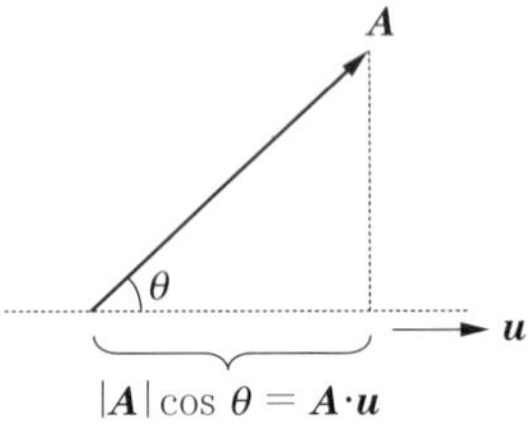

図 1.10　ベクトルの正射影

例題 1.2　$\boldsymbol{A} = 2\boldsymbol{i} - 3\boldsymbol{j} + \boldsymbol{k}$, $\boldsymbol{B} = 3\boldsymbol{i} - \boldsymbol{j} - 2\boldsymbol{k}$ のとき，(1) 内積 $\boldsymbol{A}\cdot\boldsymbol{B}$, (2) $\boldsymbol{A}$ と $\boldsymbol{B}$ のなす角 θ を求めよ。

【解答】 (1)　$\boldsymbol{A}\cdot\boldsymbol{B} = 2\cdot 3 + (-3)\cdot(-1) + 1\cdot(-2) = 7$

(2)　$|\boldsymbol{A}| = \sqrt{2^2+(-3)^2+1^2} = \sqrt{14}$, 　$|\boldsymbol{B}| = \sqrt{3^2+(-1)^2+(-2)^2} = \sqrt{14}$

$$\cos\theta = \frac{\boldsymbol{A}\cdot\boldsymbol{B}}{|\boldsymbol{A}||\boldsymbol{B}|} = \frac{7}{\sqrt{14}\sqrt{14}} = \frac{1}{2} \qquad \therefore \quad \theta = \frac{\pi}{3}$$ ◇

問 1.4　$\boldsymbol{A} = 2\boldsymbol{i} + \boldsymbol{j} - 3\boldsymbol{k}$, $\boldsymbol{B} = 3\boldsymbol{i} - 2\boldsymbol{j} - \boldsymbol{k}$ のとき，内積 $\boldsymbol{A}\cdot\boldsymbol{B}$ および $\boldsymbol{A}$, $\boldsymbol{B}$ のなす角を求めよ。

問 1.5　$\boldsymbol{A} = a\boldsymbol{i} + 2a\boldsymbol{j} - 4\boldsymbol{k}$, $\boldsymbol{B} = 2a\boldsymbol{i} - 3\boldsymbol{j} - \boldsymbol{k}$ が直交するように a の値を定めよ。

過去の Q&A から

Q1.6: 内積は何を表すのか。図形的な意味や式はわかるが，具体例がわからない。

A1.6: 付録 A.2 の内積と外積の物理的応用例を参考にされたい。具体例としては，力の作用による仕事がわかりやすい。この仕事は，物体の移動方向への力の大きさと物体の移動距離の積で与えられる。図**1.11**に示すように，物体に働く力を $\boldsymbol{F}$, 物体の移動距離を Δr とし，力 $\boldsymbol{F}$ が物体の移動方向に対してなす角を θ としたとき，物体の移動方向への力の大きさは $F\cos\theta$

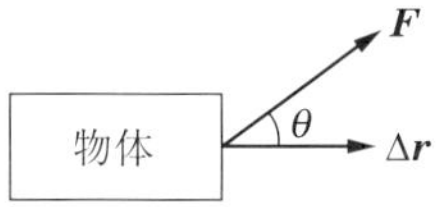

図 **1.11**　仕事の定義

であるから，仕事は $(F\cos\theta)\Delta r$ である。物体の変位をベクトル表示して $\Delta\boldsymbol{r}$ と書くことにすれば，$(F\cos\theta)\Delta r$ は，$\boldsymbol{F}$ と $\Delta\boldsymbol{r}$ の内積 $\boldsymbol{F}\cdot\Delta\boldsymbol{r}$ そのものとなる。

Q1.7: $\boldsymbol{A}$ の $\boldsymbol{B}$ 上への正射影はスカラーか，それともベクトルか。

A1.7: たいへんよい指摘である。本書では，正射影はスカラー，正射影ベクトルはベクトルとして区別する。

正射影：　$|\boldsymbol{A}|\cos\theta = \dfrac{\boldsymbol{A}\cdot\boldsymbol{B}}{|\boldsymbol{B}|}$

正射影ベクトル：　$(|\boldsymbol{A}|\cos\theta)\dfrac{\boldsymbol{B}}{|\boldsymbol{B}|} = \dfrac{(\boldsymbol{A}\cdot\boldsymbol{B})\boldsymbol{B}}{|\boldsymbol{B}|^2}$

1.2.2 外　　積

（1）外積の定義　**図 1.12** に示すように，ベクトル $\boldsymbol{A}$ と $\boldsymbol{B}$ のなす角を θ とし，$\boldsymbol{A}$ と $\boldsymbol{B}$ に垂直で，かつ，$\boldsymbol{A}$ から $\boldsymbol{B}$ へ最短で右ねじを回すときねじが進む方向の単位ベクトルを $\boldsymbol{u}$ とする。このとき

$$\boldsymbol{A}\times\boldsymbol{B} = (|\boldsymbol{A}||\boldsymbol{B}|\sin\theta)\,\boldsymbol{u} = (AB\sin\theta)\,\boldsymbol{u} \tag{1.29}$$

で与えられる演算を $\boldsymbol{A}$ から $\boldsymbol{B}$ への**外積**（outer product）という。式 (1.29) から明らかなように，外積 $\boldsymbol{A}\times\boldsymbol{B}$ はベクトルである。この意味で，外積はベクトル積（vector product）とも呼ばれる。また，$\boldsymbol{A}\perp\boldsymbol{A}\times\boldsymbol{B}$, $\boldsymbol{B}\perp\boldsymbol{A}\times\boldsymbol{B}$

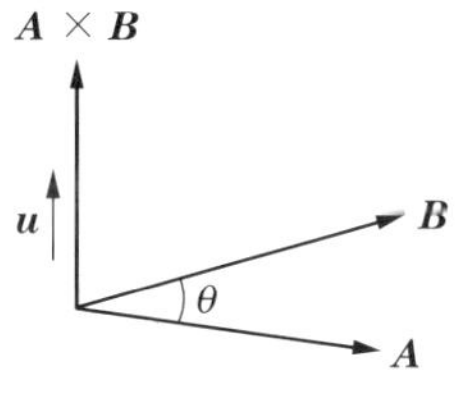

図 **1.12**　ベクトルの外積

であるから，式 (1.30) の関係が成り立つ。

$$\boldsymbol{A}\cdot(\boldsymbol{A}\times\boldsymbol{B}) = \boldsymbol{B}\cdot(\boldsymbol{A}\times\boldsymbol{B}) = 0 \tag{1.30}$$

(2)　平 行 条 件　　$\boldsymbol{A}$ と $\boldsymbol{B}$ が平行であるとき $\theta = 0$ または $\theta = \pi$ であるから，式 (1.31) の関係が成り立つ。

$$\boldsymbol{A} /\!/ \boldsymbol{B} \quad \Leftrightarrow \quad \boldsymbol{A}\times\boldsymbol{B} = \boldsymbol{0} \tag{1.31}$$

特に，$\boldsymbol{B} = \boldsymbol{A}$ であるとき，式 (1.32) の関係が成り立つ。

$$\boldsymbol{A}\times\boldsymbol{A} = \boldsymbol{0} \tag{1.32}$$

(3)　基本ベクトルどうしの外積　　式 (1.32) から，自分自身どうしの外積は $\boldsymbol{0}$ となるので

$$\boldsymbol{i}\times\boldsymbol{i} = \boldsymbol{j}\times\boldsymbol{j} = \boldsymbol{k}\times\boldsymbol{k} = \boldsymbol{0} \tag{1.33}$$

となる。外積の定義の式 (1.29) から，自分と自分以外との外積はつぎのようになる（図 **1.13** 参照）。

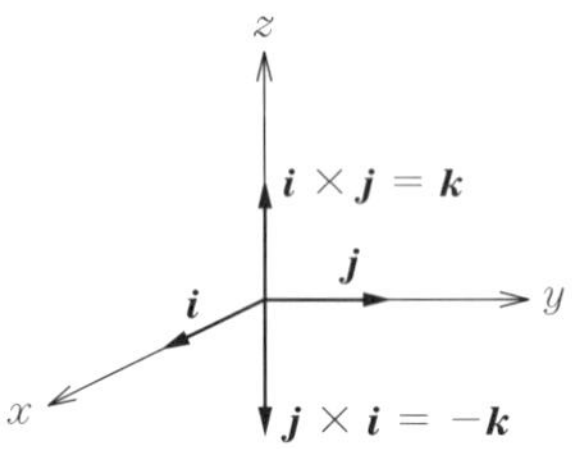

図 **1.13**　基本ベクトルどうしの外積

$$\boldsymbol{i}\times\boldsymbol{j} = \boldsymbol{k}, \quad \boldsymbol{j}\times\boldsymbol{k} = \boldsymbol{i}, \quad \boldsymbol{k}\times\boldsymbol{i} = \boldsymbol{j}, \tag{1.34}$$

$$\boldsymbol{j}\times\boldsymbol{i} = -\boldsymbol{k}, \quad \boldsymbol{k}\times\boldsymbol{j} = -\boldsymbol{i}, \quad \boldsymbol{i}\times\boldsymbol{k} = -\boldsymbol{j} \tag{1.35}$$

(4)　外積の意味　　力による回転作用を表現することができるほか，つぎのような回転を伴う物理現象を説明するために利用される。

（例 1）　$\boldsymbol{v} = \boldsymbol{\omega}\times\boldsymbol{r}$　（$\boldsymbol{\omega}$：角速度ベクトル，回転により右ねじが進む方向）

（例 2） $\boldsymbol{F} = q\boldsymbol{v} \times \boldsymbol{B}$, $q = \pm e$（ローレンツ力），$\boldsymbol{F} = \boldsymbol{I} \times \boldsymbol{B}$（電磁力，フレミングの左手の法則）

（例 3） $\boldsymbol{L} = \boldsymbol{r} \times \boldsymbol{p}$（角運動量），$\boldsymbol{T} = \boldsymbol{r} \times \boldsymbol{F}$（トルク，力のモーメント）

（5） **面積と外積**　**図 1.14** からわかるように，$\boldsymbol{A}\times\boldsymbol{B}$ の大きさ $|\boldsymbol{A}\times\boldsymbol{B}| = |\boldsymbol{A}||\boldsymbol{B}|\sin\theta$ は $\boldsymbol{A}$ と $\boldsymbol{B}$ がつくる平行四辺形の面積である。外積の定義式 (1.29) との比較から，外積は面積に向きを付加した**面積ベクトル**（area vector）と考えることができる。

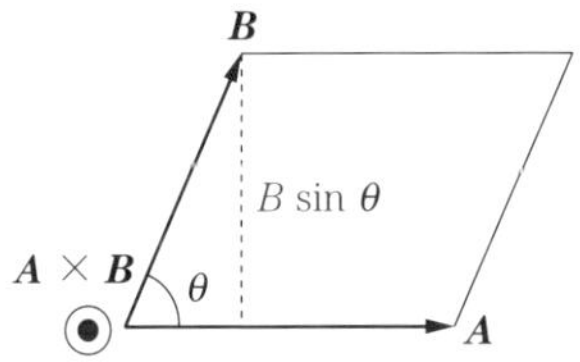

図 1.14　平行四辺形の面積と外積

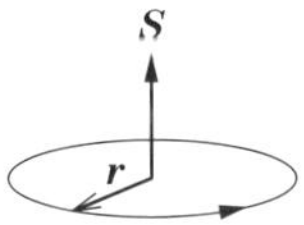

図 1.15　面積ベクトルの定義

〔参考〕 **面積ベクトル $\boldsymbol{S}$ の定義**　外積を拡張した概念である。**図 1.15** に示すように，ベクトルの大きさは面積 S で，向きは，面を外周上に立っていると考えて，面を左側に見ながら回転する方向に右ねじをまわすとき，ねじが進む方向と定義する。

（6） **外積の大きさと内積の関係**　式 (1.36) に示すラグランジェの恒等式（Lagrange's identity）が成り立つ。

$$|\boldsymbol{A} \times \boldsymbol{B}|^2 = |\boldsymbol{A}|^2|\boldsymbol{B}|^2 - (\boldsymbol{A} \cdot \boldsymbol{B})^2 \tag{1.36}$$

問 1.6　式 (1.36) が成り立つことを示せ。

（7） **外積の成分表示**　$\boldsymbol{A} \times \boldsymbol{B}$ の成分表示は式 (1.37) で与えられる。

$$\begin{aligned}\boldsymbol{A} \times \boldsymbol{B} &= (A_x\boldsymbol{i} + A_y\boldsymbol{j} + A_z\boldsymbol{k}) \times (B_x\boldsymbol{i} + B_y\boldsymbol{j} + B_z\boldsymbol{k}) \\ &= \boldsymbol{i}(A_yB_z - A_zB_y) + \boldsymbol{j}(A_zB_x - A_xB_z) + \boldsymbol{k}(A_xB_y - A_yB_x)\end{aligned} \tag{1.37}$$

または

$$
\begin{aligned}
\boldsymbol{A}\times\boldsymbol{B} &= \begin{vmatrix} \boldsymbol{i} & \boldsymbol{j} & \boldsymbol{k} \\ A_x & A_y & A_z \\ B_x & B_y & B_z \end{vmatrix} \\
&= \boldsymbol{i}\begin{vmatrix} A_y & A_z \\ B_y & B_z \end{vmatrix} - \boldsymbol{j}\begin{vmatrix} A_x & A_z \\ B_x & B_z \end{vmatrix} + \boldsymbol{k}\begin{vmatrix} A_x & A_y \\ B_x & B_y \end{vmatrix}
\end{aligned}
\tag{1.38}
$$

となる。外積の成分表示は行列式の形式で記憶しておくと便利である。

〔証明〕 $\boldsymbol{A} = A_x\boldsymbol{i} + A_y\boldsymbol{j} + A_z\boldsymbol{k}$, $\boldsymbol{B} = B_x\boldsymbol{i} + B_y\boldsymbol{j} + B_z\boldsymbol{k}$, $\boldsymbol{A}\times\boldsymbol{B} = C_x\boldsymbol{i} + C_y\boldsymbol{j} + C_z\boldsymbol{k}$ とおく。$\boldsymbol{A}\perp\boldsymbol{A}\times\boldsymbol{B}$, $\boldsymbol{B}\perp\boldsymbol{A}\times\boldsymbol{B}$ より

$$
\boldsymbol{A}\cdot(\boldsymbol{A}\times\boldsymbol{B}) = A_xC_x + A_yC_y + A_zC_z = 0
$$

$$
\boldsymbol{B}\cdot(\boldsymbol{A}\times\boldsymbol{B}) = B_xC_x + B_yC_y + B_zC_z = 0
$$

これらより，k を定数として

$$
\left.
\begin{aligned}
C_x &= k(A_yB_z - A_zB_y) \\
C_y &= k(A_zB_x - A_xB_z) \\
C_z &= k(A_xB_y - A_yB_x)
\end{aligned}
\right\}
\tag{1.39}
$$

の関係が導かれる。式 (1.36) を利用すると

$$
\begin{aligned}
&k^2\{(A_yB_z - A_zB_y)^2 + (A_zB_x - A_xB_z)^2 + (A_xB_y - A_yB_x)^2\} \\
&\quad = (A_x^2 + A_y^2 + A_z^2)(B_x^2 + B_y^2 + B_z^2) - (A_xB_x + A_yB_y + A_zB_z)^2
\end{aligned}
$$

となり，$k = \pm 1$ を得る。ここで，$\boldsymbol{A} = \boldsymbol{i}, \boldsymbol{B} = \boldsymbol{j}$ のとき，$\boldsymbol{A}\times\boldsymbol{B} = \boldsymbol{i}\times\boldsymbol{j} = \boldsymbol{k}$ となる。すなわち

$$
A_x = 1,\ A_y = A_z = 0,\ B_y = 1,\ B_x = B_z = 0,\ C_z = 1,\ C_x = C_y = 0
$$

となる。この関係を式 (1.39) の第三式に代入することにより，$k = 1$ を選択すればよいことがわかる。ゆえに式 (1.37) が得られる。

【注意】 式 (1.38) を利用する場合，行列式の計算を終えたものが最終的な答となる。

例題 1.3 $\boldsymbol{A} = 2\boldsymbol{i} - 3\boldsymbol{j} + 5\boldsymbol{k}$, $\boldsymbol{B} = -\boldsymbol{i} + 2\boldsymbol{j} - 3\boldsymbol{k}$ のとき，外積 $\boldsymbol{A} \times \boldsymbol{B}$ を求めよ。

【解答】

$$\boldsymbol{A} \times \boldsymbol{B} = \begin{vmatrix} \boldsymbol{i} & \boldsymbol{j} & \boldsymbol{k} \\ 2 & -3 & 5 \\ -1 & 2 & -3 \end{vmatrix}$$

$$= \boldsymbol{i}\begin{vmatrix} -3 & 5 \\ 2 & -3 \end{vmatrix} - \boldsymbol{j}\begin{vmatrix} 2 & 5 \\ -1 & -3 \end{vmatrix} + \boldsymbol{k}\begin{vmatrix} 2 & -3 \\ -1 & 2 \end{vmatrix} = -\boldsymbol{i} + \boldsymbol{j} + \boldsymbol{k} \quad \diamondsuit$$

(8) **外積の演算法則**　外積について，つぎの演算法則が成り立つ。

$$\text{反交換則：}\ \boldsymbol{A} \times \boldsymbol{B} = -\boldsymbol{B} \times \boldsymbol{A} \tag{1.40}$$

$$\text{分配法則：}\ (\boldsymbol{A} + \boldsymbol{B}) \times \boldsymbol{C} = \boldsymbol{A} \times \boldsymbol{C} + \boldsymbol{B} \times \boldsymbol{C} \tag{1.41}$$

$$\text{スカラー倍：}\ (p\boldsymbol{A}) \times \boldsymbol{B} = \boldsymbol{A} \times (p\boldsymbol{B}) = p(\boldsymbol{A} \times \boldsymbol{B}) \tag{1.42}$$

問 1.7 式 (1.40) が成り立つことを示せ。

問 1.8 外積の成分表示ならびに行列式の性質を利用して，式 (1.41)，(1.42) が成り立つことを示せ。

問 1.9 つぎのベクトル $\boldsymbol{A}, \boldsymbol{B}$ の外積 $\boldsymbol{A} \times \boldsymbol{B}$ を求めよ。

(1) $\boldsymbol{A} = 2\boldsymbol{i} - \boldsymbol{j} - 3\boldsymbol{k}$,　$\boldsymbol{B} = 3\boldsymbol{i} + 2\boldsymbol{j} - 4\boldsymbol{k}$

(2) $\boldsymbol{A} = 4\boldsymbol{i} + 2\boldsymbol{j} - \boldsymbol{k}$,　$\boldsymbol{B} = -9\boldsymbol{i} - 6\boldsymbol{j} + 2\boldsymbol{k}$

問 1.10 ベクトル $\boldsymbol{A} = \boldsymbol{i} - 3\boldsymbol{j} + 4\boldsymbol{k}$, $\boldsymbol{B} = 2\boldsymbol{i} - 5\boldsymbol{j} + 7\boldsymbol{k}$ について，つぎを求めよ。

(1) $\boldsymbol{A}, \boldsymbol{B}$ を 2 辺とする平行四辺形の面積

(2) $\boldsymbol{A}$ と $\boldsymbol{B}$ に垂直な単位ベクトル

過去の Q&A から

Q1.8: ベクトルの外積の定義は右手系，左手系に関係するのか。

A1.8: 右手系，左手系で定義が異なる。式 (1.29) は右手系の定義である。

Q1.9: ベクトルの外積の意味について詳しい説明が欲しい。

A1.9: 付録 A.2 の内積と外積の物理的応用例を参照されたい。ここでは，**図 1.16** の回転軸に対する平面の回転を例にとって説明する。回転軸から位置ベクトル $\boldsymbol{r}$ だけ離れた平面上の点 P に力 $\boldsymbol{F}$ を加えると，平面は回転軸を中心に回転する。この回転させる作用は，回転軸からの距離 r と力 $\boldsymbol{F}$ の位置ベクトル $\boldsymbol{r}$ に対する垂直成分 $F\sin\theta$ の積 $rF\sin\theta$ で表される。ただし，θ は $\boldsymbol{r}$ と $\boldsymbol{F}$ のなす角である。回転の向きは図中に示す。回転の作用を定義するには，その大きさだけでなく，回転の向きも規定する必要がある。

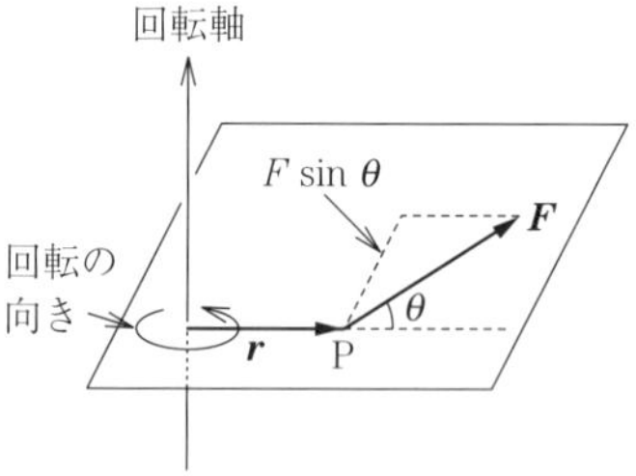

図 1.16　平面の回転と外積

回転の向きは回転軸の方向に一致するように決めておくのが便利である。そこで，回転の作用を表すベクトルの向きを，物体の回転方向に右ねじをまわしたとき，ねじが進む方向と定義する。その大きさは $rF\sin\theta$ である。このように，回転の作用を表すために定義されたベクトルが外積である。外積 $\boldsymbol{r}\times\boldsymbol{F}$ は，その大きさが $rF\sin\theta$ で，その向きは $\boldsymbol{r}$ を $\boldsymbol{F}$ に重ねるようにまわしたとき（右ねじの回転方向），図に示した回転軸の矢印方向（ねじの進む方向）となる。

いま一つ，やじろべえ（シーソー）の例を示しておく。やじろべえの問題を考える際の力学的根拠は，釣り合うとき，力に関するモーメント和は $\boldsymbol{0}$ であるということである。どのように外積を利用し，よく知られた事実「(腕の長さ）×（質量）が両腕で等しければ釣り合う」ということに帰着するかをみて欲しい。回転系が釣り合うための力学的要請を式で記述すると，$\sum_i \boldsymbol{r}_i\times\boldsymbol{F}_i=\boldsymbol{0}$ となる。$\boldsymbol{r}_i$ は i 番目の質点の位置ベクトル，$\boldsymbol{F}_i$ はその質点に作用する力である。図 **1.17** のように座標系を選ぶと，$\boldsymbol{r}_1 = l_1\boldsymbol{i}$, $\boldsymbol{F}_1 = -m_1 g\boldsymbol{k}$, $\boldsymbol{r}_2 = -l_2\boldsymbol{i}$, $\boldsymbol{F}_2 = -m_2 g\boldsymbol{k}$ となるので

$$
\begin{aligned}
\boldsymbol{r}_1 \times \boldsymbol{F}_1 + \boldsymbol{r}_2 \times \boldsymbol{F}_2 &= (l_1\boldsymbol{i}) \times (-m_1 g\ \boldsymbol{k}) + (-l_2\boldsymbol{i}) \times (-m_2 g\ \boldsymbol{k}) \\
&= (l_1 m_1 - l_2 m_2) g\ (-\boldsymbol{i} \times \boldsymbol{k}) \\
&= (l_1 m_1 - l_2 m_2) g\ \boldsymbol{j} = \boldsymbol{0}
\end{aligned}
$$

から，$l_1 m_1 = l_2 m_2$ となり，「(腕の長さ) × (質量) が両腕で等しければ釣り合う」ということがわかる。

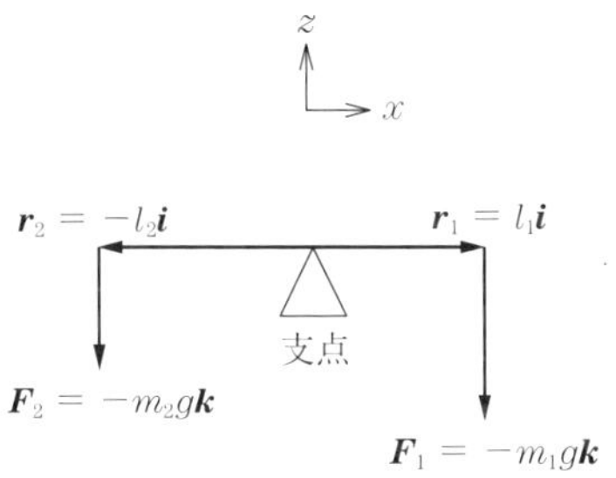

図 **1.17**　やじろべえの釣り合いと外積

Q1.10: 面積ベクトルの定義がよくわからない。

A1.10: 外積の大きさは二つのベクトルが作る平行四辺形の面積である。さらに，外積の向きはその平行四辺形に対して垂直な方向（2 通りあるがそのうちの一つ）を指す。これを一般化して，ある平面図形の面積を大きさとし，平面に垂直な方向を向きとするベクトルを考え，面積ベクトルと定義する。面積ベクトルを考える際には，面に垂直な方向をいずれかの一つに決める必要がある。この方向は，図形の周囲を 1 周するいずれかの向きを指定し，右ねじの規則に従って決める（周囲の向きに右手の人差指から小指を合わせ，残った親指の向きを面積ベクトルの向きとする）。

Q1.11: 面積ベクトルはどういう場面に使うのか。

A1.11: 本書では，4.4.2 節ベクトル場の面積分，5.2 節ストークスの定理で登場する。

1.3　ベクトルの三重積

1.3.1　スカラー三重積

（1）　スカラー三重積の定義　　三つのベクトル $\boldsymbol{A}, \boldsymbol{B}, \boldsymbol{C}$ のうち一つのベクトル $\boldsymbol{A}$ と残りの二つのベクトルの外積 $\boldsymbol{B}\times\boldsymbol{C}$ との内積 $\boldsymbol{A}\cdot(\boldsymbol{B}\times\boldsymbol{C})$ は，結果がスカラーであるから，**スカラー三重積**（scalar triple product）と呼ばれる。

（2）　平行六面体の体積とスカラー三重積　　以下の理由で，スカラー三重積 $\boldsymbol{A}\cdot(\boldsymbol{B}\times\boldsymbol{C})$ の絶対値は図 **1.18** に示す平行六面体の体積に相当する。

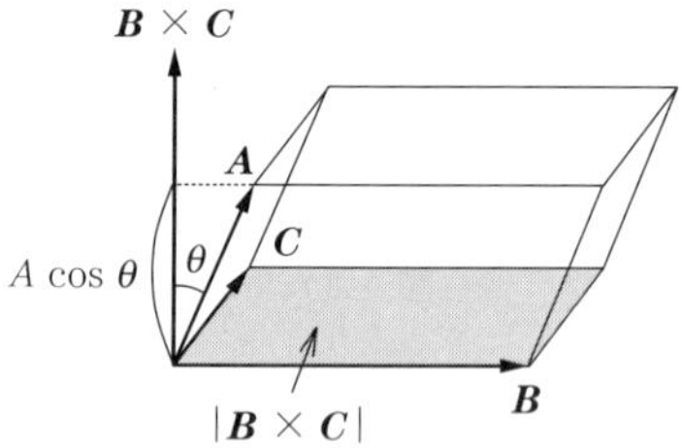

図 **1.18**　平行六面体の体積とスカラー三重積

1) $|\boldsymbol{B}\times\boldsymbol{C}|$ は $\boldsymbol{B}, \boldsymbol{C}$ を 2 辺とする平行四辺形の面積であり，$\boldsymbol{B}\times\boldsymbol{C}$ の向きは平行四辺形の面に垂直である。

2) $A\cos\theta$ は $\boldsymbol{A}$ の $\boldsymbol{B}\times\boldsymbol{C}$ 上への射影であり，$|\boldsymbol{A}\cos\theta|$ が平行六面体の高さに相当する。すなわち

$$|\boldsymbol{A}\cdot(\boldsymbol{B}\times\boldsymbol{C})| = |\boldsymbol{B}\times\boldsymbol{C}||\boldsymbol{A}|\cos\theta$$
$$= (\text{底面積})\times(\text{高さ}) = (\text{平行六面体の体積}) \qquad (1.43)$$

（3）　スカラー三重積のサイクリック性　　ベクトルの順番をサイクリック（cyclic，$\boldsymbol{A}\to\boldsymbol{B}\to\boldsymbol{C}\to\boldsymbol{A}$）に変更しても値は変わらない。

$$\boldsymbol{A}\cdot(\boldsymbol{B}\times\boldsymbol{C}) = \boldsymbol{B}\cdot(\boldsymbol{C}\times\boldsymbol{A}) = \boldsymbol{C}\cdot(\boldsymbol{A}\times\boldsymbol{B}) \qquad (1.44)$$

外積の順番を変えると符号が変わるので，二つのベクトルを入れ換えると符号が変わる。

$$\boldsymbol{A}\cdot(\boldsymbol{B}\times\boldsymbol{C}) = -\boldsymbol{A}\cdot(\boldsymbol{C}\times\boldsymbol{B}) = -\boldsymbol{B}\cdot(\boldsymbol{A}\times\boldsymbol{C}) = -\boldsymbol{C}\cdot(\boldsymbol{B}\times\boldsymbol{A}) \qquad (1.45)$$

(4) スカラー三重積の成分表示　スカラー三重積の成分表示は，式 (1.46) のように，行列式の形式で記憶しておくと便利である。

$$\boldsymbol{A}\cdot(\boldsymbol{B}\times\boldsymbol{C}) = (A_x\boldsymbol{i}+A_y\boldsymbol{j}+A_z\boldsymbol{k})\cdot\begin{vmatrix}\boldsymbol{i} & \boldsymbol{j} & \boldsymbol{k}\\ B_x & B_y & B_z\\ C_x & C_y & C_z\end{vmatrix} = \begin{vmatrix}A_x & A_y & A_z\\ B_x & B_y & B_z\\ C_x & C_y & C_z\end{vmatrix} \tag{1.46}$$

例題 1.4　$\boldsymbol{A}=3\boldsymbol{i}-2\boldsymbol{j}+4\boldsymbol{k}$, $\boldsymbol{B}=2\boldsymbol{i}-\boldsymbol{j}+\boldsymbol{k}$, $\boldsymbol{C}=3\boldsymbol{i}-\boldsymbol{j}-2\boldsymbol{k}$ のとき，$\boldsymbol{A}$, $\boldsymbol{B}$, $\boldsymbol{C}$ で張られる平行六面体の体積 V を求めよ。

【解答】

$$\boldsymbol{A}\cdot(\boldsymbol{B}\times\boldsymbol{C}) = \begin{vmatrix}3 & -2 & 4\\ 2 & -1 & 1\\ 3 & -1 & -2\end{vmatrix} = 3\begin{vmatrix}-1 & 1\\ -1 & -2\end{vmatrix} - (-2)\begin{vmatrix}2 & 1\\ 3 & -2\end{vmatrix} + 4\begin{vmatrix}2 & -1\\ 3 & -1\end{vmatrix}$$

$$= 3\cdot 3-(-2)\cdot(-7)+4\cdot 1=-1$$

$$\therefore\quad V=|\boldsymbol{A}\cdot(\boldsymbol{B}\times\boldsymbol{C})|=|-1|=1$$

◇

問 1.11　$\boldsymbol{A}=2\boldsymbol{i}-3\boldsymbol{j}+4\boldsymbol{k}$, $\boldsymbol{B}=\boldsymbol{i}+2\boldsymbol{j}-\boldsymbol{k}$, $\boldsymbol{C}=3\boldsymbol{i}-\boldsymbol{j}+2\boldsymbol{k}$ を 3 辺とする平行六面体の体積を求めよ。

問 1.12　式 (1.44) が成り立つことを示せ。

問 1.13　式 (1.45) が成り立つことを示せ。

問 1.14　式 (1.46) が成り立つことを示せ。

(5) 一次従属と一次独立

(a) 一次従属

$$\text{三つのベクトルが同一平面上にある} \iff \boldsymbol{A}\cdot(\boldsymbol{B}\times\boldsymbol{C})=0$$

このとき，$\boldsymbol{A},\boldsymbol{B},\boldsymbol{C}$ は一次従属† (linear dependence) であるという。

† 一次従属の場合，第三番目のベクトルを他の二つのベクトルの加減算で生成できる。

【理由】 $\boldsymbol{A}$ と $\boldsymbol{B}\times\boldsymbol{C}$ の直交条件から $\boldsymbol{A}\cdot(\boldsymbol{B}\times\boldsymbol{C})=0 \;\Leftrightarrow\; \boldsymbol{A}\perp\boldsymbol{B}\times\boldsymbol{C}$ である。外積の性質より，$\boldsymbol{B}\times\boldsymbol{C}\perp\boldsymbol{B},\boldsymbol{C}$ となるので，$\boldsymbol{A},\boldsymbol{B},\boldsymbol{C}$ は同一平面内にある。

(b)　一次独立

三つのベクトルが同一平面上にない $\;\Leftrightarrow\; \boldsymbol{A}\cdot(\boldsymbol{B}\times\boldsymbol{C})\neq 0$

このとき，$\boldsymbol{A},\boldsymbol{B},\boldsymbol{C}$ は一次独立† (linear independence) であるという。

問 1.15　三つのベクトルが同一平面上にある場合，$\boldsymbol{A}\cdot(\boldsymbol{B}\times\boldsymbol{C})=0$ が成り立つことを示せ。

過去の Q&A から

Q1.12: スカラー三重積のところで，ベクトルの順番をサイクリックに変更しても値が変わらないとあるが，その理由がよくわからない。

A1.12: スカラー三重積がベクトル $\boldsymbol{A},\boldsymbol{B},\boldsymbol{C}$ で作られる平行六面体の体積に相当するためである。$\boldsymbol{A},\boldsymbol{B},\boldsymbol{C}$ をどのように選ぼうが，その体積は変わらない。ただし，サイクリックに変更しないと，式 (1.45) の性質によって符号が変わるので注意されたい。

Q1.13: 一次従属 $\Leftrightarrow \boldsymbol{A}\perp(\boldsymbol{B}\times\boldsymbol{C})$ となる理由を教えて欲しい。

A1.13: 一次従属の場合，$\boldsymbol{A}=b\boldsymbol{B}+c\boldsymbol{C}$ と表現できるから，これをスカラー三重積の式に代入すると

$$\begin{aligned}\boldsymbol{A}\cdot(\boldsymbol{B}\times\boldsymbol{C}) &= (b\boldsymbol{B}+c\boldsymbol{C})\cdot(\boldsymbol{B}\times\boldsymbol{C})\\ &= b\boldsymbol{B}\cdot(\boldsymbol{B}\times\boldsymbol{C})+c\boldsymbol{C}\cdot(\boldsymbol{B}\times\boldsymbol{C})\\ &= b(0)+c(0)=0\end{aligned}$$

となり，$\boldsymbol{A}\cdot(\boldsymbol{B}\times\boldsymbol{C})=0$ が得られる。

1.3.2　ベクトル三重積

(1)　ベクトル三重積の定義　　三つのベクトルをベクトル的にかけた $\boldsymbol{A}\times(\boldsymbol{B}\times\boldsymbol{C})$ もしくは $(\boldsymbol{A}\times\boldsymbol{B})\times\boldsymbol{C}$ を**ベクトル三重積** (vector triple product)

† 一次独立の場合，第三番目のベクトルを他の二つのベクトルの加減算で生成できない。

という。演算順序で結果（得られるベクトル）が異なるので括弧（　）を付けて演算順序を指定しなければならない。

（2）$\boldsymbol{A}\times(\boldsymbol{B}\times\boldsymbol{C})$　このベクトル三重積は式 (1.47) のように変形できる。

$$\boldsymbol{A}\times(\boldsymbol{B}\times\boldsymbol{C})=(\boldsymbol{A}\cdot\boldsymbol{C})\boldsymbol{B}-(\boldsymbol{A}\cdot\boldsymbol{B})\boldsymbol{C} \tag{1.47}$$

計算ミスを防ぐためにも, 右辺の括弧（　）を省略してはいけない。図 **1.19**(a) に示すように，$\boldsymbol{A}\times(\boldsymbol{B}\times\boldsymbol{C})\perp\boldsymbol{B}\times\boldsymbol{C}$, $\boldsymbol{B}\times\boldsymbol{C}\perp\boldsymbol{B}$, $\boldsymbol{B}\times\boldsymbol{C}\perp\boldsymbol{C}$ であるから，$\boldsymbol{A}\times(\boldsymbol{B}\times\boldsymbol{C})$ は $\boldsymbol{B},\boldsymbol{C}$ を含む面内にある。

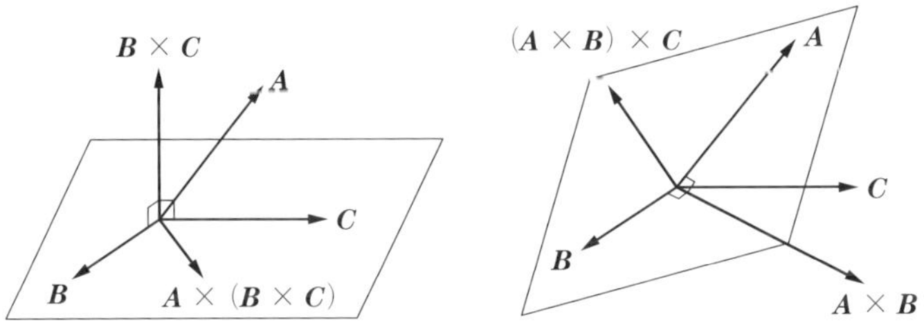

(a)　$\boldsymbol{A}\times(\boldsymbol{B}\times\boldsymbol{C})$　　(b)　$(\boldsymbol{A}\times\boldsymbol{B})\times\boldsymbol{C}$

図 **1.19**　ベクトル三重積

（3）$(\boldsymbol{A}\times\boldsymbol{B})\times\boldsymbol{C}$　外積の反交換則の式 (1.40) と式 (1.47) から

$$(\boldsymbol{A}\times\boldsymbol{B})\times\boldsymbol{C}=-\boldsymbol{C}\times(\boldsymbol{A}\times\boldsymbol{B})=-(\boldsymbol{C}\cdot\boldsymbol{B})\boldsymbol{A}+(\boldsymbol{C}\cdot\boldsymbol{A})\boldsymbol{B} \tag{1.48}$$

図 (b) に示すように，$(\boldsymbol{A}\times\boldsymbol{B})\times\boldsymbol{C}\perp\boldsymbol{A}\times\boldsymbol{B}$, $\boldsymbol{A}\times\boldsymbol{B}\perp\boldsymbol{A}$, $\boldsymbol{A}\times\boldsymbol{B}\perp\boldsymbol{B}$ であるから，$(\boldsymbol{A}\times\boldsymbol{B})\times\boldsymbol{C}$ は $\boldsymbol{A},\boldsymbol{B}$ を含む面内にある。

このように，外積演算の順序が異なるだけで，二つのベクトル三重積 $\boldsymbol{A}\times(\boldsymbol{B}\times\boldsymbol{C})$ と $(\boldsymbol{A}\times\boldsymbol{B})\times\boldsymbol{C}$ の向きが異なることに注意されたい。

例題 1.5　成分表示により，式 (1.47) を証明せよ。

【解答】

$$\boldsymbol{B}\times\boldsymbol{C}=\begin{vmatrix}\boldsymbol{i} & \boldsymbol{j} & \boldsymbol{k}\\ B_x & B_y & B_z\\ C_x & C_y & C_z\end{vmatrix}=\boldsymbol{i}\begin{vmatrix}B_y & B_z\\ C_y & C_z\end{vmatrix}-\boldsymbol{j}\begin{vmatrix}B_x & B_z\\ C_x & C_z\end{vmatrix}+\boldsymbol{k}\begin{vmatrix}B_x & B_y\\ C_x & C_y\end{vmatrix}$$

$$=\boldsymbol{i}(B_yC_z-B_zC_y)+\boldsymbol{j}(B_zC_x-B_xC_z)+\boldsymbol{k}(B_xC_y-B_yC_x)$$

ここで,表記の簡略化のために,$\boldsymbol{D}=\boldsymbol{B}\times\boldsymbol{C}$ とおくと,$D_x=B_yC_z-B_zC_y$, $D_y=B_zC_x-B_xC_z$, $D_z=B_xC_y-B_yC_x$ となる。また

$$\boldsymbol{A}\times(\boldsymbol{B}\times\boldsymbol{C})=\boldsymbol{A}\times\boldsymbol{D}=\begin{vmatrix}\boldsymbol{i} & \boldsymbol{j} & \boldsymbol{k}\\ A_x & A_y & A_z\\ D_x & D_y & D_z\end{vmatrix}$$

$$=\boldsymbol{i}\begin{vmatrix}A_y & A_z\\ D_y & D_z\end{vmatrix}-\boldsymbol{j}\begin{vmatrix}A_x & A_z\\ D_x & D_z\end{vmatrix}+\boldsymbol{k}\begin{vmatrix}A_x & A_y\\ D_x & D_y\end{vmatrix}$$

$$=\boldsymbol{i}(A_yD_z-A_zD_y)+\boldsymbol{j}(A_zD_x-A_xD_z)+\boldsymbol{k}(A_xD_y-A_yD_x)$$

となるから,$\boldsymbol{A}\times(\boldsymbol{B}\times\boldsymbol{C})$ の x 成分は

$$\begin{aligned}\{\boldsymbol{A}\times(\boldsymbol{B}\times\boldsymbol{C})\}_x&=A_yD_z-A_zD_y\\&=A_y(B_xC_y-B_yC_x)-A_z(B_zC_x-B_xC_z)\\&=(A_yC_y+A_zC_z)B_x-(A_yB_y+A_zB_z)C_x\\&=(A_xC_x+A_yC_y+A_zC_z)B_x-(A_xB_x+A_yB_y+A_zB_z)C_x\\&\qquad(A_xB_xC_x-A_xB_xC_x\text{ を加算})\\&=(\boldsymbol{A}\cdot\boldsymbol{C})B_x-(\boldsymbol{A}\cdot\boldsymbol{B})C_x\end{aligned}$$

となる。同様にして,$\boldsymbol{A}\times(\boldsymbol{B}\times\boldsymbol{C})$ の y 成分は

$$\{\boldsymbol{A}\times(\boldsymbol{B}\times\boldsymbol{C})\}_y=A_zD_x-A_xD_z=\cdots=(\boldsymbol{A}\cdot\boldsymbol{C})B_y-(\boldsymbol{A}\cdot\boldsymbol{B})C_y$$

となり,$\boldsymbol{A}\times(\boldsymbol{B}\times\boldsymbol{C})$ の z 成分は

$$\{\boldsymbol{A}\times(\boldsymbol{B}\times\boldsymbol{C})\}_z=A_xD_y-A_yD_x=\cdots=(\boldsymbol{A}\cdot\boldsymbol{C})B_z-(\boldsymbol{A}\cdot\boldsymbol{B})C_z$$

となる。ゆえに

$$
\begin{aligned}
&\boldsymbol{A}\times(\boldsymbol{B}\times\boldsymbol{C})\\
&=\{\boldsymbol{A}\times(\boldsymbol{B}\times\boldsymbol{C})\}_x\boldsymbol{i}+\{\boldsymbol{A}\times(\boldsymbol{B}\times\boldsymbol{C})\}_y\boldsymbol{j}+\{\boldsymbol{A}\times(\boldsymbol{B}\times\boldsymbol{C})\}_z\boldsymbol{k}\\
&=(\boldsymbol{A}\cdot\boldsymbol{C})(B_x\boldsymbol{i}+B_y\boldsymbol{j}+B_z\boldsymbol{k})-(\boldsymbol{A}\cdot\boldsymbol{B})(C_x\boldsymbol{i}+C_y\boldsymbol{j}+C_z\boldsymbol{k})\\
&=(\boldsymbol{A}\cdot\boldsymbol{C})\boldsymbol{B}-(\boldsymbol{A}\cdot\boldsymbol{B})\boldsymbol{C}
\end{aligned}
$$

を得る。 ♢

例題 1.6 $\boldsymbol{A}=\boldsymbol{i}-\boldsymbol{j}+\boldsymbol{k},\quad \boldsymbol{B}=\boldsymbol{i}+\boldsymbol{j}-\boldsymbol{k},\quad \boldsymbol{C}=-\boldsymbol{i}+\boldsymbol{j}+\boldsymbol{k}$
であるとき，$\boldsymbol{A}\times(\boldsymbol{B}\times\boldsymbol{C})$ を計算せよ。

【解答】 式 (1.47) を利用する。$\boldsymbol{A}\cdot\boldsymbol{C}=-1$, $\boldsymbol{A}\cdot\boldsymbol{B}=-1$ であるから

$$
\begin{aligned}
\boldsymbol{A}\times(\boldsymbol{B}\times\boldsymbol{C})&=(\boldsymbol{A}\cdot\boldsymbol{C})\boldsymbol{B}-(\boldsymbol{A}\cdot\boldsymbol{B})\boldsymbol{C}\\
&=(-1)(\boldsymbol{i}+\boldsymbol{j}-\boldsymbol{k})-(-1)(-\boldsymbol{i}+\boldsymbol{j}+\boldsymbol{k})=-2\boldsymbol{i}+2\boldsymbol{k}
\end{aligned}
$$ ♢

問 1.16 $\boldsymbol{A}=\boldsymbol{i}-2\boldsymbol{j}-3\boldsymbol{k}$, $\boldsymbol{B}=2\boldsymbol{i}+\boldsymbol{j}-\boldsymbol{k}$, $\boldsymbol{C}=\boldsymbol{i}+3\boldsymbol{j}-2\boldsymbol{k}$ について，つぎの三重積を求めよ。

(1) $\boldsymbol{A}\cdot(\boldsymbol{B}\times\boldsymbol{C})$, (2) $\boldsymbol{A}\times(\boldsymbol{B}\times\boldsymbol{C})$, (3) $(\boldsymbol{A}\times\boldsymbol{B})\times\boldsymbol{C}$

問 1.17 $(\boldsymbol{A}\times\boldsymbol{B})\cdot(\boldsymbol{C}\times\boldsymbol{D})=(\boldsymbol{A}\cdot\boldsymbol{C})(\boldsymbol{B}\cdot\boldsymbol{D})-(\boldsymbol{B}\cdot\boldsymbol{C})(\boldsymbol{A}\cdot\boldsymbol{D})$ を示せ。

問 1.18 $\boldsymbol{A}\times(\boldsymbol{B}\times\boldsymbol{C})+\boldsymbol{B}\times(\boldsymbol{C}\times\boldsymbol{A})+\boldsymbol{C}\times(\boldsymbol{A}\times\boldsymbol{B})=\boldsymbol{0}$ を示せ。

問 1.19 $\boldsymbol{u}$ を単位ベクトルとするとき，$\boldsymbol{A}=(\boldsymbol{A}\cdot\boldsymbol{u})\boldsymbol{u}+\boldsymbol{u}\times(\boldsymbol{A}\times\boldsymbol{u})$ を示せ。

過去の Q&A から

Q1.14: ベクトル三重積は覚えにくいが，何か良い方法はないか。

A1.14: 試験を行うとスカラー三重積のサイクリックに関する性質がベクトル三重積に対しても成り立つと誤解する人が目立つので，気をつけて欲しい。
〔$\boldsymbol{A}\times(\boldsymbol{B}\times\boldsymbol{C})$ の覚え方〕 $\boldsymbol{A}\times(\boldsymbol{B}\times\boldsymbol{C})$ が $\boldsymbol{B}\times\boldsymbol{C}$ に垂直であり，$\boldsymbol{B}\times\boldsymbol{C}$ が $\boldsymbol{B}$, $\boldsymbol{C}$ に垂直であることから，$\boldsymbol{A}\times(\boldsymbol{B}\times\boldsymbol{C})$ は $\boldsymbol{B},\boldsymbol{C}$ の加減算で表現できることを利用しよう。まず，ベクトル積 $\boldsymbol{B}\times\boldsymbol{C}$ の順番に $m\boldsymbol{B}-n\boldsymbol{C}$ と置く。係数 m,n はもう一つのベクトル $\boldsymbol{A}$ と相手方との内積（$m=\boldsymbol{A}\cdot\boldsymbol{C}$ など）と覚える。$(\boldsymbol{A}\times\boldsymbol{B})\times\boldsymbol{C}$ については，$(\boldsymbol{A}\times\boldsymbol{B})\times\boldsymbol{C}=-\boldsymbol{C}\times(\boldsymbol{A}\times\boldsymbol{B})$ の関係に注意すれば，同様に展開できよう。

Q1.15: $\boldsymbol{A}\times(\boldsymbol{B}\times\boldsymbol{C})$ が $\boldsymbol{B},\boldsymbol{C}$ を含む面内にあるのはなぜか。

A1.15: 外積の定義から，$\boldsymbol{B}\times\boldsymbol{C}$ は $\boldsymbol{B}$ と $\boldsymbol{C}$ に垂直である。つまり，$\boldsymbol{B}\times\boldsymbol{C}$ は $\boldsymbol{B}$ と $\boldsymbol{C}$ を含む平面に垂直である。$\boldsymbol{A}\times(\boldsymbol{B}\times\boldsymbol{C})$ は $\boldsymbol{A}$ と $\boldsymbol{B}\times\boldsymbol{C}$ に垂直なベクトルなので，$\boldsymbol{A}\times(\boldsymbol{B}\times\boldsymbol{C})$ は $\boldsymbol{B}$ と $\boldsymbol{C}$ を含む平面上にある。各自，図を描いて考えること。

また，数式を使っても証明できる。$\boldsymbol{A},\boldsymbol{B},\boldsymbol{C}$ が一次独立であると仮定し

$$\boldsymbol{A}\times(\boldsymbol{B}\times\boldsymbol{C})=a\boldsymbol{A}+b\boldsymbol{B}+c\boldsymbol{C}$$

とおく。$\boldsymbol{A}\times(\boldsymbol{B}\times\boldsymbol{C})$ は $\boldsymbol{B}\times\boldsymbol{C}$ と垂直であるから

$$\begin{aligned}&\{\boldsymbol{A}\times(\boldsymbol{B}\times\boldsymbol{C})\}\cdot(\boldsymbol{B}\times\boldsymbol{C})\\&\quad=a\boldsymbol{A}\cdot(\boldsymbol{B}\times\boldsymbol{C})+b\boldsymbol{B}\cdot(\boldsymbol{B}\times\boldsymbol{C})+c\boldsymbol{C}\cdot(\boldsymbol{B}\times\boldsymbol{C})\\&\quad=a\boldsymbol{A}\cdot(\boldsymbol{B}\times\boldsymbol{C})=0\end{aligned}$$

となる。ここで，$\boldsymbol{B}\times\boldsymbol{C}$ が $\boldsymbol{B}$ と $\boldsymbol{C}$ に垂直であることを用いた。$\boldsymbol{A},\boldsymbol{B},\boldsymbol{C}$ が1次独立であることから，$\boldsymbol{A}\cdot(\boldsymbol{B}\times\boldsymbol{C})\neq 0$ となるので，上式より $a=0$ でなければならない。これから，$\boldsymbol{A}\times(\boldsymbol{B}\times\boldsymbol{C})=b\boldsymbol{B}+c\boldsymbol{C}$ の関係が得られ，$\boldsymbol{A}\times(\boldsymbol{B}\times\boldsymbol{C})$ は $\boldsymbol{B}$ と $\boldsymbol{C}$ を含む平面上にあると結論できる。$\boldsymbol{A},\boldsymbol{B},\boldsymbol{C}$ が一次従属の場合は証明するまでもない。

Q1.16: ベクトル三重積はどのような場合に用いるのか。

A1.16: 一例として，力学の問題を取り上げる。固定軸のまわりに回転する質点の角速度を $\boldsymbol{\omega}$，角加速度を $\boldsymbol{\alpha}$ とする。固定軸から質点までの位置ベクトルを $\boldsymbol{r}$ とするとき，質点の速度は $\boldsymbol{v}=\boldsymbol{\omega}\times\boldsymbol{r}$ と与えられる。このとき，加速度ベクトル $\boldsymbol{a}$ は

$$\begin{aligned}\boldsymbol{a}&=\frac{d\boldsymbol{v}}{dt}=\frac{d}{dt}(\boldsymbol{\omega}\times\boldsymbol{r})=\boldsymbol{\omega}\times\frac{d\boldsymbol{r}}{dt}+\frac{d\boldsymbol{\omega}}{dt}\times\boldsymbol{r}=\boldsymbol{\omega}\times\boldsymbol{v}+\boldsymbol{\alpha}\times\boldsymbol{r}\\&=\boldsymbol{\omega}\times(\boldsymbol{\omega}\times\boldsymbol{r})+\boldsymbol{\alpha}\times\boldsymbol{r}=(\boldsymbol{\omega}\cdot\boldsymbol{r})\boldsymbol{\omega}-\boldsymbol{\omega}^2\boldsymbol{r}+\boldsymbol{\alpha}\times\boldsymbol{r}\\&=-\boldsymbol{\omega}^2\boldsymbol{r}+\boldsymbol{\alpha}\times\boldsymbol{r}\end{aligned}$$

と与えられる。ここで，原点 O を固定軸と運動平面との交点とし，$\boldsymbol{\omega}\perp\boldsymbol{r}$ すなわち $\boldsymbol{\omega}\cdot\boldsymbol{r}=0$ とした。なお，$\boldsymbol{\alpha}\times\boldsymbol{r}$ は接線加速度，$\boldsymbol{\omega}\times(\boldsymbol{\omega}\times\boldsymbol{r})$ は求心加速度に対応する。

他の例として，一定磁束密度 $\boldsymbol{B}$ 内においてループ状に電流が流れる際のトルク $\boldsymbol{T}$ がある。ベクトル三重積の性質を用いると，トルクの定義

$\boldsymbol{T} = \boldsymbol{r} \times \boldsymbol{F}$ から $\boldsymbol{T} = \boldsymbol{m} \times \boldsymbol{B}$ の関係を得ることができる。ここで，$\boldsymbol{m}$ はループ状電流の磁気双極子モーメントである。

章　末　問　題

【1】 $|\boldsymbol{A}| = \sqrt{5}$, $|\boldsymbol{B}| = \sqrt{2}$, $|\boldsymbol{C}| = 1$, $\boldsymbol{A} + \boldsymbol{B} + \boldsymbol{C} = \boldsymbol{0}$ とする。$\boldsymbol{B}$ と $\boldsymbol{C}$ のなす角 θ を求めよ。

【2】 $\boldsymbol{i}, \boldsymbol{j}, \boldsymbol{k}$ それぞれとなす角が等しい単位ベクトルを求めよ。

【3】 $\boldsymbol{A} = 4\boldsymbol{i} - 3\boldsymbol{j} + \boldsymbol{k}$, $\boldsymbol{B} = 7\boldsymbol{i} - 5\boldsymbol{j} + 2\boldsymbol{k}$ と垂直な単位ベクトル $\boldsymbol{C}$ を求めよ。

【4】 ベクトル $\boldsymbol{A} = 2\boldsymbol{i} + 3\boldsymbol{j} + 6\boldsymbol{k}$ に対して垂直で，かつ，点 $(1, 5, 3)$ を通る平面の方程式を求めよ。

【5】 $\mathrm{P}(1, 3, 2)$, $\mathrm{Q}(2, -1, 1)$, $\mathrm{R}(1, 2, 3)$ を頂点とする三角形の面積を求めよ。

【6】 $\boldsymbol{A} = \boldsymbol{i} + \boldsymbol{j} + \boldsymbol{k}$, $\boldsymbol{B} = \boldsymbol{i} + 3\boldsymbol{j} + 5\boldsymbol{k}$, $\boldsymbol{C} = \boldsymbol{i} + 9\boldsymbol{j} + 25\boldsymbol{k}$ を三辺とする平行六面体の体積を計算せよ。

【7】 $\boldsymbol{A} = A_x\boldsymbol{i} + A_y\boldsymbol{j} + A_z\boldsymbol{k}$ とするとき，$\boldsymbol{k} \times (\boldsymbol{A} \times \boldsymbol{k}) = A_x\boldsymbol{i} + A_y\boldsymbol{j}$ が成り立つことを示せ。

【8】 $(\boldsymbol{A} \times \boldsymbol{B}) \cdot (\boldsymbol{C} \times \boldsymbol{D}) + (\boldsymbol{B} \times \boldsymbol{C}) \cdot (\boldsymbol{A} \times \boldsymbol{D}) + (\boldsymbol{C} \times \boldsymbol{A}) \cdot (\boldsymbol{B} \times \boldsymbol{D}) = 0$ が成り立つことを示せ。

【9】 任意のベクトル $\boldsymbol{A}$ に対して，$2\boldsymbol{A} = \boldsymbol{i} \times (\boldsymbol{A} \times \boldsymbol{i}) + \boldsymbol{j} \times (\boldsymbol{A} \times \boldsymbol{j}) + \boldsymbol{k} \times (\boldsymbol{A} \times \boldsymbol{k})$ が成り立つことを示せ。

【10】 任意のベクトル $\boldsymbol{A}$ に対して，次式が成り立つことを示せ。

$$(\boldsymbol{A} \cdot \boldsymbol{i})(\boldsymbol{A} \times \boldsymbol{i}) + (\boldsymbol{A} \cdot \boldsymbol{j})(\boldsymbol{A} \times \boldsymbol{j}) + (\boldsymbol{A} \cdot \boldsymbol{k})(\boldsymbol{A} \times \boldsymbol{k}) = \boldsymbol{0}$$

2 ベクトル関数の微分と積分

ベクトルによって記述される物理量の変化の様子を調べるために，**ベクトル関数**を微分したり，積分したりする必要がある。本章では，**スカラー関数**の微分，積分を拡張する形で，ベクトル関数の微分，積分が定義されることを理解されたい。すなわち，ベクトル関数 $\boldsymbol{A} = A_x\boldsymbol{i} + A_y\boldsymbol{j} + A_z\boldsymbol{k}$ の微分，積分は，基本ベクトル $\boldsymbol{i}, \boldsymbol{j}, \boldsymbol{k}$ の係数である成分 A_x, A_y, A_z についての微分，積分を行えばよい†。このため，ベクトル関数の微分，積分の定義の考え方や計算方法はスカラー関数の微分，積分と同じである。ただし，ベクトル関数の微分，積分の結果が意味するところは，スカラー関数の微分，積分の場合と異なることに注意して欲しい。

2.1　ベクトル関数の微分

(1)　ベクトル関数　　ベクトル $\boldsymbol{A}$ が変数 u によって変化するとき，$\boldsymbol{A}$ を**ベクトル関数**（vector function）といい，$\boldsymbol{A} = \boldsymbol{A}(u)$ と書く。これに対して，変数に依存しないベクトルを**定ベクトル**（constant vector）という。

(2)　ベクトル関数の極限　　ベクトル関数 $\boldsymbol{A}(u)$ に対して定ベクトル $\boldsymbol{C}$ があって，$u \to u_0$ のとき $|\boldsymbol{A}(u) - \boldsymbol{C}| \to 0$ が成り立つとき

$$\lim_{u \to u_0} \boldsymbol{A}(u) = \boldsymbol{C} \tag{2.1}$$

† 円筒座標系や球座標系の場合，基本ベクトルが位置の関数となるため，単に成分を微分したり，積分したりするだけではすまない。章末問題【1】,【2】参照。

と書き，$u \to u_0$ のときの $\boldsymbol{A}(u)$ の極限（limit）は $\boldsymbol{C}$ であるという。$\boldsymbol{A}(u) = A_x(u)\boldsymbol{i} + A_y(u)\boldsymbol{j} + A_z(u)\boldsymbol{k}$, $\boldsymbol{C} = C_x\boldsymbol{i} + C_y\boldsymbol{j} + C_z\boldsymbol{k}$ とするとき

$$\lim_{u \to u_0} \boldsymbol{A}(u) = \boldsymbol{C}$$
$$\Leftrightarrow \lim_{u \to u_0} A_x(u) = C_x,\ \lim_{u \to u_0} A_y(u) = C_y,\ \lim_{u \to u_0} A_z(u) = C_z \qquad (2.2)$$

が成り立つ。

問 2.1　式 (2.2) が成り立つことを確認せよ。ただし，正数 a, b, c に対して，$a, b, c \leqq \sqrt{a^2 + b^2 + c^2} \leqq a + b + c$ が成り立つことを利用せよ。

（3）　ベクトル関数の連続　　ベクトル関数 $\boldsymbol{A}(u)$ が

$$\lim_{u \to u_0} \boldsymbol{A}(u) = \boldsymbol{A}(u_0) \qquad (2.3)$$

を満たすとき，$\boldsymbol{A}(u)$ は $u = u_0$ において**連続**（continuous）であるという。式 (2.2) の関係から，ベクトル関数 $\boldsymbol{A}(u)$ が $u = u_0$ で連続であることと各成分 $A_x(u)$, $A_y(u)$, $A_z(u)$ すべてが $u = u_0$ で連続であることは同値である。

以下で扱うベクトル関数やスカラー関数は連続[†]であると仮定する。

（4）　スカラー関数の導関数（復習）　　**図 2.1** に示すように，変数の値が x から $x + \Delta x$ まで変化するとき，スカラー関数（scalar function）$f(x)$ の増分は $\Delta f = f(x + \Delta x) - f(x)$ と与えられる。これから，f の変化の割合（変化率）は

$$\frac{\Delta f}{\Delta x} = \frac{f(x + \Delta x) - f(x)}{\Delta x} \qquad (2.4)$$

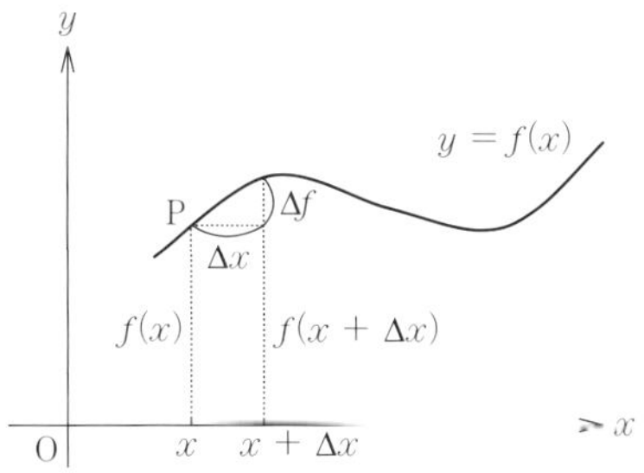

図 2.1　スカラー関数の導関数

† 正確には区分的に連続

と表される。$\Delta x \to 0$ に対する $\Delta f/\Delta x$ の極限が存在するとき，その極限値を x における f の微分係数（differential coefficient）といい，df/dx と書き表す。微分係数は x における $y = f(x)$ の接線の傾きに相当する。また，df/dx は x の関数であることから

$$f'(x) = \frac{df}{dx} = \lim_{\Delta x \to 0} \frac{\Delta f}{\Delta x} = \lim_{\Delta x \to 0} \frac{f(x+\Delta x) - f(x)}{\Delta x} \tag{2.5}$$

を $f(x)$ の導関数（derivative）という。

（5）ベクトル関数の導関数　図 **2.2** に示すように，変数の値が u から $u+\Delta u$ まで変化したとき，ベクトル関数 $\boldsymbol{A}(u)$ の増分は $\Delta \boldsymbol{A} = \boldsymbol{A}(u+\Delta u) - \boldsymbol{A}(u)$ と与えられる。これから，$\boldsymbol{A}$ の変化の割合（変化率）は

$$\frac{\Delta \boldsymbol{A}}{\Delta u} = \frac{\boldsymbol{A}(u+\Delta u) - \boldsymbol{A}(u)}{\Delta u} \tag{2.6}$$

と表される。これはベクトルである。$\Delta u \to 0$ に対する $\Delta \boldsymbol{A}/\Delta u$ の極限が存在するとき，その極限値を u における $\boldsymbol{A}$ の微分係数といい，$d\boldsymbol{A}/du$ と書き表す。微分係数は u における $\boldsymbol{A}$ のホドグラフ（hodograph，図 2.2 参照）の接ベクトル（tangent vector）となる。また，$d\boldsymbol{A}/du$ は u の関数であることから

$$\boldsymbol{A}'(u) = \frac{d\boldsymbol{A}}{du} = \lim_{\Delta u \to 0} \frac{\Delta \boldsymbol{A}}{\Delta u} = \lim_{\Delta u \to 0} \frac{\boldsymbol{A}(u+\Delta u) - \boldsymbol{A}(u)}{\Delta u} \tag{2.7}$$

を $\boldsymbol{A}(u)$ の導関数と呼ぶ。

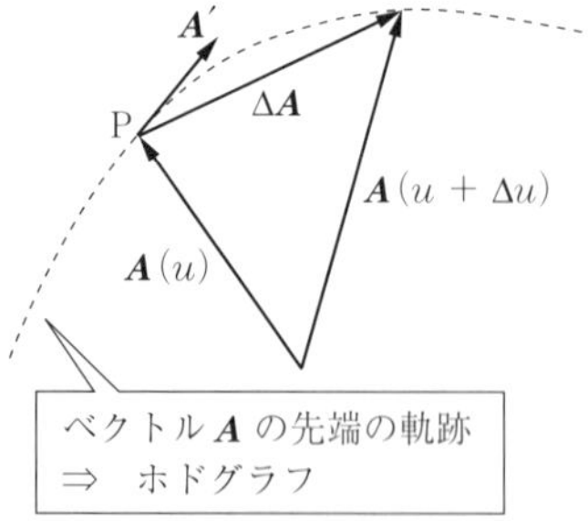

図 **2.2**　ベクトル関数の導関数

（6）ベクトル関数の導関数の成分表示　$\boldsymbol{A}(u) = A_x(u)\boldsymbol{i} + A_y(u)\boldsymbol{j} + A_z(u)\boldsymbol{k}$ とおくとき

$$\boldsymbol{A}'(u) = A_x'(u)\boldsymbol{i} + A_y'(u)\boldsymbol{j} + A_z'(u)\boldsymbol{k} \tag{2.8}$$

すなわち，$\boldsymbol{A}'(u)$ は $\boldsymbol{A}(u)$ の各成分の導関数を成分とするベクトルである。

例題 2.1 $\boldsymbol{A}(u) = e^{-2u}\boldsymbol{i} + \log(u^3+1)\boldsymbol{j} - \cos u\boldsymbol{k}$ を u に関して微分せよ。

【解答】

$$\begin{aligned}\boldsymbol{A}'(u) &= \frac{d}{du}\left\{e^{-2u}\right\}\boldsymbol{i} + \frac{d}{du}\left\{\log(u^3+1)\right\}\boldsymbol{j} + \frac{d}{du}\left\{-\cos u\right\}\boldsymbol{k}\\ &= -2e^{-2u}\boldsymbol{i} + \frac{3u^2}{u^3+1}\boldsymbol{j} + \sin u\boldsymbol{k}\end{aligned}$$ ◇

問 2.2 式 (2.8) が成り立つことを示せ。

問 2.3 $\boldsymbol{A}(u) = 3u^2\boldsymbol{i} + (1-u^2)\boldsymbol{j} + \sqrt{u-1}\boldsymbol{k}$ を u に関して微分せよ。

(7) ベクトル関数の導関数に関する演算法則 f をスカラー関数，$\boldsymbol{A}$ と $\boldsymbol{B}$ をベクトル関数とするとき，つぎの関係が成り立つ。

$$(f\boldsymbol{A})' = f'\boldsymbol{A} + f\boldsymbol{A}' \tag{2.9}$$

$$(\boldsymbol{A}\cdot\boldsymbol{B})' = \boldsymbol{A}'\cdot\boldsymbol{B} + \boldsymbol{A}\cdot\boldsymbol{B}' \tag{2.10}$$

$$(\boldsymbol{A}\times\boldsymbol{B})' = \boldsymbol{A}'\times\boldsymbol{B} + \boldsymbol{A}\times\boldsymbol{B}' \tag{2.11}$$

$$(\boldsymbol{A}\cdot\boldsymbol{A})' = (|\boldsymbol{A}|^2)' = 2\boldsymbol{A}\cdot\boldsymbol{A}' \tag{2.12}$$

例題 2.2 式 (2.9) を証明せよ。

【解答】 $\boldsymbol{A} = A_x\boldsymbol{i} + A_y\boldsymbol{j} + A_z\boldsymbol{k}$ とすると

$$\begin{aligned}(f\boldsymbol{A})' &= \{(fA_x)\boldsymbol{i} + (fA_y)\boldsymbol{j} + (fA_z)\boldsymbol{k}\}'\\ &= (fA_x)'\boldsymbol{i} + (fA_y)'\boldsymbol{j} + (fA_z)'\boldsymbol{k}\\ &= (f'A_x + fA_x')\boldsymbol{i} + (f'A_y + fA_y')\boldsymbol{j} + (f'A_z + fA_z')\boldsymbol{k}\\ &= f'(A_x\boldsymbol{i} + A_y\boldsymbol{j} + A_z\boldsymbol{k}) + f(A_x'\boldsymbol{i} + A_y'\boldsymbol{j} + A_z'\boldsymbol{k})\\ &= f'\boldsymbol{A} + f\boldsymbol{A}'\end{aligned}$$ ◇

問 2.4 成分表示を用いて，式 (2.10), (2.11) を証明せよ。

例題 2.3　$|\boldsymbol{A}| =$ 一定（const.）であるとき，$\boldsymbol{A} \perp \boldsymbol{A}'$ であることを示せ。

【解答】 式 (2.12) を用いる。まず式 (2.12) を証明する。

$$(|\boldsymbol{A}|^2)' = (\boldsymbol{A} \cdot \boldsymbol{A})' = (A_x^2 + A_y^2 + A_z^2)' = (A_x^2)' + (A_y^2)' + (A_z^2)'$$
$$= 2A_xA_x' + 2A_yA_y' + 2A_zA_z' = 2(A_xA_x' + A_yA_y' + A_zA_z')$$
$$= 2\boldsymbol{A} \cdot \boldsymbol{A}'$$

または式 (2.10) において $\boldsymbol{B} = \boldsymbol{A}$ としてもよい。

〔本例題の解答〕 $|\boldsymbol{A}| =$ 一定から $\boldsymbol{A} \cdot \boldsymbol{A} = k$（$k$ は定数）とおくことができる。したがって，$(\boldsymbol{A} \cdot \boldsymbol{A})' = (k)' = 0$ となる。式 (2.12) から，$\boldsymbol{A} \cdot \boldsymbol{A}' = 0$，すなわち，$\boldsymbol{A} \perp \boldsymbol{A}'$ が成り立つ。 ◇

〔物理例との対応〕 円運動は例題 2.3 で $\boldsymbol{A} = \boldsymbol{r}$ とした場合に相当しており，その結果から $\boldsymbol{r} \perp \boldsymbol{v}$ $(= d\boldsymbol{r}/dt)$ の関係が導かれる。すなわち，円運動においては変位ベクトル $\boldsymbol{r}$ と速度ベクトル $\boldsymbol{v}$ はつねに直交する。

(8) ベクトル関数の微分　スカラー関数の場合と同様に，微分（differential）が式 (2.13) のように定義される。

$$d\boldsymbol{A} = \boldsymbol{A}'du \tag{2.13}$$

(9) ベクトル関数の高階導関数　スカラー関数の場合と同様に，高階導関数（higher-order derivative）が式 (2.14) のように定義される。

$$\frac{d\boldsymbol{A}}{du}(= \boldsymbol{A}'),\ \frac{d^2\boldsymbol{A}}{du^2}(= \boldsymbol{A}''),\ \cdots,\ \frac{d^n\boldsymbol{A}}{du^n}(= \boldsymbol{A}^{(n)}), \cdots \tag{2.14}$$

(10) 多変数ベクトル関数の偏微分，全微分　多変数スカラー関数の場合と同様に，多変数ベクトル関数の偏微分（partial differential），全微分（total differential）が式 (2.15) のように定義される。

$$\begin{cases} \dfrac{\partial \boldsymbol{A}}{\partial u},\ \dfrac{\partial \boldsymbol{A}}{\partial v},\ \dfrac{\partial^2 \boldsymbol{A}}{\partial u^2},\ \dfrac{\partial^2 \boldsymbol{A}}{\partial v^2},\ \dfrac{\partial^2 \boldsymbol{A}}{\partial u \partial v},\ \cdots \\ d\boldsymbol{A} = \dfrac{\partial \boldsymbol{A}}{\partial u}du + \dfrac{\partial \boldsymbol{A}}{\partial v}dv \end{cases} \tag{2.15}$$

いずれもスカラー関数に準じる定義・性質を有する。

例題 2.4　$\boldsymbol{A}(u,v) = \sin(u-v)\boldsymbol{i} + (3u^2+v)\boldsymbol{j} + \log(u+5v)\boldsymbol{k}$ に対して

$$\frac{\partial^2 \boldsymbol{A}}{\partial v \partial u} = \frac{\partial^2 \boldsymbol{A}}{\partial u \partial v}$$

が成り立つことを確認せよ。

【解答】 つぎの計算により確認される。

$$\begin{aligned}
\frac{\partial \boldsymbol{A}}{\partial u} &= \cos(u-v)\boldsymbol{i} + 6u\boldsymbol{j} + \frac{1}{u+5v}\boldsymbol{k} \\
\frac{\partial^2 \boldsymbol{A}}{\partial v \partial u} &= \frac{\partial}{\partial v}\left(\frac{\partial \boldsymbol{A}}{\partial u}\right) = \sin(u-v)\boldsymbol{i} - \frac{5}{(u+5v)^2}\boldsymbol{k} \\
\frac{\partial \boldsymbol{A}}{\partial v} &= -\cos(u-v)\boldsymbol{i} + \boldsymbol{j} + \frac{5}{u+5v}\boldsymbol{k} \\
\frac{\partial^2 \boldsymbol{A}}{\partial u \partial v} &= \frac{\partial}{\partial u}\left(\frac{\partial \boldsymbol{A}}{\partial v}\right) = \sin(u-v)\boldsymbol{i} - \frac{5}{(u+5v)^2}\boldsymbol{k}
\end{aligned}$$

◇

問 2.5　ベクトル関数 $\boldsymbol{A}(u,v) = (u^2+3uv+v^2)\boldsymbol{i} + 2uv\boldsymbol{j} + (u^3+2u^2v)\boldsymbol{k}$ に対して

$$\frac{\partial^2 \boldsymbol{A}}{\partial u \partial v} = \frac{\partial^2 \boldsymbol{A}}{\partial v \partial u}$$

が成り立つことを示せ。

問 2.6　ベクトル関数 $\boldsymbol{r} = \boldsymbol{r}(u)$ について，$\boldsymbol{r}$ と $\boldsymbol{r}'$ が単位ベクトルであるとき，つぎの関係が成り立つことを示せ。

$$\boldsymbol{r} \times (\boldsymbol{r}' \times \boldsymbol{r}'') = -\boldsymbol{r}'$$

問 2.7　$\boldsymbol{A} \neq \boldsymbol{0}$ とする。$\boldsymbol{A} \times \boldsymbol{A}' = \boldsymbol{0}$ であるとき，$\boldsymbol{A}/|\boldsymbol{A}|$ が定ベクトルであることを示せ。

問 2.8　時刻 t とともに運動する質量 m の質点 P の位置ベクトルを $\boldsymbol{r} = \boldsymbol{r}(t)$ とする。この質点が原点 O に向かう力 $f(r)\boldsymbol{r}$（$r = |\boldsymbol{r}|$）を受けながら運動するとき，運動方程式

$$m\frac{d^2\boldsymbol{r}}{dt^2} = f(r)\boldsymbol{r}$$

が成り立つ。このとき，つぎのことを証明せよ。

(1) $\boldsymbol{r} \times \boldsymbol{r}' = \boldsymbol{K}$ は定ベクトルであって，$\boldsymbol{r} \cdot \boldsymbol{K} = 0$ である。

(2) $\boldsymbol{K} \neq \boldsymbol{0}$ ならば，この質点は $\boldsymbol{K}$ に垂直で原点を通る平面上を運動する。

(3) $\boldsymbol{K} = \boldsymbol{0}$ ならば，この質点は原点を通る直線上を運動する。

過去の Q&A から

Q2.1: $\boldsymbol{A} = \boldsymbol{A}(u)$ の 1 階微分はホドグラフ上の接ベクトルということはわかったが，2 階微分するということは，どのようなベクトルを求めることになるのか。

A2.1: 良い質問である。1 階の微分はホドグラフ上の接ベクトルなので，接単位ベクトル（大きさ 1 の接ベクトル）を $\boldsymbol{t}$ とすれば，$\boldsymbol{A}' = \boldsymbol{A}'(u) = B(u)\boldsymbol{t}$ と記述できる。これから 2 階微分を計算するとつぎのようになる。

$$\boldsymbol{A}'' = \boldsymbol{A}''(u) = B'(u)\boldsymbol{t} + B(u)\boldsymbol{t}'$$

さて，$\boldsymbol{t} \cdot \boldsymbol{t} = 1$ であるから，例題 2.3 の結果を利用すると，$\boldsymbol{t} \cdot \boldsymbol{t}' = 0$ となり，接単位ベクトル $\boldsymbol{t}$ とその微分 $\boldsymbol{t}'$ は直交する。これから，$\boldsymbol{A}''$ はホドグラフに関して接する方向の成分（接線成分），それに垂直な成分（主法線成分）をもつベクトルであることがわかる。$\boldsymbol{A}$ が時刻 t と共に変化する位置ベクトル $\boldsymbol{r}(t)$ である場合

$$\boldsymbol{v} = \frac{d\boldsymbol{r}}{dt} = v\boldsymbol{t}, \quad \boldsymbol{a} = \frac{d\boldsymbol{v}}{dt} = \frac{dv}{dt}\boldsymbol{t} + v\boldsymbol{t}'$$

となる。このように加速度は接線成分と主法線成分をもつ。

Q2.2: $\partial^2 \boldsymbol{A}/\partial u \partial v$ は u を先に偏微分するのか。

A2.2: v に関する偏微分が先であり，つぎのようになる。

$$\frac{\partial^2 \boldsymbol{A}}{\partial u \partial v} = \frac{\partial}{\partial u}\left(\frac{\partial \boldsymbol{A}}{\partial v}\right)$$

演算子はその右側にくるものに対して作用することをしっかり理解しておこう。なお

$$\boldsymbol{A}_{uv} = \frac{\partial^2 \boldsymbol{A}}{\partial v \partial u} = \frac{\partial}{\partial v}\left(\frac{\partial \boldsymbol{A}}{\partial u}\right)$$

と表記されることもある。$\boldsymbol{A}_{uv}$ は，最初に $\boldsymbol{A}$ を u で偏微分して，続いてその結果を v で偏微分することを意味する。

2.2 ベクトル関数の積分

（1） スカラー関数の不定積分（復習） スカラー関数 $g(x)$ の導関数が $f(x)$ であるとき，すなわち，$dg(x)/dx = f(x)$ であるとき，$g(x)$ を $f(x)$ の**不定積分**（indefinite integral）といい

$$g(x) = \int f(x)dx \tag{2.16}$$

と表す。任意の定数 C に対して $g(x) + C$ の導関数は $f(x)$ である。したがって，スカラー関数の不定積分は無限個あり，定数だけの不定さがある。なお，C は積分定数と呼ばれる。

（2） ベクトル関数の不定積分 ベクトル関数 $\boldsymbol{D}(u)$ の導関数が $\boldsymbol{A}(u)$ であるとき，すなわち，$d\boldsymbol{D}(u)/du = \boldsymbol{A}(u)$ であるとき，$\boldsymbol{D}(u)$ を $\boldsymbol{A}(u)$ の不定積分といい

$$\boldsymbol{D}(u) = \int \boldsymbol{A}(u)du \tag{2.17}$$

と表す。任意の定ベクトル $\boldsymbol{C}$ に対して $\boldsymbol{D}(u) + \boldsymbol{C}$ の導関数は $\boldsymbol{A}(u)$ である。したがって，ベクトル関数の不定積分は無限個あり，定ベクトルだけの不定さがある。

（3） ベクトル関数の不定積分の成分表示 $\boldsymbol{A}(u) = A_x(u)\boldsymbol{i} + A_y(u)\boldsymbol{j} + A_z(u)\boldsymbol{k}$ とおくとき

$$\int \boldsymbol{A}(u)du = \left(\int A_x(u)du\right)\boldsymbol{i} + \left(\int A_y(u)du\right)\boldsymbol{j} + \left(\int A_z(u)du\right)\boldsymbol{k} \tag{2.18}$$

すなわち，$\int \boldsymbol{A}(u)du$ は $\boldsymbol{A}(u)$ の各成分の不定積分を成分とするベクトルである。

例題 2.5 不定積分 $\displaystyle\int \left(-2u\boldsymbol{i} + \frac{2u}{u^2+1}\boldsymbol{j} + \frac{2}{u^3}\boldsymbol{k}\right)du$ を計算せよ。

【解答】

$$
\begin{aligned}
(\text{与式}) &= \int(-2u)du\boldsymbol{i} + \int \frac{2u}{u^2+1}du\boldsymbol{j} + \int \frac{2}{u^3}du\boldsymbol{k} \\
&= \left(-u^2 + C_1\right)\boldsymbol{i} + \left\{\log(u^2+1) + C_2\right\}\boldsymbol{j} + \left(-\frac{1}{u^2} + C_3\right)\boldsymbol{k} \\
&= -u^2\boldsymbol{i} + \log(u^2+1)\boldsymbol{j} - \frac{1}{u^2}\boldsymbol{k} + \boldsymbol{C}
\end{aligned}
$$

ここで，$\boldsymbol{C} = C_1\boldsymbol{i} + C_2\boldsymbol{j} + C_3\boldsymbol{k}$ は定ベクトル†（C_1, C_2, C_3 は積分定数）とする。 ◇

問 2.9　式 (2.18) が成り立つことを示せ。

問 2.10　つぎの不定積分を計算せよ。

(1)　$\displaystyle\int(3\boldsymbol{i}+6u^2\boldsymbol{j}+8u\boldsymbol{k})du$，　(2)　$\displaystyle\int\left\{(2u+1)\boldsymbol{i}+(3u^2+2)\boldsymbol{j}+2\boldsymbol{k}\right\}du$

問 2.11　$\boldsymbol{A}(u)$ をベクトル関数とするとき，$\boldsymbol{A} \times \left(d^2\boldsymbol{A}/du^2\right)$ の不定積分を求めよ。

（4）　スカラー関数の定積分（復習）　　**図 2.3** に示すように，スカラー関数 $f(x)$ が区間 $a \leqq x \leqq b$ で連続であるとして，この区間を $x_1 = a, x_2, \cdots, x_{n+1} = b$ の値で n 個の小区間に分割する。ここで，$\Delta x_i = x_{i+1} - x_i \ (i = 1, 2, \cdots, n)$，その区間内の任意の x の値を x'_i として，式 (2.19) の総和をつくる。

$$
\begin{aligned}
S_n &= \sum_{i=1}^{n} f(x'_i)\Delta x_i \\
&= f(x'_1)\Delta x_1 + f(x'_2)\Delta x_2 + \cdots + f(x'_n)\Delta x_n
\end{aligned}
\tag{2.19}
$$

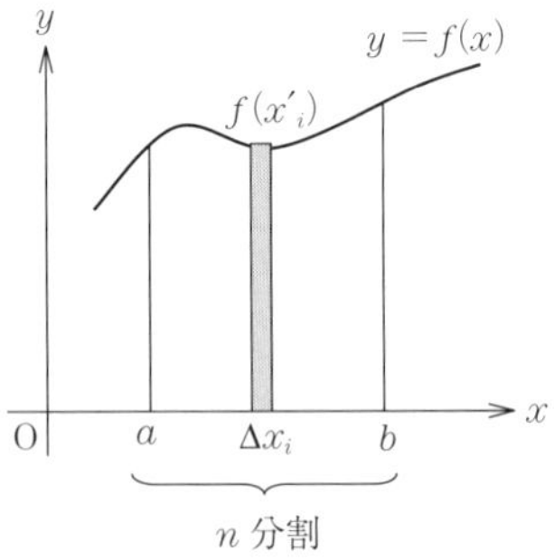

図 2.3　スカラー関数の定積分

† 定ベクトルは太字で書くこと。

分割数 n を無限大にして，同時にすべての区間の長さ $|\Delta x_i|$ を無限に小さくする極限において（この極限を $n \to \infty$ と表現する），S_n は一つの値 S に収束する。この極限値 S を $x = a$ から $x = b$ までの $f(x)$ の**定積分**（definite integral）といい

$$S = \int_a^b f(x)dx \tag{2.20}$$

と表す。また，$g(x)$ を $f(x)$ の不定積分とすれば，平均値の定理より，$f(x_i')\Delta x_i = \Delta g_i = g(x_{i+1}) - g(x_i)$ の関係が成り立つので

$$\sum_{i=1}^{n} f(x_i')\Delta x_i = \sum_{i=1}^{n}\{g(x_{i+1}) - g(x_i)\} = g(b) - g(a) \tag{2.21}$$

$n \to \infty$ とすれば

$$\int_a^b f(x)dx = [g(x)]_a^b = g(b) - g(a) \tag{2.22}$$

となる。

（5）ベクトル関数の定積分　　スカラー関数の定積分においてスカラー関数 $f(x)$ をベクトル関数 $\boldsymbol{A}(u)$ に置き換えればよい。ベクトル関数 $\boldsymbol{A}(u)$ が区間 $a \leqq u \leqq b$ で連続であるとして，この区間を $u_1 = a, u_2, \cdots, u_{n+1} = b$ の値で n 個の小区間に分割する。ここで，$\Delta u_i = u_{i+1} - u_i$ $(i = 1, 2, \cdots, n)$，その区間内の任意の u の値を u_i' として，式 (2.23) の総和をつくる。

$$\boldsymbol{S}_n = \sum_{i=1}^{n} \boldsymbol{A}(u_i')\Delta u_i \tag{2.23}$$

$$= \boldsymbol{A}(u_1')\Delta u_1 + \boldsymbol{A}(u_2')\Delta u_2 + \cdots + \boldsymbol{A}(u_n')\Delta u_n \tag{2.24}$$

分割数 n を無限大にして，同時にすべての区間の長さ $|\Delta u_i|$ を無限に小さくする極限において（この極限を $n \to \infty$ と表現する），$\boldsymbol{S}_n$ は一つのベクトル $\boldsymbol{S}$ に収束する。この極限ベクトル $\boldsymbol{S}$ を $u = a$ から $u = b$ までの $\boldsymbol{A}(u)$ の定積分といい，式 (2.25) で表す。

$$\boldsymbol{S} = \int_a^b \boldsymbol{A}(u)du \tag{2.25}$$

また，$\boldsymbol{D}(u)$ を $\boldsymbol{A}(u)$ の不定積分とすれば，$\boldsymbol{A}(u_i')\Delta u_i = \Delta\boldsymbol{D}_i = \boldsymbol{D}(u_{i+1}) - \boldsymbol{D}(u_i)$ の関係が成り立つので

$$\sum_{i=1}^{n} \boldsymbol{A}(u_i')\Delta u_i = \sum_{i=1}^{n}\{\boldsymbol{D}(u_{i+1}) - \boldsymbol{D}(u_i)\} = \boldsymbol{D}(b) - \boldsymbol{D}(a) \qquad (2.26)$$

$n \to \infty$ とすれば

$$\int_a^b \boldsymbol{A}(u)du = [\boldsymbol{D}(u)]_a^b = \boldsymbol{D}(b) - \boldsymbol{D}(a) \qquad (2.27)$$

となる。このように，ベクトル関数 $\boldsymbol{A}$ の定積分は，図 **2.4** からもわかるように，その上限と下限における不定積分 $\boldsymbol{D}$ のベクトル差によって与えられる。

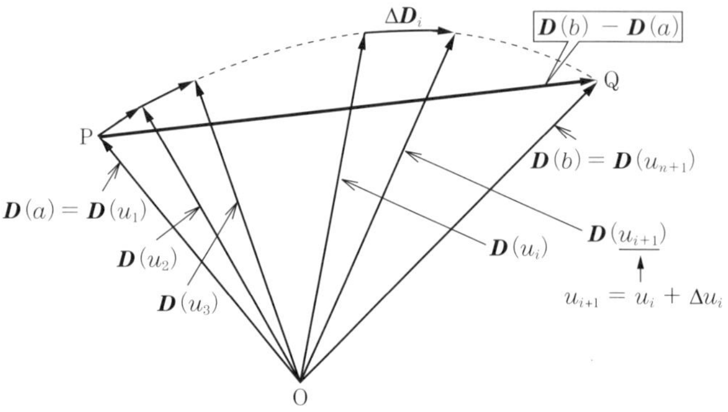

図 **2.4**　ベクトル関数の定積分

例題 2.6　定積分 $\displaystyle\int_1^2 \left(-2u\boldsymbol{i} + \frac{2u}{u^2+1}\boldsymbol{j} + \frac{2}{u^3}\boldsymbol{k}\right) du$ を計算せよ。

【解答】

$$\begin{aligned}(\text{与式}) &= \left[-u^2\boldsymbol{i} + \log(u^2+1)\boldsymbol{j} - \frac{1}{u^2}\boldsymbol{k}\right]_1^2 \\ &= \left(-4\boldsymbol{i} + \log 5\boldsymbol{j} - \frac{1}{4}\boldsymbol{k}\right) - (-\boldsymbol{i} + \log 2\boldsymbol{j} - \boldsymbol{k}) \\ &= -3\boldsymbol{i} + \log\frac{5}{2}\boldsymbol{j} + \frac{3}{4}\boldsymbol{k}\end{aligned}$$

◇

問 2.12　つぎの定積分を計算せよ。

(1) $\displaystyle\int_0^1 (3\boldsymbol{i}+6u^2\boldsymbol{j}+8u\boldsymbol{k})du$,　(2) $\displaystyle\int_0^1 \{(2u+1)\boldsymbol{i}+(3u^2+2)\boldsymbol{j}+2\boldsymbol{k}\}du$

過去の Q&A から

Q2.3: ベクトル関数の微分積分の計算方法がスカラー関数と同じということは，部分積分

$$\int \boldsymbol{A}\times\boldsymbol{B}du = \boldsymbol{A}\times\int\boldsymbol{B}du - \int\left\{\frac{d\boldsymbol{A}}{du}\times\int\boldsymbol{B}du\right\}du$$

も成り立つと考えられるが，成り立つならば，この証明を教えて欲しい。

A2.3. 積分が微分の逆演算であることに気がつけば難しい話ではない。合成関数の微分が置換積分に対応し，積の微分が部分積分に対応する。この質問の場合，式 (2.11) を変形して

$$\boldsymbol{A}\times\boldsymbol{B}' = (\boldsymbol{A}\times\boldsymbol{B})' - \boldsymbol{A}'\times\boldsymbol{B}$$

これを積分すると

$$\begin{aligned}&\int \boldsymbol{A}\times\boldsymbol{B}'du\\&= \int(\boldsymbol{A}\times\boldsymbol{B})'du - \int\boldsymbol{A}'\times\boldsymbol{B}du = \boldsymbol{A}\times\boldsymbol{B} - \int\boldsymbol{A}'\times\boldsymbol{B}du\end{aligned}$$

となる。ここで，$\boldsymbol{B}$ を $\int\boldsymbol{B}du$ と置き換えれば

$$\frac{d}{du}\left(\int\boldsymbol{B}du\right) = \boldsymbol{B}$$

であるから，質問の部分積分の公式が導出できる。

章　末　問　題

【1】 $\boldsymbol{a}_\rho = \cos\phi\boldsymbol{i} + \sin\phi\boldsymbol{j}$, $\boldsymbol{a}_\phi = -\sin\phi\boldsymbol{i} + \cos\phi\boldsymbol{j}$, $\phi = \phi(t)$ とするとき，つぎの関係が成り立つことを示せ。

$$\frac{d\boldsymbol{a}_\rho}{dt} = \frac{d\phi}{dt}\boldsymbol{a}_\phi, \quad \frac{d\boldsymbol{a}_\phi}{dt} = -\frac{d\phi}{dt}\boldsymbol{a}_\rho$$

【2】 r, θ, ϕ を t の関数とする。

$$\boldsymbol{a}_r = \sin\theta\cos\phi\boldsymbol{i} + \sin\theta\sin\phi\boldsymbol{j} + \cos\theta\boldsymbol{k}$$

$$\boldsymbol{a}_\theta = \cos\theta\cos\phi\boldsymbol{i} + \cos\theta\sin\phi\boldsymbol{j} - \sin\theta\boldsymbol{k}$$

$$\boldsymbol{a}_\phi = -\sin\phi\boldsymbol{i} + \cos\phi\boldsymbol{j}$$

とするとき，つぎの関係が成り立つことを示せ。

(1) $\dfrac{d\boldsymbol{a}_r}{dt} = \dfrac{d\theta}{dt}\boldsymbol{a}_\theta + \sin\theta\dfrac{d\phi}{dt}\boldsymbol{a}_\phi$

(2) $\boldsymbol{r} = r\boldsymbol{a}_r$ とするとき，$\boldsymbol{v} = \dfrac{d\boldsymbol{r}}{dt} = \dfrac{dr}{dt}\boldsymbol{a}_r + r\dfrac{d\theta}{dt}\boldsymbol{a}_\theta + r\sin\theta\dfrac{d\phi}{dt}\boldsymbol{a}_\phi$

【3】 $\boldsymbol{r} = x\boldsymbol{i}+y\boldsymbol{j}+z\boldsymbol{k}$ を t の関数とし，その微分を $'$ で表すことにする。$r = |\boldsymbol{r}| \neq 0$ とするとき，つぎの関係が成り立つことを示せ。

(1) $\boldsymbol{r}\cdot\boldsymbol{r}' = rr'$,　(2) $\dfrac{\boldsymbol{r}\times(\boldsymbol{r}\times\boldsymbol{r}')}{r^3} = -\left(\dfrac{\boldsymbol{r}}{r}\right)'$

【4】 $\boldsymbol{r} = x\boldsymbol{i} + y\boldsymbol{j} + z\boldsymbol{k}$ を t の関数とし，$r = |\boldsymbol{r}| \neq 0$ とするとき，つぎの計算をせよ。

(1) $\dfrac{d}{dt}\left(\dfrac{\boldsymbol{r}}{r}\right)$,　(2) $\displaystyle\int\left(\frac{1}{r}\frac{d\boldsymbol{r}}{dt} - \frac{dr}{dt}\frac{\boldsymbol{r}}{r^2}\right)dt$

【5】 $\boldsymbol{A}(2) = 2\boldsymbol{i} - \boldsymbol{j} + 2\boldsymbol{k}$, $\boldsymbol{A}(3) = 4\boldsymbol{i} - 2\boldsymbol{j} + 3\boldsymbol{k}$ であるとき

$$\int_2^3 \boldsymbol{A}\cdot\frac{d\boldsymbol{A}}{dt}dt$$

を求めよ。

3 勾配・発散・回転

一般に，物理量は空間における点の関数である。物理量の分布する領域ならびに関数を合わせて，**場**（field）という。物理量が温度や質量のようなスカラー量であるとき**スカラー場**（scalar field）といい，力や速度のようなベクトル量であるとき**ベクトル場**（vector field）という。本章では，スカラー場の空間的な変化を調べるためにスカラー場の**勾配**（**傾き**）という新しい演算を導入する。また，水流を想像すればわかるように，ベクトル場は，湧き出し・吸い込みと渦の二つの現象の組合せで表現される。これらの現象を調べるために，ベクトル場の**発散**と**回転**という新しい演算を導入する。各節では，新しい演算の計算手順を説明したのち，その物理的な意味について説明する。

3.1 勾配

（**1**） **スカラー場**　空間のある領域にスカラー量が分布しており，そのスカラー量が点 $\mathrm{P}(x,y,z)$ の関数であるとき，その定義域とスカラー量を表す関数がスカラー場である。スカラー場は，単にスカラーを用いて f と表したり，x, y, z の関数であることを明示するために $f(x,y,z)$ と表したりする。

（**2**） **ベクトル場**　空間のある領域にベクトル量が分布しており，そのベクトル量が点 $\mathrm{P}(x,y,z)$ の関数であるとき，その定義域とベクトル量を表す関数がベクトル場である。ベクトル場は，単にベクトルを用いて $\boldsymbol{A}$ と表したり，x, y, z の関数であることを明示するために $\boldsymbol{A}(x,y,z)$ と表したりする。

（**3**） **スカラー場の勾配**　スカラー場 $f(x,y,z)$ に対して

$$\nabla f = \frac{\partial f}{\partial x}\boldsymbol{i} + \frac{\partial f}{\partial y}\boldsymbol{j} + \frac{\partial f}{\partial z}\boldsymbol{k} \tag{3.1}$$

をスカラー場 f の**勾配**（gradient）という。∇f はナブラ エフと読む。∇f の代わりに grad f と表すこともある。grad f はグラディエント エフと読む。式(3.1) から明らかなように，∇f はベクトル場である。

（4） **ナブラ演算子**　　式(3.1) の左辺の ∇ は**ナブラ演算子**（nabla operator）と呼ばれる演算子である。

$$\nabla = \boldsymbol{i}\frac{\partial}{\partial x} + \boldsymbol{j}\frac{\partial}{\partial y} + \boldsymbol{k}\frac{\partial}{\partial z} \tag{3.2}$$

ナブラ演算子は，デル演算子（del operator），ハミルトン演算子（Hamilton operator），ハミルトニアン（Hamiltonian）とも呼ばれる。

（5） **スカラーポテンシャル**　　ベクトル場 $\boldsymbol{F} = \boldsymbol{F}(x, y, z)$ に対して $\boldsymbol{F} = -\nabla U$ となるようなスカラー場 $U = U(x, y, z)$ が存在するとき，U を $\boldsymbol{F}$ の**スカラーポテンシャル**（scalar potential）という。力 $\boldsymbol{F}$ に対するポテンシャル U の関係，静電界 $\boldsymbol{E}$ に対する電位 V の関係がこれに相当する。

例題 3.1　スカラー場 $f = xy + yz + zx$ に対して，勾配 ∇f を計算せよ。

【解答】

$$\begin{aligned}\nabla f &= \frac{\partial}{\partial x}(xy + yz + zx)\boldsymbol{i} + \frac{\partial}{\partial y}(xy + yz + zx)\boldsymbol{j} + \frac{\partial}{\partial z}(xy + yz + zx)\boldsymbol{k} \\ &= (y + z)\boldsymbol{i} + (x + z)\boldsymbol{j} + (y + x)\boldsymbol{k}\end{aligned}$$

◇

問 3.1　つぎのスカラー場 f に対して，勾配 ∇f を計算せよ。

(1)　$f = x^2 + y^2 + z^2$，　(2)　$f = xyz$

問 3.2　$\nabla x = \boldsymbol{i}$, $\nabla y = \boldsymbol{j}$, $\nabla z = \boldsymbol{k}$ が成り立つことを示せ。

（6） **勾配に関する公式**　　f, g をスカラー場とするとき，次式が成り立つ。

$$\nabla(fg) = (\nabla f)g + f(\nabla g) \tag{3.3}$$

$$\nabla g(f) = \frac{dg(f)}{df}\nabla f \tag{3.4}$$

式 (3.3) はスカラー関数における積の微分に関する公式

$$(fg)' = f'g + fg'$$

に，式 (3.4) はスカラー関数における合成関数の微分

$$\frac{dg(f)}{dx} = \frac{dg(f)}{df}\frac{df}{dx}$$

に類似することに着目して覚えるとよい。

式 (3.3), (3.4) の証明は，左辺の演算を成分表示して整理すればよい。

$$\begin{aligned}
\nabla(fg) &= \frac{\partial(fg)}{\partial x}\boldsymbol{i} + \frac{\partial(fg)}{\partial y}\boldsymbol{j} + \frac{\partial(fg)}{\partial z}\boldsymbol{k} \\
&= \left(\frac{\partial f}{\partial x}g + f\frac{\partial g}{\partial x}\right)\boldsymbol{i} + \left(\frac{\partial f}{\partial y}g + f\frac{\partial g}{\partial y}\right)\boldsymbol{j} + \left(\frac{\partial f}{\partial z}g + f\frac{\partial g}{\partial z}\right)\boldsymbol{k} \\
&= \left(\frac{\partial f}{\partial x}\boldsymbol{i} + \frac{\partial f}{\partial y}\boldsymbol{j} + \frac{\partial f}{\partial z}\boldsymbol{k}\right)g + f\left(\frac{\partial g}{\partial x}\boldsymbol{i} + \frac{\partial g}{\partial y}\boldsymbol{j} + \frac{\partial g}{\partial z}\boldsymbol{k}\right) \\
&= (\nabla f)g + f(\nabla g) \\
\nabla g(f) &= \frac{\partial g(f)}{\partial x}\boldsymbol{i} + \frac{\partial g(f)}{\partial y}\boldsymbol{j} + \frac{\partial g(f)}{\partial z}\boldsymbol{k} \\
&= \frac{dg(f)}{df}\frac{\partial f}{\partial x}\boldsymbol{i} + \frac{dg(f)}{df}\frac{\partial f}{\partial y}\boldsymbol{j} + \frac{dg(f)}{df}\frac{\partial f}{\partial z}\boldsymbol{k} \\
&= \frac{dg(f)}{df}\left(\frac{\partial f}{\partial x}\boldsymbol{i} + \frac{\partial f}{\partial y}\boldsymbol{j} + \frac{\partial f}{\partial z}\boldsymbol{k}\right) = \frac{dg(f)}{df}\nabla f
\end{aligned}$$

問 3.3　f, g をスカラー場，c をスカラー定数とするとき，つぎの関係が成り立つことを示せ（勾配の線形性）。

(1)　$\nabla(f+g) = \nabla f + \nabla g$,　(2)　$\nabla(cf) = c\nabla f$

【注意】　問 3.3 の結果は，公式として利用してよい。

例題 3.2　$\boldsymbol{r} = x\boldsymbol{i} + y\boldsymbol{j} + z\boldsymbol{k}$, $r = |\boldsymbol{r}| \neq 0$ とする。このとき，つぎのスカラー場に対する勾配を計算せよ。

(1)　r,　(2)　$\dfrac{1}{r}$

【解答】　(1)　$r = \sqrt{g}$, $g = r^2 = x^2 + y^2 + z^2$ として，式 (3.4) を利用する。

$$\nabla r = \frac{d(\sqrt{g})}{dg}\nabla g = \frac{d(\sqrt{g})}{dg}\nabla(x^2+y^2+z^2) = \frac{1}{2\sqrt{g}}(2x\boldsymbol{i}+2y\boldsymbol{j}+2z\boldsymbol{k})$$
$$= \frac{x\boldsymbol{i}+y\boldsymbol{j}+z\boldsymbol{k}}{r} = \frac{\boldsymbol{r}}{r}$$

(2)　式 (3.4) を利用する。

$$\nabla\left(\frac{1}{r}\right) = \frac{d}{dr}\left(\frac{1}{r}\right)\nabla r = \left(-\frac{1}{r^2}\right)\frac{\boldsymbol{r}}{r} = -\frac{\boldsymbol{r}}{r^3}$$ ◇

〔電磁気学との関連〕静電界と電位の関係　原点に置かれた点電荷 Q による静電界 $\boldsymbol{E}$ は，電位 V を用いて，次式のように $\boldsymbol{E} = -\nabla V$ と表現できる。

$$\boldsymbol{E} = \frac{Q}{4\pi\varepsilon}\frac{\boldsymbol{r}}{|\boldsymbol{r}|^3} = \frac{Q}{4\pi\varepsilon}\frac{\boldsymbol{r}}{r^3} = -\frac{Q}{4\pi\varepsilon}\nabla\left(\frac{1}{r}\right) = -\nabla\left(\frac{Q}{4\pi\varepsilon}\frac{1}{r}\right) = -\nabla V$$

問 3.4　$\boldsymbol{r} = x\boldsymbol{i}+y\boldsymbol{j}+z\boldsymbol{k}$, $r = |\boldsymbol{r}| \neq 0$ とする。このとき，つぎのスカラー場に対して勾配を計算せよ。

(1)　r^n,　(2)　$\log r$

問 3.5　$\boldsymbol{r} = x\boldsymbol{i}+y\boldsymbol{j}+z\boldsymbol{k}$ とし，$\boldsymbol{A}$ を定ベクトルとするとき，つぎの関係が成り立つことを示せ。

$$\nabla(\boldsymbol{A}\cdot\boldsymbol{r}) = \boldsymbol{A}$$

（7）　方向微分係数　**図 3.1** に示すように，点 P(x, y, z) と単位ベクトル $\boldsymbol{u} = u_x\boldsymbol{i}+u_y\boldsymbol{j}+u_z\boldsymbol{k}$ が与えられるとき，点 P を始点とする $\boldsymbol{u}$ 方向の直線上に $\overline{\mathrm{PQ}} = \Delta u$ となるように点 Q を選ぶ。点 P, Q におけるスカラー場 f の値を f(P), f(Q) と表記するとき，スカラー場 f の $\boldsymbol{u}$ 方向の**方向微分係数**（directional derivative）を式 (3.5) のように定義する。

$$\frac{df}{du} = \lim_{\Delta u\to 0}\frac{f(\mathrm{Q})-f(\mathrm{P})}{\Delta u} \tag{3.5}$$

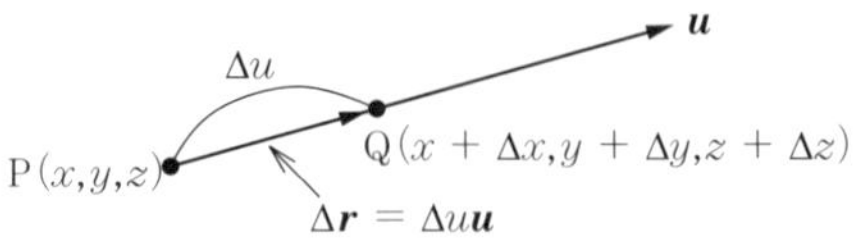

図 3.1　$\boldsymbol{u}$ 方向における方向微分係数の計算

座標系を回転させることで，$\boldsymbol{u}$ 方向を新しい座標系の x 軸の正の向きに合わせることができる。新しい座標系における x に関する偏微分係数が式 (3.5) の方向微分係数に相当する。

（8） **勾配と方向微分係数の関係**　点 Q の座標を $(x+\Delta x, y+\Delta y, z+\Delta z)$ とする。このとき

$$\overrightarrow{\mathrm{PQ}} = \overrightarrow{\mathrm{OQ}} - \overrightarrow{\mathrm{OP}} = \Delta x\boldsymbol{i} + \Delta y\boldsymbol{j} + \Delta z\boldsymbol{k}$$
$$= \overline{\mathrm{PQ}}\ \boldsymbol{u} = \Delta u\ (u_x\boldsymbol{i} + u_y\boldsymbol{j} + u_z\boldsymbol{k})$$

において各成分を比較して

$$\Delta x = u_x\Delta u, \quad \Delta y = u_y\Delta u, \quad \Delta z = u_z\Delta u$$

の関係が得られる。$\Delta u \to 0$ のとき，$\Delta x \to 0$, $\Delta y \to 0$, $\Delta z \to 0$ であることに注意して，式 (3.5) を変形する。

$$\begin{aligned}
\frac{df}{du} &= \lim_{\Delta u \to 0} \frac{f(x+\Delta x, y+\Delta y, z+\Delta z) - f(x,y,z)}{\Delta u} \\
&= \lim_{\Delta u \to 0} \left\{ \frac{f(x+\Delta x, y+\Delta y, z+\Delta z) - f(x, y+\Delta y, z+\Delta z)}{\Delta x} \frac{\Delta x}{\Delta u} \right. \\
&\qquad + \frac{f(x, y+\Delta y, z+\Delta z) - f(x, y, z+\Delta z)}{\Delta y} \frac{\Delta y}{\Delta u} \\
&\qquad \left. + \frac{f(x, y, z+\Delta z) - f(x,y,z)}{\Delta z} \frac{\Delta z}{\Delta u} \right\} \\
&= \lim_{\Delta x \to 0} \frac{f(x+\Delta x, y, z) - f(x,y,z)}{\Delta x} u_x \\
&\qquad + \lim_{\Delta y \to 0} \frac{f(x, y+\Delta y, z) - f(x,y,z)}{\Delta y} u_y \\
&\qquad + \lim_{\Delta z \to 0} \frac{f(x, y, z+\Delta z) - f(x,y,z)}{\Delta z} u_z \\
&= \frac{\partial f}{\partial x} u_x + \frac{\partial f}{\partial y} u_y + \frac{\partial f}{\partial z} u_z = (\nabla f) \cdot \boldsymbol{u}
\end{aligned} \tag{3.6}$$

を得る。∇f と $\boldsymbol{u}$ のなす角を θ とすれば

$$\frac{df}{du} = (\nabla f) \cdot \boldsymbol{u} = |\nabla f||\boldsymbol{u}|\cos\theta = |\nabla f|\cos\theta \tag{3.7}$$

となる。これから，$\theta = 0$，すなわち，$\boldsymbol{u}$ が ∇f の向きであるとき，方向微分係数 df/du は最大となり，その値は勾配の大きさ $|\nabla f|$ に等しい。

(9) 等　位　面　スカラー場 $f = f(x, y, z)$ に対して，$f(x, y, z) = c$（c は定数）の関係を満たす曲面を**等位面**（equivalued surface）という。また，$f(x, y, z) = c$ の c の値を変化させたときの曲面群を等位面群という。等位面の例として，等電位面，等高線，等圧線がある。

〔電磁気学との関連〕等電位面　原点に置かれた点電荷 Q による電位 V は $V = Q/4\pi\varepsilon r$ と与えられるから，電位 V が一定値 V_0 となる点の集合は

$$r = \frac{Q}{4\pi\varepsilon V_0} = 一定$$

となり，**図 3.2** に示すように，原点（点電荷 Q）を中心とする球面となる。

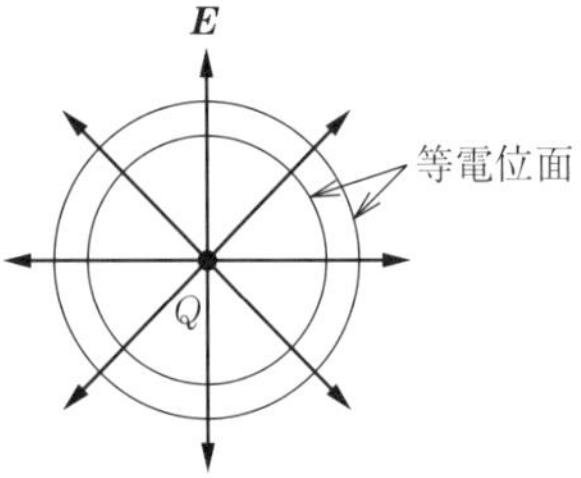

図 3.2　等 電 位 面

問 3.6　$f(x, y, z) = 一定$ は $\nabla f = \mathbf{0}$ の必要十分条件であることを示せ。

(10) 勾配と等位面の関係　点 P と点 Q が等位面 $f(x, y, z) = c$ 上にあるとする。$\overline{\mathrm{PQ}} = \Delta u$ とし，$\overrightarrow{\mathrm{PQ}}$ 方向の単位ベクトルを $\boldsymbol{u}$ とすると，$\boldsymbol{u}$ 方向の方向微分係数は

$$\frac{df}{du} = \lim_{\Delta u \to 0} \frac{f(\mathrm{Q}) - f(\mathrm{P})}{\Delta u} = \lim_{\Delta u \to 0} \frac{c - c}{\Delta u} = 0$$

となる。ゆえに，式 (3.6) より

$$(\nabla f) \cdot \boldsymbol{u} = 0$$

となり，$\nabla f \neq \mathbf{0}$ のとき，$\nabla f \perp \boldsymbol{u}$ の関係が導かれる。

点 Q を等位面上にあるようにして点 P に近づける極限において，$\boldsymbol{u}$ は点 P における接ベクトルとなる。点 Q を点 P に近づける方法は無限にあるので，∇f は任意の向きの $\boldsymbol{u}$ に対して垂直となる。

以上より，$\nabla f \neq \mathbf{0}$ のとき，∇f は等位面に垂直である。

〔電磁気学との関連〕電位の勾配と等電位面の関係　原点に置かれた点電荷 Q による電位 V と等電位面 $r = a$（a は定数）の関係を調べよう。電位の勾配は

$$\nabla V = \nabla\left(\frac{Q}{4\pi\varepsilon}\frac{1}{r}\right) = -\frac{Q}{4\pi\varepsilon}\frac{\boldsymbol{r}}{r^3}$$

である。$\boldsymbol{r}$ が球面 $r = a$ の外向き法線ベクトルを与えるので，電位の勾配 ∇V と等電位面 $r = a$ は直交する。さらに，電界は電位の勾配の負数であるから，電界は等電位面に直交する。

(11)　勾配と全微分の関係　スカラー場 $f = f(x, y, z)$ の全微分 df は

$$df = \frac{\partial f}{\partial x}dx + \frac{\partial f}{\partial y}dy + \frac{\partial f}{\partial z}dz = (\nabla f)\cdot d\boldsymbol{r} \tag{3.8}$$

と与えられる。ここで，$d\boldsymbol{r} = dx\boldsymbol{i} + dy\boldsymbol{j} + dz\boldsymbol{k}$ は位置ベクトル $\boldsymbol{r} = x\boldsymbol{i} + y\boldsymbol{j} + z\boldsymbol{k}$ の微小変位に相当する。等位面上では $df = 0$ であるから，$\nabla f \cdot d\boldsymbol{r} = 0$，すなわち，$\nabla f \perp d\boldsymbol{r}$ の関係がある。この場合，$d\boldsymbol{r}$ は等位面内に含まれるため，等位面と ∇f が垂直であることがわかる。一方，等位面と $d\boldsymbol{r}$ が垂直ならば，$\nabla f \parallel d\boldsymbol{r}$ であるから，$|\nabla f| = df/|d\boldsymbol{r}|$ は等位面に垂直な方向における単位長当りの f の増分を与える。

(12)　勾配と最大傾斜　スカラー場 f が最も増加する向きに等位面の法単位ベクトル $\boldsymbol{n}$ を選ぶとき

$$\nabla f = \frac{df}{dn}\boldsymbol{n} \tag{3.9}$$

が成り立つ。これはつぎのようにして証明できる。∇f は等位面に垂直であるから，その向きは**法単位ベクトル**（unit normal vector）$\boldsymbol{n}$ で与えられる。

$$\nabla f = |\nabla f|\boldsymbol{n} \tag{3.10}$$

式 (3.10) において，$\boldsymbol{n}$ に関する内積を考えると

$$\frac{df}{dn} = (\nabla f)\cdot\boldsymbol{n} = (|\nabla f|\boldsymbol{n})\cdot\boldsymbol{n} = |\nabla f| \tag{3.11}$$

となる。式 (3.10)，式 (3.11) より，式 (3.9) が得られる。

式 (3.11) の関係から，等位面群に垂直な方向の方向微分係数 df/dn が大きい場所，すなわち等位面群が密集する場所では，勾配の大きさ $|\nabla f|$ が大きいことがわかる。これに対して，等位面群に垂直な方向の方向微分係数 df/dn が小さい場所，すなわち等位面群が疎である場所では，勾配の大きさ $|\nabla f|$ が小さい。

等位面群の疎密の例　　図 **3.3** の上の図は山を真横からみた図である。右側と左側の斜面では，どちらが傾斜が大きいかは一目瞭(りょう)然であろう。山の下に描いてある多数の閉曲線は地図上の等高線である。このように，等高線群が密集するほど傾斜が大きい。

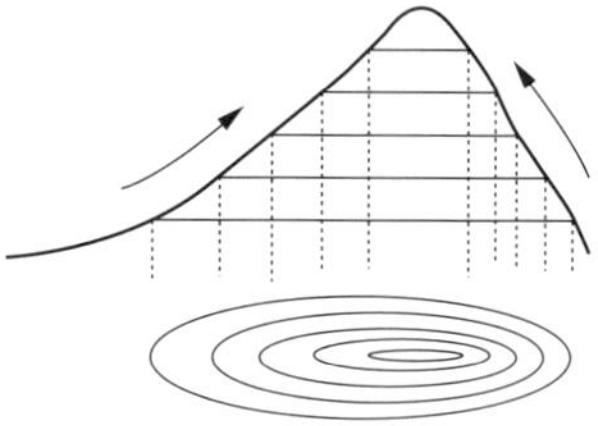

図 **3.3**　等　高　線

例題 3.3　スカラー場 $f = r^2 = x^2 + y^2 + z^2$ に対して，つぎの計算をせよ。

(1)　∇f,　(2)　点 P(1, 1, 1) における $(\nabla f)_{\mathrm{P}}$

(3)　点 P(1, 1, 1) における $\boldsymbol{u} = \dfrac{1}{\sqrt{3}}(\boldsymbol{i} + \boldsymbol{j} + \boldsymbol{k})$ 方向の $\dfrac{df}{du}$

【解答】

(1)　$\nabla f = \nabla(r^2) = \dfrac{d}{dr}(r^2)\nabla r = 2r\dfrac{\boldsymbol{r}}{r} = 2\boldsymbol{r}$

(2)　$(\nabla f)_{\mathrm{P}} = 2(\boldsymbol{i} + \boldsymbol{j} + \boldsymbol{k})$

(3)　$\left.\dfrac{df}{du}\right|_{\mathrm{P}} = (\nabla f)_{\mathrm{P}} \cdot \boldsymbol{u} = 2(\boldsymbol{i} + \boldsymbol{j} + \boldsymbol{k}) \cdot \dfrac{1}{\sqrt{3}}(\boldsymbol{i} + \boldsymbol{j} + \boldsymbol{k}) = 2\sqrt{3}$　　◇

問 3.7　曲面 $z = x^2 + y^2$ 上の点 P(1, 1, 2) における法単位ベクトル $\boldsymbol{n}$ を求めよ。

問 3.8　ある平面状の斜面を考える。この斜面は最大傾斜は 1/3 であり，東西方向の傾斜は 1/5 であった。南北方向の傾斜を求めよ。

過去の Q&A から

Q3.1: 線形性がわからない。

A3.1: ある演算子 L があって，その定義域に含まれる f, g に対して，つぎの二つの性質が成り立つとき，L を線形演算子といい，その演算空間は線形性を満足しているという。

(1)　$L(f+g) = L(f) + L(g)$，(2)　$L(af) = aL(f)$　（a は定数）

線形性の具体例はいろいろあるが，ここでは微分という演算子を取り上げる。関数 $f(x)$, $g(x)$ を微分した結果 y, z は次式となる。

$$y = \frac{df}{dx}, \quad z = \frac{dg}{dx}$$

(1)　二つの和の関数 $f(x) + g(x)$ に同じ演算子を作用させた場合に，その結果 P が $P = y + z$ で与えられ次式となる。

$$P = \frac{df}{dx} + \frac{dg}{dx}$$

(2)　関数 $f(x)$ を定数倍した関数 $af(x)$ に同じ演算子を作用させた場合に，その結果が $Q = ay$ で与えられ次式となる。ただし，a は定数とする。

$$Q = a\frac{df}{dx}$$

上記の二つの条件が成立するので，この演算は線形演算である。一変数のスカラー関数を例に説明したが，多変数関数，ベクトル関数，ベクトル演算子などについても上の性質が成り立ち，線形性を有している。

Q3.2: 方向微分係数の説明で“微係数を任意の直線上で一般化したもの”とあったが，“任意の直線上”というのがよくわからない。

A3.2: スカラー場 $f = f(x, y, z)$ に対して，x 軸上でのスカラー場の変化率（微係数）はスカラー場 f を x で偏微分すればよく，$\partial f/\partial x$ であって，y 軸上の変化率は $\partial f/\partial y$，z 軸上の変化率は $\partial f/\partial z$ であった。そこで，x 軸，y 軸，z 軸以外の任意の向きの直線上でのスカラー場の変化率を記述するために，方向微分係数が導入されたわけである。

Q3.3: 式 (3.10) となる理由がわからない。

A3.3: p.44 (10) 勾配と等位面の関係で説明したように，∇f は等位面 $f = c$ に垂直である。つまり，等位面の法単位ベクトル $\boldsymbol{n}$ を用いて，$\nabla f = k\boldsymbol{n}$（$k$ はスカラー定数）と書けるはずである。この式の大きさを考えると，$|k| = |\nabla f|$ となる。ここで，$k > 0$ ならば $k = |\nabla f|$ となり，$\nabla f = |\nabla f|\boldsymbol{n}$ が導かれ，$k < 0$ ならば $k = -|\nabla f|$ となり，$\nabla f = -|\nabla f|\boldsymbol{n} = |\nabla f|(-\boldsymbol{n})$ となる。$\boldsymbol{n}$ が等位面の法単位ベクトルならば，$-\boldsymbol{n}$ も法単位ベクトルであるから，いずれにしても，$\nabla f = |\nabla f|\boldsymbol{n}$ と表現することができる。

Q3.4: 勾配と方向微分係数の違いがよくわからない。

A3.4: 付録 A.5 のゲレンデの話をよく読んでいただきたい。勾配 ∇f は等位線（地図の等高線など，3 次元では等位面）に垂直な最大傾斜の方向を向いているベクトルで，その向きは f が増加する方向であり，その大きさ $|\nabla f|$ は最大傾斜方向の傾きである。方向微分係数は任意に選んだ方向に対する斜面の傾きでスカラーである。

3.2　発　散

（1）ベクトル場の発散　ベクトル場

$$\boldsymbol{A}(x, y, z) = A_x(x, y, z)\boldsymbol{i} + A_y(x, y, z)\boldsymbol{j} + A_z(x, y, z)\boldsymbol{k}$$

に対して

$$\nabla \cdot \boldsymbol{A} = \frac{\partial A_x}{\partial x} + \frac{\partial A_y}{\partial y} + \frac{\partial A_z}{\partial z} \tag{3.12}$$

をベクトル場 $\boldsymbol{A}$ の**発散**（divergence）という。$\nabla \cdot \boldsymbol{A}$ はナブラ ドット エイと読む。$\nabla \cdot \boldsymbol{A}$ の代わりに div$\boldsymbol{A}$ と表すこともある。div$\boldsymbol{A}$ はダイバージェンスエイと読む。式 (3.12) から明らかなように，$\nabla \cdot \boldsymbol{A}$ はスカラー場である。

【注意】 勾配と発散の定義を混同してはいけない。$f = x^2 + y^2$ の勾配を

（誤）　$$\nabla f = \frac{\partial}{\partial x}(x^2 + y^2) + \frac{\partial}{\partial y}(x^2 + y^2) + \frac{\partial}{\partial z}(x^2 + y^2) = 2x + 2y$$

と計算してはならない。正しくは

（正）　$$\nabla f = \frac{\partial}{\partial x}(x^2 + y^2)\boldsymbol{i} + \frac{\partial}{\partial y}(x^2 + y^2)\boldsymbol{j} + \frac{\partial}{\partial z}(x^2 + y^2)\boldsymbol{k} = 2x\boldsymbol{i} + 2y\boldsymbol{j}$$

と計算する。また，式 (3.12) を次ページのように混同してはいけない。

（誤）　$\nabla \cdot \boldsymbol{A} = \dfrac{\partial A_x}{\partial x}\boldsymbol{i} + \dfrac{\partial A_y}{\partial y}\boldsymbol{j} + \dfrac{\partial A_z}{\partial z}\boldsymbol{k}$

例題 3.4　ベクトル場

$$\boldsymbol{A} = \frac{xyz}{6}(x\boldsymbol{i} + y\boldsymbol{j} + z\boldsymbol{k})$$

に対して，発散 $\nabla \cdot \boldsymbol{A}$ を計算せよ。

【解答】

$$\begin{aligned}\nabla \cdot \boldsymbol{A} &= \frac{\partial}{\partial x}\left(\frac{x^2yz}{6}\right) + \frac{\partial}{\partial y}\left(\frac{xy^2z}{6}\right) + \frac{\partial}{\partial z}\left(\frac{xyz^2}{6}\right) \\ &= \frac{xyz}{3} + \frac{xyz}{3} + \frac{xyz}{3} = xyz\end{aligned}$$

◇

問 3.9　つぎのベクトル場 $\boldsymbol{A}$ に対して，発散 $\nabla \cdot \boldsymbol{A}$ を計算せよ。

(1)　$\boldsymbol{A} = (y-z)\boldsymbol{i}+(z-x)\boldsymbol{j}+(x-y)\boldsymbol{k}$,　(2)　$\boldsymbol{A} = \dfrac{x}{x^2+y^2}\boldsymbol{i}+\dfrac{y}{x^2+y^2}\boldsymbol{j}$

問 3.10　ベクトル場 $\boldsymbol{A} = A_x\boldsymbol{i} + A_y\boldsymbol{j} + A_z\boldsymbol{k}$ に対して，つぎの関係が成り立つことを示せ。

$$\nabla \cdot \boldsymbol{A} = (\nabla A_x) \cdot \boldsymbol{i} + (\nabla A_y) \cdot \boldsymbol{j} + (\nabla A_z) \cdot \boldsymbol{k}$$

（2）　発散に関する公式　　f をスカラー場，$\boldsymbol{A}$ をベクトル場とするとき，式 (3.13) が成り立つ。

$$\nabla \cdot (f\boldsymbol{A}) = \nabla f \cdot \boldsymbol{A} + f\nabla \cdot \boldsymbol{A} \tag{3.13}$$

証明は左辺の演算を成分表示し，整理すればよい。

$$\begin{aligned}\nabla \cdot (f\boldsymbol{A}) &= \frac{\partial(fA_x)}{\partial x} + \frac{\partial(fA_y)}{\partial y} + \frac{\partial(fA_z)}{\partial z} \\ &= \left(\frac{\partial f}{\partial x}A_x + f\frac{\partial A_x}{\partial x}\right) + \left(\frac{\partial f}{\partial y}A_y + f\frac{\partial A_y}{\partial y}\right) + \left(\frac{\partial f}{\partial z}A_z + f\frac{\partial A_z}{\partial z}\right) \\ &= \left(\frac{\partial f}{\partial x}A_x + \frac{\partial f}{\partial y}A_y + \frac{\partial f}{\partial z}A_z\right) + f\left(\frac{\partial A_x}{\partial x} + \frac{\partial A_y}{\partial y} + \frac{\partial A_z}{\partial z}\right) \\ &= (\nabla f) \cdot \boldsymbol{A} + f(\nabla \cdot \boldsymbol{A})\end{aligned}$$

問 3.11　$\boldsymbol{A}$, $\boldsymbol{B}$ をベクトル場，c をスカラー定数とするとき，つぎの関係が成り立つことを示せ（発散の線形性）。

(1)　$\nabla \cdot (\boldsymbol{A} + \boldsymbol{B}) = \nabla \cdot \boldsymbol{A} + \nabla \cdot \boldsymbol{B}$,　(2)　$\nabla \cdot (c\boldsymbol{A}) = c(\nabla \cdot \boldsymbol{A})$

【注意】 問 3.11 の結果は，公式として利用してよい。

例題 3.5　$\boldsymbol{r} = x\boldsymbol{i} + y\boldsymbol{j} + z\boldsymbol{k}$, $r = |\boldsymbol{r}| \neq 0$ とする。このとき，つぎのベクトル場に対して発散を計算せよ。

(1)　$\boldsymbol{r}$,　(2)　$\dfrac{\boldsymbol{r}}{r^3}$

【解答】 (1)　$\nabla \cdot \boldsymbol{r} = \dfrac{\partial x}{\partial x} + \dfrac{\partial y}{\partial y} + \dfrac{\partial z}{\partial z} = 3$

(2)　式 (3.13) と例題 3.2 (1) の結果を利用する。

$$\nabla \cdot \left(\frac{\boldsymbol{r}}{r^3}\right) = \nabla \cdot \left(\frac{1}{r^3}\boldsymbol{r}\right) = \nabla\left(\frac{1}{r^3}\right) \cdot \boldsymbol{r} + \frac{1}{r^3}\nabla \cdot \boldsymbol{r} = \frac{-3}{r^4}\nabla r \cdot \boldsymbol{r} + \frac{3}{r^3}$$
$$= \frac{-3}{r^4}\frac{\boldsymbol{r}}{r} \cdot \boldsymbol{r} + \frac{3}{r^3} = 0$$

最後の等号で $\boldsymbol{r} \cdot \boldsymbol{r} = r^2$ の関係を利用した。　◇

〔電磁気学との関連〕**電界の発散**　原点に置かれた点電荷 Q が作る静電界 $\boldsymbol{E}$ は，原点以外で $\nabla \cdot \boldsymbol{E} = 0$ をみたす。

$$\nabla \cdot \boldsymbol{E} = \nabla \cdot \left(\frac{Q}{4\pi\varepsilon_0}\frac{\boldsymbol{r}}{r^3}\right) = \frac{Q}{4\pi\varepsilon_0}\nabla \cdot \left(\frac{\boldsymbol{r}}{r^3}\right) = 0 \quad (r \neq 0) \qquad (3.14)$$

問 3.12　$\boldsymbol{r} = x\boldsymbol{i} + y\boldsymbol{j} + z\boldsymbol{k}$, $r = |\boldsymbol{r}| \neq 0$ とする。このとき，つぎのベクトル場に対して発散を計算せよ。

(1)　$r^n\boldsymbol{r}$,　(2)　$(\log r)\boldsymbol{r}$

問 3.13　$\boldsymbol{r} = x\boldsymbol{i} + y\boldsymbol{j} + z\boldsymbol{k}$ とし，$\boldsymbol{A}$ を定ベクトルとするとき，$\nabla \cdot (\boldsymbol{A} \times \boldsymbol{r}) = 0$ の関係が成り立つことを示せ。

（3）流　　線　ベクトル場 $\boldsymbol{A}$ において，ベクトル $\boldsymbol{A}$ の向きに沿って描いた曲線を**流線**（stream line）という。各点においてベクトル $\boldsymbol{A}$ は流線に接する。水流ならば流線は水の流れであり，電界ならば流線は電気力線である。

（4）流　　量　**図 3.4** のように，ベクトル場 $\boldsymbol{A}$ に対して，微小面に垂直な成分 A_n とその面積 ΔS の積を微小面に対するベクトル場 $\boldsymbol{A}$ の**流量**（flux）と定義する†。微小面の面ベクトルを $\Delta \boldsymbol{S}$ とし，その法単位ベクトルを $\boldsymbol{n}$ とすれば，流量は式 (3.15) で与えられる。

---

† 面積分を用いると，流量は $\iint_S \boldsymbol{A} \cdot d\boldsymbol{S}$ と与えられる。

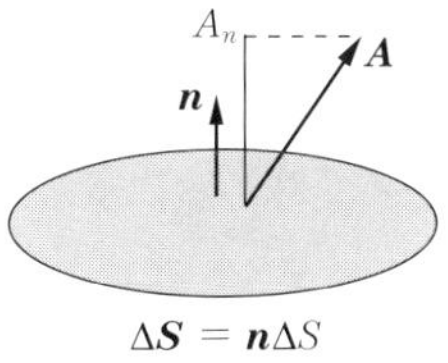

図 3.4　微小面に対する流量の定義

$$\boldsymbol{A}\cdot\Delta\boldsymbol{S} = \boldsymbol{A}\cdot\boldsymbol{n}\Delta S = A_n\Delta S \tag{3.15}$$

これを面積 ΔS を通過する**流線の数**（number of stream line）ともいう。

（5）発散の意味　　単位体積当りのベクトル場 $\boldsymbol{A}$ の流出量がベクトル場 $\boldsymbol{A}$ の発散に対応する。すなわち，発散は単位体積当りのベクトル場 $\boldsymbol{A}$ の湧き出しあるいは吸い込み（消失）の流出量に等しい。

図 3.5 に示すように，微小な直方体におけるベクトル場の正味の流出量を考えてみよう。直方体の中心の座標が (x_0, y_0, z_0) であり，直方体の 3 辺は x, y, z 軸に沿っており，その長さは Δx, Δy, Δz とする。

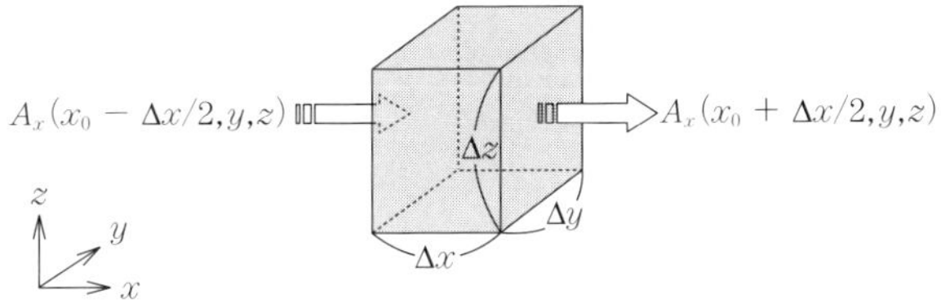

図 3.5　微小直方体におけるベクトル場 $\boldsymbol{A}$ の正味流出量

まず，yz 面に平行な面 $x = x_0 - \Delta x/2$ と $x = x_0 + \Delta x/2$ との間での正味の流出量を考えよう。$\Delta y\Delta z$ は十分に小さいとする。

（yz 面に関する正味の流出量）

$$\begin{aligned}
&\boldsymbol{A}(x_0+\Delta x/2, y_0, z_0)\cdot(\boldsymbol{i}\Delta y\Delta z)+\boldsymbol{A}(x_0-\Delta x/2, y_0, z_0)\cdot(-\boldsymbol{i}\Delta y\Delta z)\\
&\quad = \frac{A_x(x_0+\Delta x/2, y_0, z_0) - A_x(x_0-\Delta x/2, y_0, z_0)}{\Delta x}\Delta x\Delta y\Delta z\\
&\quad \fallingdotseq \left.\frac{\partial A_x}{\partial x}\right|_{(x_0,y_0,z_0)}\Delta x\Delta y\Delta z
\end{aligned} \tag{3.16}$$

を得る。ここで

$\left.\dfrac{\partial A_x}{\partial x}\right|_{(x_0,y_0,z_0)}$ は，点 (x_0, y_0, z_0) における偏微分 $\dfrac{\partial A_x}{\partial x}$ の値を意味する。zx 面，xy 面に平行な面に関する正味の流出量も同様に計算できる。

（zx 面に関する正味の流出量）

$$\begin{aligned}&\boldsymbol{A}(x_0, y_0+\Delta y/2, z_0)\cdot(\boldsymbol{j}\Delta z\Delta x)+\boldsymbol{A}(x_0, y_0-\Delta y/2, z_0)\cdot(-\boldsymbol{j}\Delta z\Delta x)\\&\quad=\frac{A_y(x_0, y_0+\Delta y/2, z_0)-A_y(x_0, y_0-\Delta y/2, z_0)}{\Delta y}\Delta x\Delta y\Delta z\\&\quad\fallingdotseq \left.\frac{\partial A_y}{\partial y}\right|_{(x_0,y_0,z_0)}\Delta x\Delta y\Delta z\end{aligned} \tag{3.17}$$

（xy 面に関する正味の流出量）

$$\begin{aligned}&\boldsymbol{A}(x_0, y_0, z_0+\Delta z/2)\cdot(\boldsymbol{k}\Delta x\Delta y)+\boldsymbol{A}(x_0, y_0, z_0-\Delta z/2)\cdot(-\boldsymbol{k}\Delta x\Delta y)\\&\quad=\frac{A_z(x_0, y_0, z_0+\Delta z/2)-A_z(x_0, y_0, z_0-\Delta z/2)}{\Delta z}\Delta x\Delta y\Delta z\\&\quad\fallingdotseq \left.\frac{\partial A_z}{\partial z}\right|_{(x_0,y_0,z_0)}\Delta x\Delta y\Delta z\end{aligned} \tag{3.18}$$

したがって，微小な直方体における正味の流出量は，式 (3.16)～(3.18) の和となり

$$\left(\frac{\partial A_x}{\partial x}+\frac{\partial A_y}{\partial y}+\frac{\partial A_z}{\partial z}\right)\Delta x\Delta y\Delta z=\nabla\cdot\boldsymbol{A}\ \Delta x\Delta y\Delta z \tag{3.19}$$

となる。ここで，$\Delta x\Delta y\Delta z$ は直方体の体積であるから，$\nabla\cdot\boldsymbol{A}$ は単位体積当りの湧き出しを与える。

〔電磁気学との関連〕電荷と電気力線　静電界では，電界の発散 $\nabla\cdot\boldsymbol{E}$ はその点における単位体積当りの電荷量に比例しており，電気力線の発生消滅の源に対応する。ある領域における電気力線の発生消滅の様子は，大別して**図 3.6** の 3 通りが考えられる。

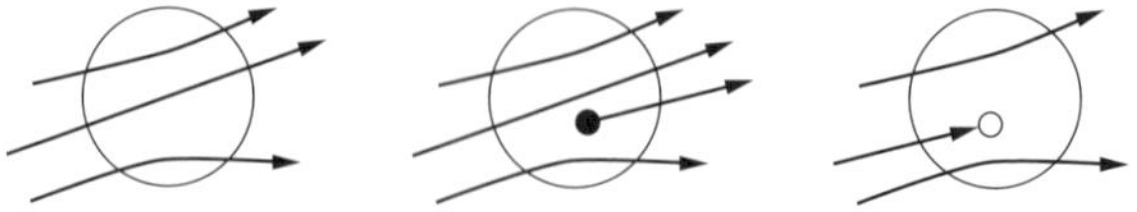

(a)　電荷なし　　(b)　正電荷あり　　(c)　負電荷あり

図 3.6　電気力線の湧き出し，吸い込み

(a) **電荷がない場合**：領域内では

$$(\text{流入する電気力線の数}) = (\text{流出する電気力線の数})$$

となり，領域の外から入った電気力線はすべて外に出る。

(b) **正電荷が分布する場合**：領域内では

$$(\text{流入する電気力線の数}) < (\text{流出する電気力線の数})$$

となり，正電荷の量に比例して領域から外に出る電気力線の本数が増加する。

(c) **負電荷が分布する場合**：領域内では

$$(\text{流入する電気力線の数}) > (\text{流出する電気力線の数})$$

となり，負電荷の量に比例して領域内で電気力線が消失する。

(**6**) **ラプラシアン**　　スカラー場 f の勾配の発散を考える。

$$\begin{aligned}\nabla\cdot(\nabla f) &= \frac{\partial}{\partial x}\left(\frac{\partial f}{\partial x}\right) + \frac{\partial}{\partial y}\left(\frac{\partial f}{\partial y}\right) + \frac{\partial}{\partial z}\left(\frac{\partial f}{\partial z}\right) \\ &= \frac{\partial^2 f}{\partial x^2} + \frac{\partial^2 f}{\partial y^2} + \frac{\partial^2 f}{\partial z^2} \\ &= \left(\frac{\partial^2}{\partial x^2} + \frac{\partial^2}{\partial y^2} + \frac{\partial^2}{\partial z^2}\right) f = \nabla^2 f \end{aligned} \tag{3.20}$$

したがって，$\nabla\cdot(\nabla f)$ はスカラー場に演算子 ∇^2 を作用させた結果に等しい。この演算子

$$\nabla^2 = \frac{\partial^2}{\partial x^2} + \frac{\partial^2}{\partial y^2} + \frac{\partial^2}{\partial z^2} \tag{3.21}$$

を**ラプラシアン**（Laplacian）あるいはラプラス演算子（Laplace operator）という。∇^2 は Δ とも書く。

(**7**) **ラプラスの方程式**　　斉次偏微分方程式

$$\nabla^2 f = 0 \tag{3.22}$$

を**ラプラスの方程式**（Laplace's equation）という。関数 $f(x, y, z)$ が式 (3.22)

を満足するとき，関数 $f(x,y,z)$ を**調和関数**（harmonic function）という。さらに，$\rho(x,y,z)$ が既知の関数であるとき，非斉次偏微分方程式

$$\nabla^2 f = -\rho \tag{3.23}$$

を**ポアソンの方程式**（Poisson's equation）という。

例題 3.6　$\boldsymbol{r} = x\boldsymbol{i} + y\boldsymbol{j} + z\boldsymbol{k}$, $r = |\boldsymbol{r}| \neq 0$ とする。このとき，$1/r$ が調和関数であることを示せ。

【解答】　$f = 1/r$ が式 (3.22) を満足することを示す。例題 3.2 と例題 3.5 の結果を利用すると

$$\nabla^2 f = \nabla\cdot(\nabla f) = \nabla\cdot\left\{\nabla\left(\frac{1}{r}\right)\right\} = \nabla\cdot\left(-\frac{\boldsymbol{r}}{r^3}\right) = -\nabla\cdot\left(\frac{\boldsymbol{r}}{r^3}\right) = 0$$

となり，$1/r$ が調和関数であることが示された。　◇

〔電磁気学との関連〕電位とラプラスの方程式　　原点に置かれた点電荷 Q による電位 V は，原点以外でラプラスの方程式を満足し次式で表される。

$$V = \frac{Q}{4\pi\varepsilon_0}\frac{1}{r} \quad \Rightarrow \quad \nabla^2 V = \frac{Q}{4\pi\varepsilon_0}\nabla^2\left(\frac{1}{r}\right) = 0 \quad (r \neq 0)$$

問 3.14　$\boldsymbol{r} = x\boldsymbol{i} + y\boldsymbol{j} + z\boldsymbol{k}$, $r = |\boldsymbol{r}| \neq 0$ とする。このとき，つぎのスカラー場に対してラプラシアンを計算せよ。

(1)　r^n,　(2)　$\log r$

問 3.15　f, g をスカラー場とするとき，つぎの関係が成り立つことを示せ。

(1)　$\nabla^2(fg) = (\nabla^2 f)g + 2\nabla f\cdot\nabla g + f(\nabla^2 g)$

(2)　$\nabla\cdot(f\nabla g - g\nabla f) = f(\nabla^2 g) - g(\nabla^2 f)$

アドバイスコーナー

★発散と内積の違い

内積 $\boldsymbol{A}\cdot\boldsymbol{B}$

- 定義：$\boldsymbol{A}\cdot\boldsymbol{B} = AB\cos\theta = A_xB_x + A_yB_y + A_zB_z$
- 意味：$\boldsymbol{A}$ の大きさ A と $\boldsymbol{A}$ 上への $\boldsymbol{B}$ の正射影 $B\cos\theta$ の積（$\boldsymbol{A}, \boldsymbol{B}$ は逆でもよい）。

- 交換法則が成り立つ。$\boldsymbol{A}\cdot\boldsymbol{B}=\boldsymbol{B}\cdot\boldsymbol{A}$

発散 $\nabla\cdot\boldsymbol{A}$ （div$\boldsymbol{A}$ とも表記する）

- 定義：$\nabla\cdot\boldsymbol{A}=\dfrac{\partial A_x}{\partial x}+\dfrac{\partial A_y}{\partial y}+\dfrac{\partial A_z}{\partial z}$
- 意味：単位体積当りのベクトル量の湧き出しまたは吸い込みを表す。∇ は微分演算子だから，一般のベクトルとは異なり，大きさや他のベクトル上への射影というものは考えられない。
- 交換法則は成立しない $(\nabla\cdot\boldsymbol{A}\neq\boldsymbol{A}\cdot\nabla)$。

★ $\nabla\cdot\boldsymbol{A}$ を内積と間違える理由

ベクトル微分演算子 ∇ は

$$\nabla=\boldsymbol{i}\frac{\partial}{\partial x}+\boldsymbol{j}\frac{\partial}{\partial y}+\boldsymbol{k}\frac{\partial}{\partial z}$$

と定義されている。そこで，∇ を一つのベクトルと考え，二つのベクトルの内積の計算と同じように，**形式的に**∇ と $\boldsymbol{A}$ とのドット積を計算すると

$$\begin{aligned}\nabla\cdot\boldsymbol{A}&=\left(\boldsymbol{i}\frac{\partial}{\partial x}+\boldsymbol{j}\frac{\partial}{\partial y}+\boldsymbol{k}\frac{\partial}{\partial z}\right)\cdot(A_x\boldsymbol{i}+A_y\boldsymbol{j}+A_z\boldsymbol{k})\\&=\frac{\partial A_x}{\partial x}+\frac{\partial A_y}{\partial y}+\frac{\partial A_z}{\partial z}\end{aligned}$$

となり，この右辺の結果は発散の定義式と一致する。そこで，発散 div$\boldsymbol{A}$ を便宜上 $\nabla\cdot\boldsymbol{A}$ と表記している。この際，$\nabla\cdot\boldsymbol{A}$ の形に惑わされて，“発散は内積である”と勘違いすると思われる。では，なぜ誤解を招きかねない $\nabla\cdot\boldsymbol{A}$ なる表示を用いるのか。それは

$$\nabla=\boldsymbol{i}\frac{\partial}{\partial x}+\boldsymbol{j}\frac{\partial}{\partial y}+\boldsymbol{k}\frac{\partial}{\partial z}$$

であることから，∇ が**微分演算子であることを忘れさえしなければ**，あたかも ∇ と $\boldsymbol{A}$ の内積のように計算をすることで，発散 $\nabla\cdot\boldsymbol{A}$ が計算でき，便利だということである。

過去の Q&A から

Q3.5: 発散は湧き出しだけでなく吸い込みもあるとはどういうことか。

A3.5: まず，湧き出し，吸い込みの具体例を説明しよう。川の水を考えると伏流水となって地下にもぐる点が吸い込み口であり，伏流水が湧き出す点が

湧き出し口である。プールを例に取れば，給水口が湧き出し口であり，排水口が吸い込み口である。

Q3.6: 発散について，わかりやすいイメージはないのだろうか。

A3.6: 発散とは単位体積当りの湧き出し量である。水槽内部に入れたホースの先にたくさんの穴を空けたパイプから水槽内に水が噴き出している状況をイメージしよう。パイプの一部分だけを含む領域を考えるか，パイプ全体を含む領域を考えるかで水の湧き出し量が異なるので，単位体積当りの量を考える。ある一定の体積中における湧き出し口の有無，湧き出し口の多少を考えていると理解してもよい。吸い込みの場合も同様である。

3.3 回転

(1) ベクトル場の回転　ベクトル場

$$\boldsymbol{A}(x,y,z)=A_x(x,y,z)\boldsymbol{i}+A_y(x,y,z)\boldsymbol{j}+A_z(x,y,z)\boldsymbol{k}$$

に対して

$$\nabla\times\boldsymbol{A}=\left(\frac{\partial A_z}{\partial y}-\frac{\partial A_y}{\partial z}\right)\boldsymbol{i}+\left(\frac{\partial A_x}{\partial z}-\frac{\partial A_z}{\partial x}\right)\boldsymbol{j}+\left(\frac{\partial A_y}{\partial x}-\frac{\partial A_x}{\partial y}\right)\boldsymbol{k} \tag{3.24}$$

をベクトル場 $\boldsymbol{A}$ の**回転**（rotation）という。$\nabla\times\boldsymbol{A}$ はナブラ クロス エイと読む。$\nabla\times\boldsymbol{A}$ の代わりに rot$\boldsymbol{A}$ あるいは curl$\boldsymbol{A}$ と表すこともある。rot$\boldsymbol{A}$ はローティション エイ，curl$\boldsymbol{A}$ はカール エイと読む。式 (3.24) から明らかなように，$\nabla\times\boldsymbol{A}$ はベクトル場である。

(2) 回転の行列式表示　$\nabla\times\boldsymbol{A}$ を形式的にナブラ演算子 ∇ とベクトル場 $\boldsymbol{A}$ の外積とみなし，外積の行列式表示と類似させると

$$\nabla\times\boldsymbol{A}=\begin{vmatrix}\boldsymbol{i}&\boldsymbol{j}&\boldsymbol{k}\\ \dfrac{\partial}{\partial x}&\dfrac{\partial}{\partial y}&\dfrac{\partial}{\partial z}\\ A_x&A_y&A_z\end{vmatrix}=\boldsymbol{i}\begin{vmatrix}\dfrac{\partial}{\partial y}&\dfrac{\partial}{\partial z}\\ A_y&A_z\end{vmatrix}-\boldsymbol{j}\begin{vmatrix}\dfrac{\partial}{\partial x}&\dfrac{\partial}{\partial z}\\ A_x&A_z\end{vmatrix}+\boldsymbol{k}\begin{vmatrix}\dfrac{\partial}{\partial x}&\dfrac{\partial}{\partial y}\\ A_x&A_y\end{vmatrix}$$

$$=\left(\frac{\partial A_z}{\partial y}-\frac{\partial A_y}{\partial z}\right)\boldsymbol{i}+\left(\frac{\partial A_x}{\partial z}-\frac{\partial A_z}{\partial x}\right)\boldsymbol{j}+\left(\frac{\partial A_y}{\partial x}-\frac{\partial A_x}{\partial y}\right)\boldsymbol{k} \tag{3.25}$$

となる。このように，ベクトル場 $\boldsymbol{A}$ の回転は行列式の形式で記憶すると便利である。

例題 3.7　ベクトル場

$$\boldsymbol{A}=\frac{xyz}{6}(x\boldsymbol{i}+y\boldsymbol{j}+z\boldsymbol{k})$$

に対して，回転 $\nabla\times\boldsymbol{A}$ を計算せよ。

【解答】

$$\nabla\times\boldsymbol{A}=\begin{vmatrix}\boldsymbol{i}&\boldsymbol{j}&\boldsymbol{k}\\ \dfrac{\partial}{\partial x}&\dfrac{\partial}{\partial y}&\dfrac{\partial}{\partial z}\\ \dfrac{x^2yz}{6}&\dfrac{xy^2z}{6}&\dfrac{xyz^2}{6}\end{vmatrix}=\left\{\frac{\partial}{\partial y}\left(\frac{xyz^2}{6}\right)-\frac{\partial}{\partial z}\left(\frac{xy^2z}{6}\right)\right\}\boldsymbol{i}$$

$$-\left\{\frac{\partial}{\partial x}\left(\frac{xyz^2}{6}\right)-\frac{\partial}{\partial z}\left(\frac{x^2yz}{6}\right)\right\}\boldsymbol{j}+\left\{\frac{\partial}{\partial x}\left(\frac{xy^2z}{6}\right)-\frac{\partial}{\partial y}\left(\frac{x^2yz}{6}\right)\right\}\boldsymbol{k}$$

$$=\frac{x(z^2-y^2)}{6}\boldsymbol{i}+\frac{y(x^2-z^2)}{6}\boldsymbol{j}+\frac{z(y^2-x^2)}{6}\boldsymbol{k}$$

◇

問 3.16　つぎのベクトル場 $\boldsymbol{A}$ に対して，回転 $\nabla\times\boldsymbol{A}$ を計算せよ。

(1)　$\boldsymbol{A}=(y-z)\boldsymbol{i}+(z-x)\boldsymbol{j}+(x-y)\boldsymbol{k}$,　(2)　$\boldsymbol{A}=\dfrac{-y}{x^2+y^2}\boldsymbol{i}+\dfrac{x}{x^2+y^2}\boldsymbol{j}$

問 3.17　ベクトル場 $\boldsymbol{A}=A_x\boldsymbol{i}+A_y\boldsymbol{j}+A_z\boldsymbol{k}$ に対して，つぎの関係が成り立つことを示せ。

$$\nabla\times\boldsymbol{A}=(\nabla A_x)\times\boldsymbol{i}+(\nabla A_y)\times\boldsymbol{j}+(\nabla A_z)\times\boldsymbol{k}$$

(3)　回転に関する公式　f をスカラー場，$\boldsymbol{A}$ をベクトル場とするとき，式 (3.26) が成り立つ。

$$\nabla \times (f\boldsymbol{A}) = \nabla f \times \boldsymbol{A} + f\nabla \times \boldsymbol{A} \tag{3.26}$$

証明は左辺の演算を成分表示し，整理すればよい。

$$\begin{aligned}
\nabla \times (f\boldsymbol{A}) &= \left(\frac{\partial(fA_z)}{\partial y} - \frac{\partial(fA_y)}{\partial z}\right)\boldsymbol{i} + \left(\frac{\partial(fA_x)}{\partial z} - \frac{\partial(fA_z)}{\partial x}\right)\boldsymbol{j} \\
&\quad + \left(\frac{\partial(fA_y)}{\partial x} - \frac{\partial(fA_x)}{\partial y}\right)\boldsymbol{k} \\
&= \left\{\left(\frac{\partial f}{\partial y}A_z - \frac{\partial f}{\partial z}A_y\right)\boldsymbol{i} + \left(\frac{\partial f}{\partial z}A_x - \frac{\partial f}{\partial x}A_z\right)\boldsymbol{j} \right. \\
&\quad \left. + \left(\frac{\partial f}{\partial x}A_y - \frac{\partial f}{\partial y}A_x\right)\boldsymbol{k}\right\} + f\left\{\left(\frac{\partial A_z}{\partial y} - \frac{\partial A_y}{\partial z}\right)\boldsymbol{i} \right. \\
&\quad \left. + \left(\frac{\partial A_x}{\partial z} - \frac{\partial A_z}{\partial x}\right)\boldsymbol{j} + \left(\frac{\partial A_y}{\partial x} - \frac{\partial A_x}{\partial y}\right)\boldsymbol{k}\right\} \\
&= (\nabla f) \times \boldsymbol{A} + f\nabla \times \boldsymbol{A}
\end{aligned}$$

問 3.18　$\boldsymbol{A}$, $\boldsymbol{B}$ をベクトル場，c をスカラー定数とするとき，つぎの関係が成り立つことを示せ（回転の線形性）。

(1)　$\nabla \times (\boldsymbol{A} + \boldsymbol{B}) = \nabla \times \boldsymbol{A} + \nabla \times \boldsymbol{B}$,　(2)　$\nabla \times (c\boldsymbol{A}) = c\nabla \times \boldsymbol{A}$

【注意】　問 3.18 の結果は，公式として利用してよい。

例題 3.8　$\boldsymbol{r} = x\boldsymbol{i} + y\boldsymbol{j} + z\boldsymbol{k}$, $r = |\boldsymbol{r}| \neq 0$ とする。このとき，つぎのベクトル場に対して回転を計算せよ。

(1)　$\boldsymbol{r}$,　(2)　$\dfrac{\boldsymbol{r}}{r^3}$

【解答】　(1)　$\nabla \times \boldsymbol{r} = \left(\dfrac{\partial z}{\partial y} - \dfrac{\partial y}{\partial z}\right)\boldsymbol{i} + \left(\dfrac{\partial x}{\partial z} - \dfrac{\partial z}{\partial x}\right)\boldsymbol{j} + \left(\dfrac{\partial y}{\partial x} - \dfrac{\partial x}{\partial y}\right)\boldsymbol{k} = \boldsymbol{0}$

(2)　式 (3.26) と例題 3.2(1) の結果を利用する。

$$\begin{aligned}
\nabla \times \left(\frac{\boldsymbol{r}}{r^3}\right) &= \nabla \times \left(\frac{1}{r^3}\boldsymbol{r}\right) = \nabla\left(\frac{1}{r^3}\right) \times \boldsymbol{r} + \frac{1}{r^3}\nabla \times \boldsymbol{r} \\
&= \frac{-3}{r^4}\nabla r \times \boldsymbol{r} + \boldsymbol{0} = \frac{-3}{r^4}\frac{\boldsymbol{r}}{r} \times \boldsymbol{r} = \boldsymbol{0}
\end{aligned}$$

最後の等号で $\boldsymbol{r} \times \boldsymbol{r} = \boldsymbol{0}$ であることを用いた。　◇

〔電磁気学との関連〕静電界の回転　　原点に置かれた点電荷 Q が作る静電界 $\boldsymbol{E}$ は，原点以外で保存場 $\nabla \times \boldsymbol{E} = \boldsymbol{0}$ となる。

$$\boldsymbol{E} = \frac{Q}{4\pi\varepsilon_0}\frac{\boldsymbol{r}}{r^3} \quad \Rightarrow \quad \nabla \times \boldsymbol{E} = \frac{Q}{4\pi\varepsilon_0}\nabla \times \left(\frac{\boldsymbol{r}}{r^3}\right) = \boldsymbol{0}$$

問 3.19　$\boldsymbol{r} = x\boldsymbol{i} + y\boldsymbol{j} + z\boldsymbol{k}$, $r = |\boldsymbol{r}| \neq 0$ とする。このとき，つぎのベクトル場に対して回転を計算せよ。 (1)　$r^n\boldsymbol{r}$,　(2)　$(\log r)\boldsymbol{r}$

問 3.20　$\boldsymbol{r} = x\boldsymbol{i}+y\boldsymbol{j}+z\boldsymbol{k}$ とし，$\boldsymbol{A}$ を定ベクトルとするとき，$\nabla\times(\boldsymbol{A}\times\boldsymbol{r}) = 2\boldsymbol{A}$ の関係が成り立つことを示せ。

(4)　ナブラ演算子を含む公式　　$\boldsymbol{A}, \boldsymbol{B}$ をベクトル場とするとき

$$\nabla \cdot (\boldsymbol{A} \times \boldsymbol{B}) = \boldsymbol{B} \cdot (\nabla \times \boldsymbol{A}) - \boldsymbol{A} \cdot (\nabla \times \boldsymbol{B}) \tag{3.27}$$

$$\nabla \times (\nabla \times \boldsymbol{A}) = \nabla(\nabla \cdot \boldsymbol{A}) - \nabla^2\boldsymbol{A} \tag{3.28}$$

が成り立つ。ただし，$\nabla^2\boldsymbol{A}$ は次式とする。

$$\nabla^2\boldsymbol{A} = (\nabla^2 A_x)\boldsymbol{i} + (\nabla^2 A_y)\boldsymbol{j} + (\nabla^2 A_z)\boldsymbol{k} \tag{3.29}$$

【注意】 式 (3.27) からもわかるように，∇ をベクトルとみなし，∇ に対して形式的にスカラー三重積の公式を適用してはいけない。$\nabla \cdot (\boldsymbol{A} \times \boldsymbol{B}) = \boldsymbol{B} \cdot (\nabla \times \boldsymbol{A}) = -\boldsymbol{A} \cdot (\nabla \times \boldsymbol{B})$ とするのは誤りである。同様に，∇ に対して形式的にベクトル三重積の公式を適用してはいけない。例えば，問 3.20 において，$\nabla \times (\boldsymbol{A} \times \boldsymbol{r}) = (\nabla \cdot \boldsymbol{r})\boldsymbol{A} - (\nabla \cdot \boldsymbol{A})\boldsymbol{r}$ とするのは誤りである。

問 3.21　式 (3.27)，(3.28) を証明せよ。

問 3.22　$\boldsymbol{A}, \boldsymbol{B}$ をベクトル場とするとき，つぎの関係が成り立つことを示せ。

(1)　$\nabla(\boldsymbol{A}\cdot\boldsymbol{B}) = (\boldsymbol{A}\cdot\nabla)\boldsymbol{B}+(\boldsymbol{B}\cdot\nabla)\boldsymbol{A}+\boldsymbol{A}\times(\nabla\times\boldsymbol{B})+\boldsymbol{B}\times(\nabla\times\boldsymbol{A})$

(2)　$\nabla \times (\boldsymbol{A} \times \boldsymbol{B}) = \boldsymbol{A}\nabla\cdot\boldsymbol{B} - \boldsymbol{B}\nabla\cdot\boldsymbol{A} + (\boldsymbol{B} \cdot \nabla)\boldsymbol{A} - (\boldsymbol{A} \cdot \nabla)\boldsymbol{B}$

ただし，$\boldsymbol{A} = A_x\boldsymbol{i} + A_y\boldsymbol{j} + A_z\boldsymbol{k}$ とするとき

$$(\boldsymbol{A} \cdot \nabla)\boldsymbol{B} = A_x\frac{\partial \boldsymbol{B}}{\partial x} + A_y\frac{\partial \boldsymbol{B}}{\partial y} + A_z\frac{\partial \boldsymbol{B}}{\partial z}$$

などとする。

【注意】 問 3.22 の結果は，公式として利用してよい。

(5)　回転の意味　　ベクトル場 $\boldsymbol{A}$ が渦巻きの流速ベクトルを表しているとしよう。図 **3.7** に示すように，微小な曲面を選び，軸がその面と垂直になるような渦の大きさを考えよう。その面の縁，すなわち，渦に沿って流れる量は，縁上

の微小変位$\Delta\boldsymbol{r}$当り$(|\boldsymbol{A}|\cos\theta)|\Delta\boldsymbol{r}| = \boldsymbol{A}\cdot\Delta\boldsymbol{r}$と与えられる。したがって，渦の大きさは$\boldsymbol{A}\cdot\Delta\boldsymbol{r}$を縁全体で加算したものとなる。このように，ベクトル場$\boldsymbol{A}$に対してある面の縁Cに沿っての流れた量（単位面積当りの流量×長さ）$\boldsymbol{A}\cdot\Delta\boldsymbol{r}$の総和を**循環**（circulation）と呼ぶ†。また，渦の回転軸の方向を示す単位ベクトル$\boldsymbol{n}$の向きは，渦に沿って右ねじをまわすときの右ねじの進む方向である。

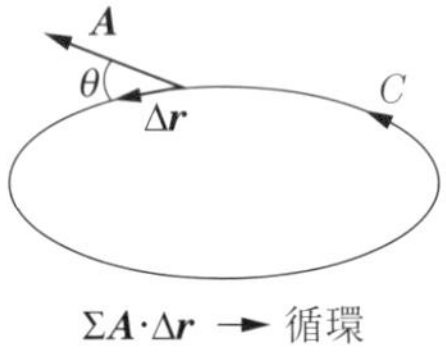

図 3.7　渦の大きさ（循環）の定義

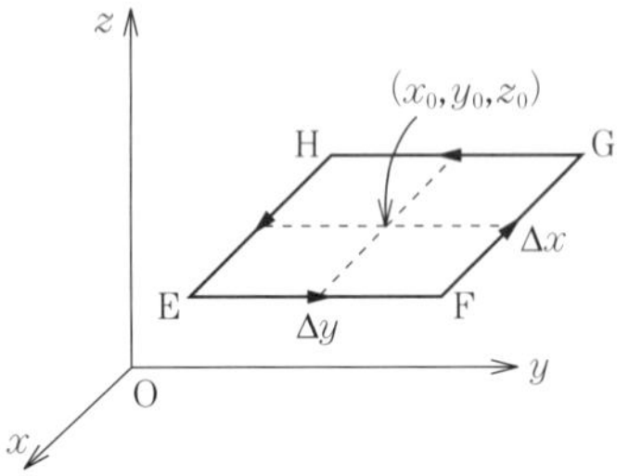

図 3.8　長方形 EFGH に沿った渦の大きさ

以上を簡単なモデルで数学的に扱う。**図 3.8** に示すxy平面に平行な長方形 EFGH において，渦の大きさは

$$
\begin{aligned}
(\text{渦の大きさ}) = \ & (\boldsymbol{A}\text{ の EF 方向成分}) \times (\text{EF の長さ}) \\
& + (\boldsymbol{A}\text{ の FG 方向成分}) \times (\text{FG の長さ}) \\
& + (\boldsymbol{A}\text{ の GH 方向成分}) \times (\text{GH の長さ}) \\
& + (\boldsymbol{A}\text{ の HE 方向成分}) \times (\text{HE の長さ})
\end{aligned}
$$

となる。長方形 EFGH の中心を(x_0, y_0, z_0)とする。長方形 EFGH は十分に小さく，$\Delta x \ll 1$, $\Delta y \ll 1$であるから，各辺における方向成分をその中点で計算すれば

$$
\begin{aligned}
&\{\boldsymbol{A}(x_0+\Delta x/2, y_0, z_0)\cdot\boldsymbol{j}\}\Delta y + \{\boldsymbol{A}(x_0, y_0+\Delta y/2, z_0)\cdot(-\boldsymbol{i})\}\Delta x \\
&\quad + \{\boldsymbol{A}(x_0-\Delta x/2, y_0, z_0)\cdot(-\boldsymbol{j})\}\Delta y + \{\boldsymbol{A}(x_0, y_0-\Delta y/2, z_0)\cdot\boldsymbol{i}\}\Delta x
\end{aligned}
$$

† 線積分を用いると，循環は$\Gamma = \oint_C \boldsymbol{A}\cdot d\boldsymbol{r}$と与えられる。

$$
\begin{aligned}
&= \{A_y(x_0+\Delta x/2, y_0, z_0) - A_y(x_0-\Delta x/2, y_0, z_0)\}\Delta y \\
&\quad - \{A_x(x_0, y_0+\Delta y/2, z_0) - A_x(x_0, y_0-\Delta y/2, z_0)\}\Delta x \\
&= \left\{ \frac{A_y(x_0+\Delta x/2, y_0, z_0) - A_y(x_0-\Delta x/2, y_0, z_0)}{\Delta x} \right. \\
&\quad \left. - \frac{A_x(x_0, y_0+\Delta y/2, z_0) - A_x(x_0, y_0-\Delta y/2, z_0)}{\Delta y} \right\} \Delta x \Delta y \\
&\fallingdotseq \left(\frac{\partial A_y}{\partial x} - \frac{\partial A_x}{\partial y} \right) \Delta x \Delta y = (\nabla \times \boldsymbol{A})_z \Delta x \Delta y
\end{aligned}
$$

となる。したがって，z 軸のまわりの単位面積当りの渦の大きさは $(\nabla \times \boldsymbol{A})_z$ と与えられる。これから推察できるように，x 軸，y 軸のまわりの単位面積当りの渦の大きさは $(\nabla \times \boldsymbol{A})_x$, $(\nabla \times \boldsymbol{A})_y$ と与えられる。このように，単位面積当りの渦の大きさと向きを合わせて

$$
\nabla \times \boldsymbol{A} = (\nabla \times \boldsymbol{A})_x \boldsymbol{i} + (\nabla \times \boldsymbol{A})_y \boldsymbol{j} + (\nabla \times \boldsymbol{A})_z \boldsymbol{k} \tag{3.30}
$$

のように回転 $\nabla \times \boldsymbol{A}$ が定義されていることがわかる。

（6） ナブラ演算子を含む公式（続き）　　f をスカラー場，$\boldsymbol{A}$ をベクトル場とするとき，次式が成り立つ。

$$
\nabla \times (\nabla f) = \boldsymbol{0} \tag{3.31}
$$

$$
\nabla \cdot (\nabla \times \boldsymbol{A}) = 0 \tag{3.32}
$$

式 (3.31) は勾配 ∇f の回転 $\nabla \times (\nabla f)$ は存在しないことを意味する。すなわち，勾配 ∇f は湧き出し口から発し，吸い込み口で終端し，決して渦状になることはないことを示している。一方，式 (3.32) は回転 $\nabla \times \boldsymbol{A}$ の発散 $\nabla \cdot (\nabla \times \boldsymbol{A})$ は存在しないことを意味する。すなわち，回転 $\nabla \times \boldsymbol{A}$ は渦状であり，湧き出し口や吸い込み口を持たないことを示している。

証明は左辺の演算を成分表示すればよい。

$$
\begin{aligned}
\nabla \times (\nabla f) = &\left\{ \frac{\partial}{\partial y}\left(\frac{\partial f}{\partial z}\right) - \frac{\partial}{\partial z}\left(\frac{\partial f}{\partial y}\right) \right\} \boldsymbol{i} + \left\{ \frac{\partial}{\partial z}\left(\frac{\partial f}{\partial x}\right) - \frac{\partial}{\partial x}\left(\frac{\partial f}{\partial z}\right) \right\} \boldsymbol{j} \\
&+ \left\{ \frac{\partial}{\partial x}\left(\frac{\partial f}{\partial y}\right) - \frac{\partial}{\partial y}\left(\frac{\partial f}{\partial x}\right) \right\} \boldsymbol{k} = \boldsymbol{0}
\end{aligned}
$$

$$\begin{aligned}\nabla\cdot(\nabla\times\boldsymbol{A}) &= \frac{\partial}{\partial x}\left(\frac{\partial A_z}{\partial y}-\frac{\partial A_y}{\partial z}\right)+\frac{\partial}{\partial y}\left(\frac{\partial A_x}{\partial z}-\frac{\partial A_z}{\partial x}\right)\\ &\quad+\frac{\partial}{\partial z}\left(\frac{\partial A_y}{\partial x}-\frac{\partial A_x}{\partial y}\right)\\ &= \left(\frac{\partial^2 A_z}{\partial x\partial y}-\frac{\partial^2 A_y}{\partial x\partial z}\right)+\left(\frac{\partial^2 A_x}{\partial y\partial z}-\frac{\partial^2 A_z}{\partial y\partial x}\right)\\ &\quad+\left(\frac{\partial^2 A_y}{\partial z\partial x}-\frac{\partial^2 A_x}{\partial z\partial y}\right)=0\end{aligned}$$

（7） **ベクトルポテンシャル**　ベクトル場 $\boldsymbol{B}=\boldsymbol{B}(x,y,z)$ に対して $\boldsymbol{B}=\nabla\times\boldsymbol{A}$ となるようなベクトル場 $\boldsymbol{A}=\boldsymbol{A}(x,y,z)$ が存在するとき，$\boldsymbol{A}$ を $\boldsymbol{B}$ の**ベクトルポテンシャル**（vector potential）という。電磁気学において，磁束密度 $\boldsymbol{B}$ に対するベクトルポテンシャル $\boldsymbol{A}$ の関係がこれに相当する。

〔電磁気学との関連〕電位とベクトルポテンシャル　静電界 $\boldsymbol{E}$ は $\nabla\times\boldsymbol{E}=\boldsymbol{0}$ の関係を満足する。式 (3.31) からわかるように，電位 V を $\boldsymbol{E}=-\nabla V$ と定義することが可能である。一方，磁束密度 $\boldsymbol{B}$ は $\nabla\cdot\boldsymbol{B}=0$ の関係を満足する。式 (3.32) からわかるように，ベクトルポテンシャル $\boldsymbol{A}$ を $\boldsymbol{B}=\nabla\times\boldsymbol{A}$ と定義することが可能である。このように，式 (3.31)，(3.32) は電位（スカラーポテンシャル），ベクトルポテンシャルの存在の根拠になっている。

アドバイスコーナー

★外積と回転の違い

外積 $\boldsymbol{A}\times\boldsymbol{B}$

- 外積の大きさ $|\boldsymbol{A}\times\boldsymbol{B}|$ は，$\boldsymbol{A},\boldsymbol{B}$ を 2 辺とする平行四辺形の面積に等しい。
- 定義より，$\boldsymbol{A}\times\boldsymbol{B}\perp\boldsymbol{A}$, $\boldsymbol{A}\times\boldsymbol{B}\perp\boldsymbol{B}$ である。
- 行列式を用いて成分計算できる。$\boldsymbol{A}\times\boldsymbol{B}=-\boldsymbol{B}\times\boldsymbol{A}$ が成り立つ。

回転 $\nabla\times\boldsymbol{A}$（rot$\boldsymbol{A}$ とも表記する）

- 回転 $\nabla\times\boldsymbol{A}$ の大きさ $|\nabla\times\boldsymbol{A}|$ は単位面積当りの渦の大きさを与える。
- $\nabla\times\boldsymbol{A}$ は必ずしも $\boldsymbol{A}$ に垂直とは限らない。
- 行列式を用いて成分計算した結果は，回転 $\nabla\times\boldsymbol{A}$ の定義式と一致する。

★公式の覚え方

まず，スカラー場 f に対する ∇ の演算には $\nabla\cdot f$ や $\nabla\times f$ が存在しないことに注意しよう。定義されているのは勾配 ∇f だけである。ベクトル場 $\boldsymbol{A}$ に対し

ては発散 $\nabla\cdot\boldsymbol{A}$ と回転 $\nabla\times\boldsymbol{A}$ が存在する。以上をしっかり理解したうえで，スカラー場 f とベクトル関数 $\boldsymbol{A}$ の積に対する公式

$$\nabla\cdot(f\boldsymbol{A}) = (\nabla f)\cdot\boldsymbol{A} + f(\nabla\cdot\boldsymbol{A}) \tag{3.33}$$

$$\nabla\times(f\boldsymbol{A}) = (\nabla f)\times\boldsymbol{A} + f(\nabla\times\boldsymbol{A}) \tag{3.34}$$

をつぎのように覚えよう。この際，スカラー関数 f, g の積の関数 fg に対する式 (3.35) の微分の公式が参考になる。

$$(fg)' = f'g + fg' \tag{3.35}$$

(1) 式 (3.33) と式 (3.34) はドット（$\cdot$）とクロス（$\times$）の違いを除けば，同じ形であることに注目すると，覚えるのがグンと楽になる。基本的な形は，公式 (3.35) とも類似であることを認識すればもっと楽に覚えられる。

(2) 式 (3.33) の左辺は，ベクトル $\boldsymbol{A}$ を f 倍したベクトル $f\boldsymbol{A}$ の発散であるから，スカラーである。右辺もスカラーでなければならないことに注意する。式 (3.33) の右辺第 1 項は勾配 ∇f と $\boldsymbol{A}$ の内積，第 2 項は $\boldsymbol{A}$ の発散 $\nabla\cdot\boldsymbol{A}$ と f の積で，共にスカラーである。

(3) 式 (3.34) の左辺は，ベクトル $\boldsymbol{A}$ を f 倍したベクトル $f\boldsymbol{A}$ の回転であるから，ベクトルである。右辺もベクトルでなければならないことに注意する。式 (3.34) の右辺第 1 項は勾配 ∇f と $\boldsymbol{A}$ の外積，第 2 項は $\boldsymbol{A}$ の回転 $\nabla\times\boldsymbol{A}$ と f の積で，共にベクトルである。

他の公式についても，上のような整理をすれば，容易に記憶できるようになるだろう。

過去の Q&A から

Q3.7: 渦の大きさの計算のところで，なぜ長方形のループを選んだのか。

A3.7: 二つの理由がある。一つは直角座標系を利用しているので，長方形だと計算が楽になる。しかし，これだと，長方形の渦など見たことがないという疑問に答えられない。実は，大きな渦というのは小さな渦に分解できる。例えば，二つの隣り合う渦を考えてみよう。共通する部分で，渦の向きは反対で，大きさは同じであるから，この部分における渦の強さは相殺される。したがって，二つの渦の合成によって生じる渦の大きさは，それぞれの渦の大きさの和で与えられることになる。大きな渦の場合は，多くの無数の長方形ループ状の渦に分解できる（端の部分はひずんだループになる

が）。このように，十分に渦（ループ）の面積が狭いとして扱えば，渦の大きさを長方形のループの重ね合わせによって近似してもよいということになる。以上は5章で学習するストークスの定理の物理的な意味そのものである。

Q3.8: 木の葉の運動について，図 **3.9**(a), (b) は回転で，図 (c) が回転ではないというのがわからない。

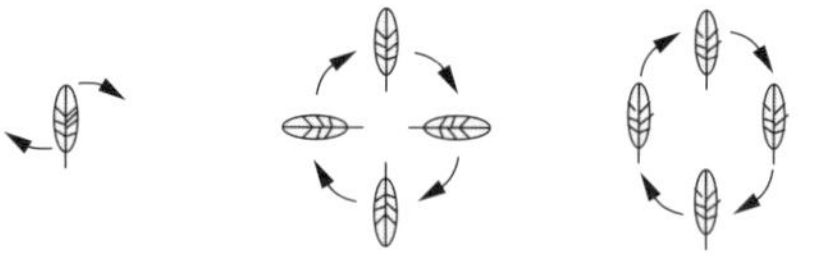

(a)　直線流による運動　(b)　強制渦による運動　(c)　自由渦による運動

図 **3.9**　木の葉の運動

A3.8: 図 3.9(a) は速度勾配がある直線流に木の葉を浮かべた場合の木の葉の回転運動（図 **3.10**(a) 参照）であり，回転が存在する。この直線流ベクトルは $\boldsymbol{A} = ay\boldsymbol{i}$（$a$ は定数）で，その回転は $\nabla \times \boldsymbol{A} = -a\boldsymbol{k}$ である。図 3.9(b) は水車・風車・扇風機などの回転運動がこれに相当する。図 3.9(b) に対応する流線ベクトルは $\boldsymbol{A} = a(y\boldsymbol{i} - x\boldsymbol{j})$ で（図 3.10(b) 参照，流線の速度は半径 $\rho = \sqrt{x^2 + y^2}$ に比例し外側ほど大きい），その回転は $\nabla \times \boldsymbol{A} = -2a\boldsymbol{k}$ である。これを強制渦という。

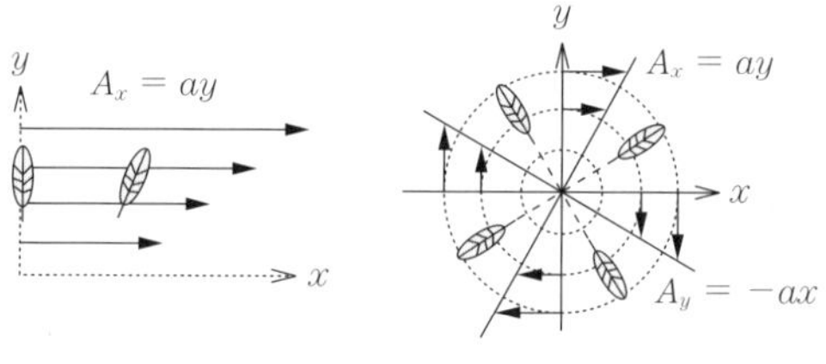

(a)　速度勾配のある直線流　(b)　同心円状の流線

図 **3.10**　木の葉の回転運動のモデル

図 3.9(c) のケースについては，流体工学を専門とされる先生に聞いたところ，これは自由渦と呼ばれるものだそうで，原点の周りの回転運動は存在するが，局所的な場所における回転運動は存在しないとのこと。タイタニック号のように船が沈没した際，船からある程度はなれた場所におけ

る小船がこのような運動をするそうだ。身近な例では，お風呂の洗い場に流した水が排水口に流れるとき，短時間ではあるがその周りに発生することがある由。ただし，現実は理想的なモデルが適用できない場合が多いので，現実の現象は非常に複雑ということのようである。

章　末　問　題

【1】 $\boldsymbol{r} = x\boldsymbol{i} + y\boldsymbol{j} + z\boldsymbol{k},\ r = |\boldsymbol{r}| \neq 0$ とするとき，つぎの計算をせよ。

(1) $\nabla(r^2 - 2/\sqrt{r})$,　(2) $\nabla(r^2 e^{-r})$

【2】 曲面 $x^2y + y^2z + z^2x = 1$ 上の点 P$(-2, 1, -1)$ において，つぎの計算をせよ。

(1) 法単位ベクトル $\boldsymbol{n}$,　(2) $\boldsymbol{a} = \boldsymbol{i} - 2\boldsymbol{j} + 2\boldsymbol{k}$ 方向の方向微分係数

【3】 $f = \log(x^2 + y^2)$ が調和関数であることを示せ。ただし，$x^2 + y^2 \neq 0$ とする。

【4】 $\boldsymbol{r} = x\boldsymbol{i} + y\boldsymbol{j} + z\boldsymbol{k}$ とするとき，$\nabla\{(\boldsymbol{A} \times \boldsymbol{r}) \cdot (\boldsymbol{B} \times \boldsymbol{r})\} = \boldsymbol{A} \times (\boldsymbol{r} \times \boldsymbol{B}) + \boldsymbol{B} \times (\boldsymbol{r} \times \boldsymbol{A})$ を示せ。ただし，$\boldsymbol{A}$，$\boldsymbol{B}$ は定ベクトルとする。

【5】 $\boldsymbol{r} = x\boldsymbol{i} + y\boldsymbol{j} + z\boldsymbol{k},\ r = |\boldsymbol{r}| \neq 0$ とするとき

$$\nabla \times \left(\frac{\boldsymbol{A} \times \boldsymbol{r}}{r^2}\right) = \frac{2(\boldsymbol{r} \cdot \boldsymbol{A})}{r^4}\boldsymbol{r}$$

が成り立つことを示せ。ただし，$\boldsymbol{A}$ は定ベクトルとする。

【6】 $\boldsymbol{F} = f\nabla g$ とするとき，$\boldsymbol{F} \cdot (\nabla \times \boldsymbol{F}) = 0$ が成り立つことを示せ。

【7】 $\boldsymbol{r} = x\boldsymbol{i} + y\boldsymbol{j} + z\boldsymbol{k}$，$\boldsymbol{A}, \boldsymbol{B}$ を定ベクトルとするとき，つぎの関係が成り立つことを示せ。

(1) $\nabla \times \{\boldsymbol{A} \times (\boldsymbol{r} \times \boldsymbol{B})\} = -\boldsymbol{A} \times \boldsymbol{B}$

(2) $\nabla \cdot \{\boldsymbol{A} \times (\boldsymbol{r} \times \boldsymbol{B})\} = 2(\boldsymbol{A} \cdot \boldsymbol{B})$

【8】 $\boldsymbol{A}$ を定ベクトル，$\boldsymbol{r} = x\boldsymbol{i} + y\boldsymbol{j} + z\boldsymbol{k},\ r = |\boldsymbol{r}| \neq 0$ とする。つぎの関係が成り立つことを示せ。

$$\nabla\left\{\boldsymbol{A} \cdot \nabla\left(\frac{1}{r}\right)\right\} + \nabla \times \left\{\boldsymbol{A} \times \nabla\left(\frac{1}{r}\right)\right\} = \boldsymbol{0}$$

【9】 $\rho = \sqrt{x^2 + y^2}$ とする。つぎの計算をせよ。

(1) $\boldsymbol{F} = f(\rho)(-y\boldsymbol{i} + x\boldsymbol{j})$ のとき，$\nabla \cdot \boldsymbol{F}, \nabla \times \boldsymbol{F}$

(2) $\boldsymbol{G} = f(\rho)(x\boldsymbol{i} + y\boldsymbol{j})$ のとき，$\nabla \cdot \boldsymbol{G}, \nabla \times \boldsymbol{G}$

【10】 $\boldsymbol{r} = x\boldsymbol{i} + y\boldsymbol{j} + z\boldsymbol{k},\ r = |\boldsymbol{r}| \neq 0$ とするとき，つぎの計算をせよ。

(1) $\nabla f(r)$,　(2) $\nabla \cdot \{f(r)\boldsymbol{r}\}$,　(3) $\nabla^2 f(r)$,　(4) $\nabla \times \{f(r)\boldsymbol{r}\}$

4 線積分・面積分

ベクトル場の発散および回転は点で定義された量である。これらの量を3次元および2次元の領域に対して拡張することにより，実際の観測量に対応した形での表現が可能となる。その準備として，本章ではスカラー場およびベクトル場に対する線積分・面積分・体積分について学習する。ベクトルを用いた空間曲線および曲面の表現は線積分および面積分の積分領域を定義するうえで不可欠である。線積分・面積分・体積分については，定義を直観的に理解するとともに，手順に従って計算できるようにして欲しい。

4.1 空間曲線

(1) 空間曲線の方程式　点Pの位置ベクトル $\boldsymbol{r}$ が変数 u の関数であるとき，空間内で点Pは変数 u の変化とともに移動する。

$$\boldsymbol{r} = \boldsymbol{r}(u) = x(u)\boldsymbol{i} + y(u)\boldsymbol{j} + z(u)\boldsymbol{k} \tag{4.1}$$

図 4.1 に示すように，この点Pの軌跡（$\boldsymbol{r}$ の先端が描く軌跡）は**空間曲線**

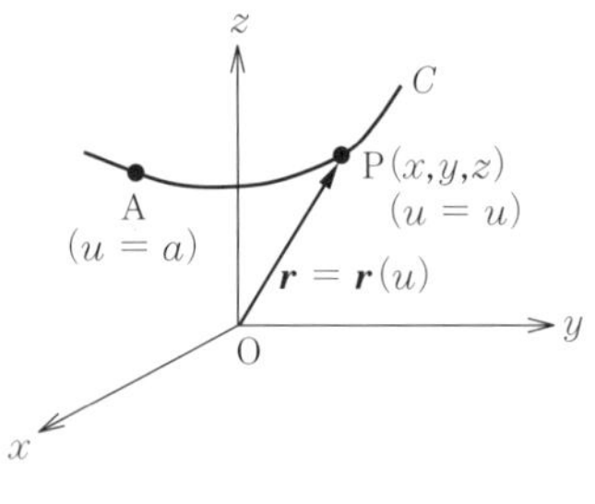

図 4.1　空間曲線

(space curve) C となっており，式 (4.1) を空間曲線の方程式という。例えば，指示棒の先の軌跡は空間曲線といえる。

時刻 t が変数である場合，方程式 $\boldsymbol{r} = \boldsymbol{r}(t)$ は空間における点 $\mathrm{P}(x(t), y(t), z(t))$ の運動を表す。このとき，$d\boldsymbol{r}/dt$ は各時刻における速度ベクトルに相当する（付録 A.4 参照）。

(2) 接ベクトル **図 4.2** に示すように，$u = u$ から $u = u + \Delta u$ まで変化したとき，$\boldsymbol{r} = \boldsymbol{r}(u)$ の変化量は

$$\Delta \boldsymbol{r} = \boldsymbol{r}(u + \Delta u) - \boldsymbol{r}(u)$$

であるから，空間曲線 C に接するベクトル，すなわち**接ベクトル**（tangent vector）は

$$\lim_{\Delta u \to 0} \frac{\Delta \boldsymbol{r}}{\Delta u} = \lim_{\Delta u \to 0} \frac{\boldsymbol{r}(u + \Delta u) - \boldsymbol{r}(u)}{\Delta u} = \frac{d\boldsymbol{r}}{du} \tag{4.2}$$

と与えられる（2.1 節ベクトル関数の微分 (5) 参照）。

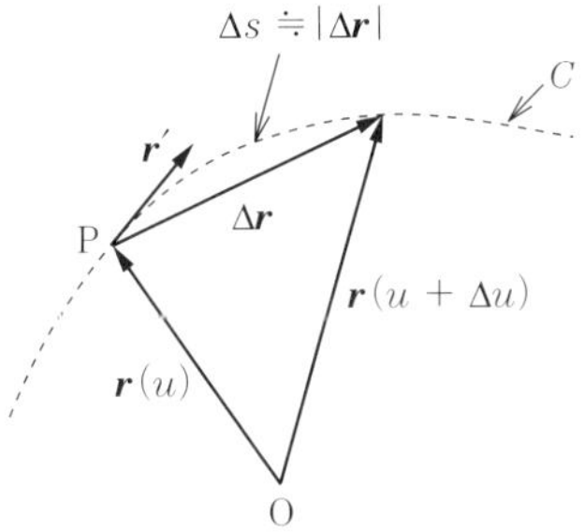

図 **4.2** 接ベクトル

(3) 弧 長 空間曲線 C 上の微小な弧の長さは

$$ds = |d\boldsymbol{r}| = \left|\frac{d\boldsymbol{r}}{du}du\right| = \left|\frac{d\boldsymbol{r}}{du}\right| du \tag{4.3}$$

と与えられる。これから

$$\frac{ds}{du} = \left|\frac{d\boldsymbol{r}}{du}\right| > 0 \tag{4.4}$$

となり，s は u の単調増加関数となっている。このことは u を s の関数として

表現できることを意味している（$u = u(s)$）。図 4.1 において，曲線 C 上の点 A（$u = a$）から点 P（$u = u$）までの**弧長**（arc length）は

$$s = s(u) = \int_{\mathrm{A}}^{\mathrm{P}} ds = \int_a^u \left|\frac{d\boldsymbol{r}}{du}\right| du \tag{4.5}$$

と与えられる。

（4） 接単位ベクトル　接ベクトルのうち単位ベクトルであるものを**接単位ベクトル**（unit tangent vector）という。これは，合成関数の微分法，逆関数の微分法によって

$$\boldsymbol{t} = \frac{d\boldsymbol{r}}{du}\Big/\left|\frac{d\boldsymbol{r}}{du}\right| = \frac{d\boldsymbol{r}}{du}\Big/\frac{ds}{du} = \frac{d\boldsymbol{r}}{du}\frac{du}{ds} = \frac{d\boldsymbol{r}}{ds} \tag{4.6}$$

と与えられる。

例題 4.1　常ら旋 $x = a\cos u$, $y = a\sin u$, $z = bu$ について，つぎの値を求めよ。

(1)　点 A($u = 0$) から点 B($u = u$) までの弧長 s,　(2)　接単位ベクトル $\boldsymbol{t}$

【解答】

(1)　曲線の方程式は $\boldsymbol{r} = x\boldsymbol{i} + y\boldsymbol{j} + z\boldsymbol{k} = a\cos u\boldsymbol{i} + a\sin u\boldsymbol{j} + bu\boldsymbol{k}$ である。

$$\frac{d\boldsymbol{r}}{du} = -a\sin u\boldsymbol{i} + a\cos u\boldsymbol{j} + b\boldsymbol{k}$$

$$\left|\frac{d\boldsymbol{r}}{du}\right| = \sqrt{(-a\sin u)^2 + (a\cos u)^2 + b^2} = \sqrt{a^2 + b^2}$$

$$\therefore\quad s = \int_0^u \left|\frac{d\boldsymbol{r}}{du}\right| du = \int_0^u \sqrt{a^2 + b^2}du = \sqrt{a^2 + b^2}u$$

(2)

$$\boldsymbol{t} = \frac{d\boldsymbol{r}}{du}\Big/\left|\frac{d\boldsymbol{r}}{du}\right| = \frac{-a\sin u}{\sqrt{a^2 + b^2}}\boldsymbol{i} + \frac{a\cos u}{\sqrt{a^2 + b^2}}\boldsymbol{j} + \frac{b}{\sqrt{a^2 + b^2}}\boldsymbol{k}$$

◇

問 4.1　つぎの曲線の点 A($u = 0$) から点 B($u = u$) までの弧長 s と接単位ベクトル $\boldsymbol{t}$ を求めよ。

(1)　$\boldsymbol{r} = 2u^3\boldsymbol{i} + 3u\boldsymbol{j} + 3u^2\boldsymbol{k}$,　(2)　$\boldsymbol{r} = e^u\boldsymbol{i} + e^{-u}\boldsymbol{j} + \sqrt{2}u\boldsymbol{k}$

4.2 線　　積　　分

4.2.1 スカラー場の線積分

(1) 線積分の考え方　**図 4.3** に示すような x 軸上に太さが無視できるほど細い直線状の針金 l $(a \leqq x \leqq b)$ を考えよう。この針金の質量線密度 λ が位置の関数 $\lambda = \lambda(x)$ であるとする。このとき，針金の質量を求めるには，針金 l を n 分割してできる微小長さ Δx_i $(i = 1, 2, \cdots, n)$ ごとに，それぞれの位置における質量線密度 $\lambda(x_i)$ を掛けて，それらの総和を取ればよい。分割数 n を $n \to \infty$ としたとき，この総和の極限値を関数 $\lambda(x)$ の**定積分**（definite integral）という。

$$\int_a^b \lambda(x)dx = \lim_{n\to\infty} \sum_{i=1}^{n} \lambda(x_i)\Delta x_i \tag{4.7}$$

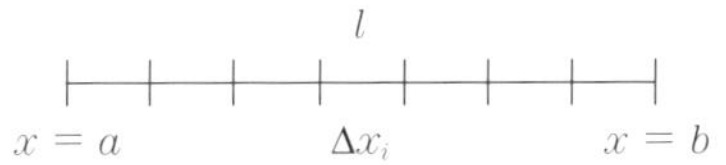

図 4.3　直線 l の分割

この概念を拡張して，**図 4.4** に示すような任意の空間曲線 C に沿った曲がった針金を考えよう。空間曲線上に弧長 s の始点を適当に定め，針金が空間曲線上の $a \leqq s \leqq b$ の間に存在するとしよう。針金の質量線密度 λ は位置の関数 $\lambda = \lambda(s)$ であるとする。このとき，針金の質量を求めるためには，針金を n 分割してできる微小長さ Δs_i $(i = 1, 2, \cdots, n)$ ごとに，それぞれの位置における質量線密度 $\lambda(s_i)$ を掛けて，それらの総和を取ればよい。分割数 n を $n \to \infty$

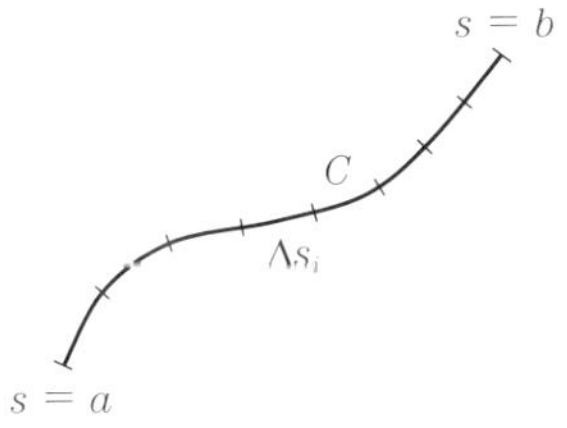

図 4.4　空間曲線 C の分割

としたとき，この総和の極限値をスカラー場 $\lambda(s)$ の**線積分**（line integral）という。

$$\int_C \lambda(s)ds = \lim_{n\to\infty}\sum_{i=1}^{n}\lambda(s_i)\Delta s_i \tag{4.8}$$

ここで，ds を**線素**（line element）という。上の x 軸に沿った例の場合，$ds = dx$ となる。

（2） スカラー場の線積分の応用例

(a) 空間曲線上の点 A $(s = a)$ から点 B $(s = b)$ までの弧長 s は，線密度を 1 とした場合の線積分に相当する。

$$s = \int_{s=a}^{s=b} ds$$

(b) 電荷が線電荷密度 ρ_l で空間的に分布しているとすると，式 (4.8) によって，曲線 C における全電荷 Q を求めることができる。

$$Q = \int_C \rho_l ds$$

（3） 媒介変数表示　スカラー場 $f(x, y, z)$ 内の空間曲線 C の媒介変数表示を $\boldsymbol{r} = \boldsymbol{r}(u) = x(u)\boldsymbol{i} + y(u)\boldsymbol{j} + z(u)\boldsymbol{k}$ $(a \leqq u \leqq b)$ とすると，曲線 C に沿っての線積分は，式 (4.3) を用いて

$$\begin{aligned}\int_C f ds &= \int_a^b f\{x(u), y(u), z(u)\}\frac{ds}{du}du \\ &= \int_a^b f\{x(u), y(u), z(u)\}\left|\frac{d\boldsymbol{r}(u)}{du}\right|du\end{aligned} \tag{4.9}$$

と変形できる。

（4） 径路の連結と向き　**図 4.5** に示すように，**径路**（path）の連結と向きについて，次式が成り立つ。

$$\int_{C_1+C_2} f ds = \int_{C_1} f ds + \int_{C_2} f ds \tag{4.10}$$

$$\int_{-C} f ds = -\int_C f ds \tag{4.11}$$

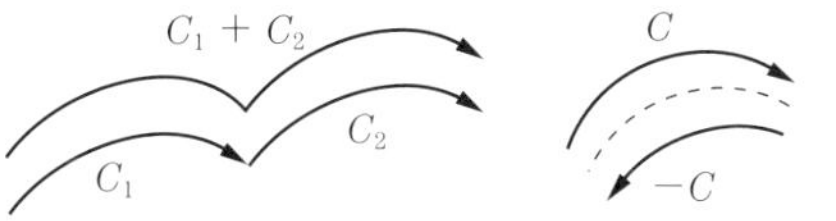

(a) 径路の連結　　(b) 径路の向き

図 4.5 径路の連結と向き

例題 4.2 $C: \boldsymbol{r} = a\cos u\boldsymbol{i} + a\sin u\boldsymbol{j} + bu\boldsymbol{k}$ $(0 \leqq u \leqq \pi)$ に対して，線積分 $\int_C (x^2+y^2+z^2)ds$ を計算せよ。

【解答】 $\dfrac{d\boldsymbol{r}}{du} = -a\sin u\boldsymbol{i} + a\cos u\boldsymbol{j} + b\boldsymbol{k}$, $\quad \dfrac{ds}{du} = \left|\dfrac{d\boldsymbol{r}}{du}\right| = \sqrt{a^2+b^2}$

$$\begin{aligned}\therefore\quad \int_C (x^2+y^2+z^2)ds &= \int_0^\pi \{(a\cos u)^2 + (a\sin u)^2 + (bu)^2\}\frac{ds}{du}du \\ &= \int_0^\pi (a^2+b^2u^2)\sqrt{a^2+b^2}du \\ &= \sqrt{a^2+b^2}\left(a^2\pi + \frac{b^2\pi^3}{3}\right)\end{aligned}$$

◇

問 4.2 つぎの径路 C に対して，線積分 $\int_C (x+2yz)ds$ を求めよ。

(1) $C: \boldsymbol{r} = u\boldsymbol{i} + u\boldsymbol{j} + u\boldsymbol{k}$ $(0 \leqq u \leqq 1)$

(2) $C: \boldsymbol{r} = u\boldsymbol{i} + u\boldsymbol{j} + u^2\boldsymbol{k}$ $(0 \leqq u \leqq 1)$

過去の Q&A から

Q4.1: 径路の連結の説明で，C_1 の右端と C_2 の左端を直接つないで計算しても線積分の値は変わらないのか。

A4.1: 良い質問である。結論からいうと，一般に線積分の値は始点と終点を結ぶ曲線の選び方に依存する。しかし，曲線の選び方によらない場合がある。それは，ベクトル場 $\boldsymbol{A}$ が保存場であるとき（$\nabla\times\boldsymbol{A} = \boldsymbol{0}, \boldsymbol{A} = \nabla f$），つぎの線積分は始点 P と終点 Q だけで決まる。

$$\int_C \boldsymbol{A}\cdot d\boldsymbol{r} = \int_C (\nabla f)\cdot d\boldsymbol{r} = \int_{\mathrm{P}}^{\mathrm{Q}} df = f(\mathrm{Q}) - f(\mathrm{P})$$

静電界における電位や重力場における位置エネルギーの計算はこの事実に基づいて行われている。

4.2.2 ベクトル場の線積分

（1） 定　　義　空間曲線に沿ったベクトル量の積分を考える。**図 4.6** に示すように，ベクトル場 $\boldsymbol{F}$ の接線成分を，曲線 C に沿って点 A から点 B まで積分する。AB 間を微小な区間に n 分割し，1 区間の長さを Δs_i とする。点 P_i における接単位ベクトルを $\boldsymbol{t}_i$ とすると，点 P_i における $\boldsymbol{F}(\mathrm{P}_i)$ の接線成分は $\boldsymbol{F}(\mathrm{P}_i)\cdot\boldsymbol{t}_i$ で与えられる。$\boldsymbol{F}(\mathrm{P}_i)\cdot\boldsymbol{t}_i$ と線分の長さ Δs_i の積 $(\boldsymbol{F}(\mathrm{P}_i)\cdot\boldsymbol{t}_i)\Delta s_i$ を考え，全区間にわたって総和をとる。分割数 n を $n\to\infty$ としたとき，この総和の極限値を曲線 C に沿ったベクトル場 $\boldsymbol{F}$ の**線積分**という。

$$\lim_{n\to\infty}\sum_{i=1}^{n}\boldsymbol{F}(\mathrm{P}_i)\cdot\boldsymbol{t}_i\Delta s_i=\int_C\boldsymbol{F}\cdot\boldsymbol{t}ds=\int_C\boldsymbol{F}\cdot d\boldsymbol{r}\tag{4.12}$$

ここで，$d\boldsymbol{r}=\boldsymbol{t}ds$ を**線素ベクトル**（line element vector）という。

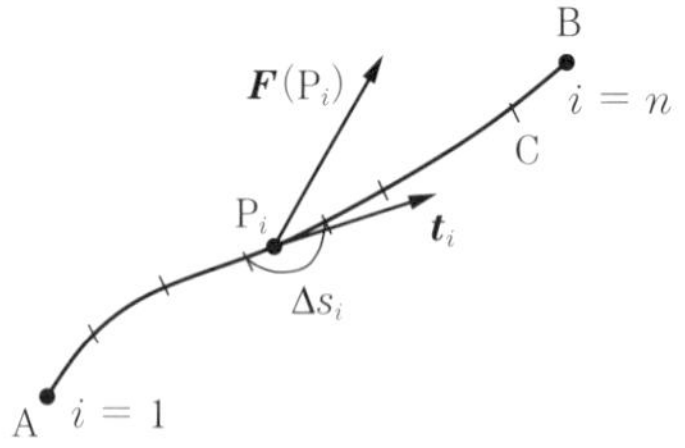

図 4.6　ベクトル場 $\boldsymbol{F}$ の線積分

（2） ベクトル場の線積分の応用例　$\boldsymbol{F}$ を物体に働く力とすると，式 (4.12) によって与えられる線積分は，物体が点 A から点 B まで動いたときに物体が受けた仕事量を表す。

（3） 媒介変数表示　ベクトル場 $\boldsymbol{A}=A_x\boldsymbol{i}+A_y\boldsymbol{j}+A_z\boldsymbol{k}$ 内の曲線 C の方程式を $\boldsymbol{r}=\boldsymbol{r}(s)=x(s)\boldsymbol{i}+y(s)\boldsymbol{j}+z(s)\boldsymbol{k}$ $(a\leqq s\leqq b)$（s は弧長）とし，接単位ベクトルを

$$\boldsymbol{t}(s)=\frac{d\boldsymbol{r}(s)}{ds}=\frac{dx(s)}{ds}\boldsymbol{i}+\frac{dy(s)}{ds}\boldsymbol{j}+\frac{dz(s)}{ds}\boldsymbol{k}\tag{4.13}$$

とすると，曲線 C に沿っての線積分は弧長 s に関する定積分に帰着する。

$$\int_C\boldsymbol{A}\cdot\boldsymbol{t}ds=\int_a^b\boldsymbol{A}(x(s),y(s),z(s))\cdot\boldsymbol{t}(s)ds\tag{4.14}$$

また，曲線 C の方程式を $\boldsymbol{r} = \boldsymbol{r}(u)$ とするとき，曲線 C に沿っての線積分は媒介変数 u に関する定積分に帰着する。

$$\int_C \boldsymbol{A}\cdot\boldsymbol{t}ds = \int_C \boldsymbol{A}\cdot d\boldsymbol{r} = \int_C \boldsymbol{A}\cdot\frac{d\boldsymbol{r}}{du}du \tag{4.15}$$

例題 4.3 $\boldsymbol{A} = yz\boldsymbol{i} + zx\boldsymbol{j} + xy\boldsymbol{k}$ とするとき，原点 O(0,0,0) から点 A(1,2,2) までの直線に沿って線積分 $\displaystyle\int_C \boldsymbol{A}\cdot d\boldsymbol{r}$ を計算せよ。

【解答】 線分上の点 P の位置ベクトルは

$$\boldsymbol{r} = x\boldsymbol{i} + y\boldsymbol{j} + z\boldsymbol{k} = \overrightarrow{\mathrm{OP}} = u\overrightarrow{\mathrm{OA}} = u(\boldsymbol{i} + 2\boldsymbol{j} + 2\boldsymbol{k}) \quad (0 \leqq u \leqq 1)$$

と与えられるので，線分 C 上において

$$\boldsymbol{A} = 2u\cdot 2u\boldsymbol{i} + 2u\cdot u\boldsymbol{j} + u\cdot 2u\boldsymbol{k} = 2u^2(2\boldsymbol{i} + \boldsymbol{j} + \boldsymbol{k}),\ \frac{d\boldsymbol{r}}{du} = \boldsymbol{i} + 2\boldsymbol{j} + 2\boldsymbol{k}$$

$$\begin{aligned}\therefore\quad \int_C \boldsymbol{A}\cdot d\boldsymbol{r} &= \int_C \boldsymbol{A}\cdot\frac{d\boldsymbol{r}}{du}du = \int_0^1 2u^2(2\boldsymbol{i} + \boldsymbol{j} + \boldsymbol{k})\cdot(\boldsymbol{i} + 2\boldsymbol{j} + 2\boldsymbol{k})du \\ &= 12\int_0^1 u^2 du = 12\left[\frac{u^3}{3}\right]_0^1 = 4\end{aligned}$$

◇

問 4.3 ベクトル場 $\boldsymbol{A} = 2y\boldsymbol{i} + x\boldsymbol{j} + \sin^2 z\boldsymbol{k}$ をつぎの曲線 C に沿って線積分せよ。

(1) C は点 P(1,0,0) を始点，Q(0,1,$\pi/2$) を終点とする線分

(2) C は $\boldsymbol{r} = \cos u\boldsymbol{i} + \sin u\boldsymbol{j} + u\boldsymbol{k}$ $(0 \leqq u \leqq \pi/2)$

アドバイスコーナー

★線積分の手順

空間曲線 C の方程式を $\boldsymbol{r} = \boldsymbol{r}(u)$ とする。

(1) 空間曲線 C に沿ってスカラー関数 $f(x, y, z)$ を媒介変数 u で積分する。

a) $\boldsymbol{r} = \boldsymbol{r}(u)$ の x, y, z を u で表し，それらを $f(x, y, z)$ に代入する。結果として $f(x, y, z)$ は u の関数となる。

b) a) で求めた f を u で積分する。

(2) 空間曲線 C に沿ってスカラー関数 $f(x, y, z)$ を弧長 s で積分する。

a) C の方程式 $\boldsymbol{r} = \boldsymbol{r}(u)$ は u の関数なので，$ds = |d\boldsymbol{r}/du|\,du$ によって，ds

を du に変換する。

b) $\boldsymbol{r} = \boldsymbol{r}(u)$ の x, y, z を u で表し，それらを $f(x, y, z)$ に代入する。結果として $f(x, y, z)$ は u の関数となる。

c) a), b) で求めた $f(u)\,|d\boldsymbol{r}/du|$ を u で積分する。

(3) ベクトル関数 $\boldsymbol{A}(x, y, z)$ を空間曲線 C に沿って媒介変数 u で積分する。

a) C の方程式 $\boldsymbol{r} = \boldsymbol{r}(u)$ は u の関数なので，$d\boldsymbol{r} = (d\boldsymbol{r}/du)du$ によって，$d\boldsymbol{r}$ を du に変換する。

b) $\boldsymbol{r} = \boldsymbol{r}(u)$ の x, y, z を u で表し，それらを $\boldsymbol{A}(x, y, z)$ に代入する。結果として $\boldsymbol{A}(x, y, z)$ は u の関数となる。

c) a), b) で求めた $\boldsymbol{A} \cdot (d\boldsymbol{r}/du)$ を u で積分する。

4.3 曲面と面積

（1） 曲面の方程式　　図 **4.7** に示すように，点 P の位置ベクトルは

$$\boldsymbol{r} = \boldsymbol{r}(u, v) \tag{4.16}$$

であり，媒介変数 u, v の変化に伴って，点 P は一つの**曲面**（curved surface）を描く。

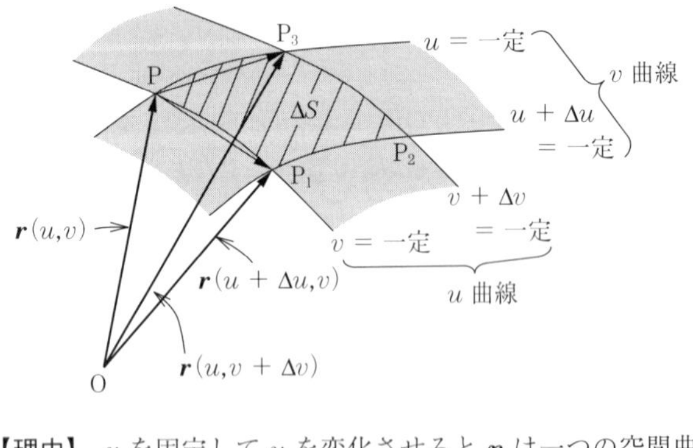

図 **4.7**　曲面の媒介変数表示

【理由】 v を固定して u を変化させると $\boldsymbol{r}$ は一つの空間曲線を描く。そこで，v を変化させると空間曲線が連続的に変化して一つの曲面ができる。

特に，v を固定して u を変化させたとき $\boldsymbol{r}$ が描く曲線を u 曲線といい，u を固定して v を変化させたとき $\boldsymbol{r}$ が描く曲線を v 曲線という。

（2） **接平面と法単位ベクトル**　図 **4.8** に示すように，$\partial \boldsymbol{r}/\partial u$ は，v を固定したときの u についての微分係数であることから，u 曲線に接する。また，$\partial \boldsymbol{r}/\partial v$ は，u を固定したときの v についての微分係数であることから，v 曲線に接する。そこで，$\partial \boldsymbol{r}/\partial u$, $\partial \boldsymbol{r}/\partial v$ を含む平面を**接平面**（tangential plane）とし，接平面に垂直な単位ベクトルを**法単位ベクトル**（unit normal vector）$\boldsymbol{n}$ と定義する。

$$\boldsymbol{n} = \frac{\partial \boldsymbol{r}}{\partial u} \times \frac{\partial \boldsymbol{r}}{\partial v} \Big/ \left| \frac{\partial \boldsymbol{r}}{\partial u} \times \frac{\partial \boldsymbol{r}}{\partial v} \right| \tag{4.17}$$

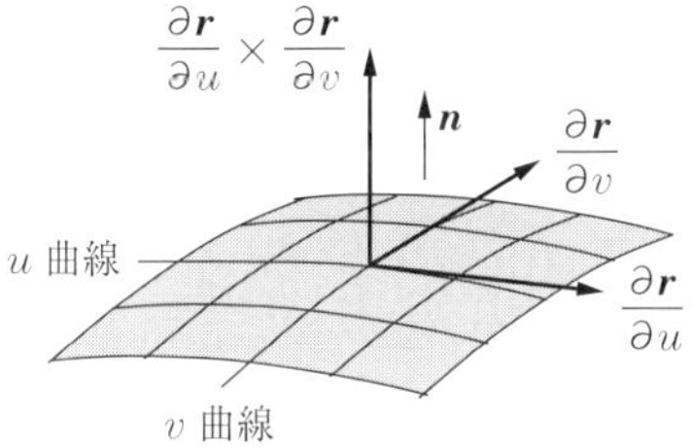

図 4.8　曲面と法単位ベクトル

（3） **面　　素**　曲面 $\boldsymbol{r} = \boldsymbol{r}(u, v)$ 上の 4 点を $\mathrm{P}(u, v)$, $\mathrm{P}_1(u + \Delta u, v)$, $\mathrm{P}_2(u + \Delta u, v + \Delta v)$, $\mathrm{P}_3(u, v + \Delta v)$ とすると（図 4.7 参照）

$$\overrightarrow{\mathrm{PP}_1} = \boldsymbol{r}(u + \Delta u, v) - \boldsymbol{r}(u, v) \fallingdotseq \frac{\partial \boldsymbol{r}}{\partial u} \Delta u \tag{4.18}$$

$$\overrightarrow{\mathrm{PP}_3} - \boldsymbol{r}(u, v + \Delta v) - \boldsymbol{r}(u, v) \fallingdotseq \frac{\partial \boldsymbol{r}}{\partial v} \Delta v \tag{4.19}$$

となる。u 曲線と v 曲線に囲まれた微小面 $\mathrm{PP}_1\mathrm{P}_2\mathrm{P}_3$ の面積は

$$\Delta S = \left| \overrightarrow{\mathrm{PP}_1} \times \overrightarrow{\mathrm{PP}_3} \right| \fallingdotseq \left| \frac{\partial \boldsymbol{r}}{\partial u} \times \frac{\partial \boldsymbol{r}}{\partial v} \right| \Delta u \Delta v \tag{4.20}$$

であるから，$\Delta u, \Delta v$ が十分に小さいという極限で

$$dS = \left| \frac{\partial \boldsymbol{r}}{\partial u} \times \frac{\partial \boldsymbol{r}}{\partial v} \right| du dv \tag{4.21}$$

となる。これを**面素**（surface element）という。よって，曲面の面積は二重積分

$$S = \iint dS = \iint_D \left| \frac{\partial \boldsymbol{r}}{\partial u} \times \frac{\partial \boldsymbol{r}}{\partial v} \right| du dv \tag{4.22}$$

で表される。D は曲面 S の uv 面上への正射影領域（u, v の変域）である。

（４）**面素ベクトル**　面素に法単位ベクトルの向きを含めたベクトルを**面素ベクトル**（surface element vector）$d\boldsymbol{S}$ といい，式 (4.23) で表される。

$$d\boldsymbol{S} = \boldsymbol{n}dS = \frac{\partial \boldsymbol{r}}{\partial u} \times \frac{\partial \boldsymbol{r}}{\partial v} du dv \tag{4.23}$$

例題 4.4　曲面 $z = f(x, y)$ の法単位ベクトル $\boldsymbol{n}$ とその面積 S を求めよ。

【解答】　曲面の方程式は $\boldsymbol{r} = x\boldsymbol{i} + y\boldsymbol{j} + f(x, y)\boldsymbol{k}$ と表現できるから

$$\frac{\partial \boldsymbol{r}}{\partial x} = \boldsymbol{i} + \frac{\partial f}{\partial x}\boldsymbol{k}, \quad \frac{\partial \boldsymbol{r}}{\partial y} = \boldsymbol{j} + \frac{\partial f}{\partial y}\boldsymbol{k} \quad \therefore \quad \frac{\partial \boldsymbol{r}}{\partial x} \times \frac{\partial \boldsymbol{r}}{\partial y} = -\frac{\partial f}{\partial x}\boldsymbol{i} - \frac{\partial f}{\partial y}\boldsymbol{j} + \boldsymbol{k}$$

$$\begin{aligned} \therefore \quad \boldsymbol{n} &= \pm \frac{\partial \boldsymbol{r}}{\partial x} \times \frac{\partial \boldsymbol{r}}{\partial y} \Bigg/ \left| \frac{\partial \boldsymbol{r}}{\partial x} \times \frac{\partial \boldsymbol{r}}{\partial y} \right| \\ &= \pm \left(-\frac{\partial f}{\partial x}\boldsymbol{i} - \frac{\partial f}{\partial y}\boldsymbol{j} + \boldsymbol{k} \right) \Bigg/ \sqrt{1 + \left(\frac{\partial f}{\partial x}\right)^2 + \left(\frac{\partial f}{\partial y}\right)^2} \end{aligned}$$

$$\begin{aligned} \therefore \quad S &= \iint dS = \iint_D \left| \frac{\partial \boldsymbol{r}}{\partial x} \times \frac{\partial \boldsymbol{r}}{\partial y} \right| dxdy \\ &= \iint_D \sqrt{1 + \left(\frac{\partial f}{\partial x}\right)^2 + \left(\frac{\partial f}{\partial y}\right)^2} dxdy \end{aligned}$$

◇

例題 4.5　平面 $S : \dfrac{x}{a} + \dfrac{y}{b} + \dfrac{z}{c} = 1 \ (a, b, c > 0),\ x \geqq 0, y \geqq 0, z \geqq 0$ を図示し，法単位ベクトル $\boldsymbol{n}$ とその面積 S を求めよ。

【解答】　平面 S は x 軸，y 軸，z 軸とそれぞれ $(a, 0, 0)$, $(0, b, 0)$, $(0, 0, c)$ で交わる平面のうち，$x \geqq 0$, $y \geqq 0$, $z \geqq 0$ の部分となる（図 **4.9** 参照）。

$$\boldsymbol{r} = x\boldsymbol{i} + y\boldsymbol{j} + z\boldsymbol{k} = x\boldsymbol{i} + y\boldsymbol{j} + \left(-\frac{c}{a}x - \frac{c}{b}y + c \right)\boldsymbol{k}$$

であるから

$$\begin{aligned} \frac{\partial \boldsymbol{r}}{\partial x} \times \frac{\partial \boldsymbol{r}}{\partial y} &= \left(\boldsymbol{i} - \frac{c}{a}\boldsymbol{k} \right) \times \left(\boldsymbol{j} - \frac{c}{b}\boldsymbol{k} \right) = \left(\frac{c}{a}\boldsymbol{i} + \frac{c}{b}\boldsymbol{j} + \boldsymbol{k} \right) \\ &= c\left(\frac{1}{a}\boldsymbol{i} + \frac{1}{b}\boldsymbol{j} + \frac{1}{c}\boldsymbol{k} \right) \end{aligned}$$

$$\left| \frac{\partial \boldsymbol{r}}{\partial x} \times \frac{\partial \boldsymbol{r}}{\partial y} \right| = c\sqrt{\left(\frac{1}{a}\right)^2 + \left(\frac{1}{b}\right)^2 + \left(\frac{1}{c}\right)^2}$$

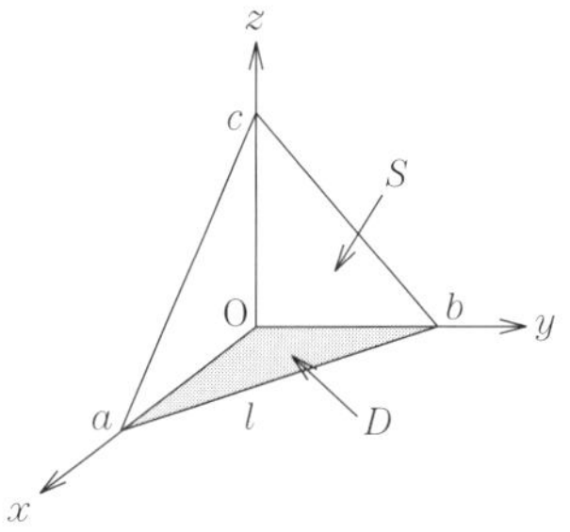

図 **4.9** xy, yz, zx 平面で区切られた平面

ゆえに，法単位ベクトル $\boldsymbol{n}$ は

$$\boldsymbol{n} = \pm \frac{\partial \boldsymbol{r}}{\partial x} \times \frac{\partial \boldsymbol{r}}{\partial y} \Big/ \left| \frac{\partial \boldsymbol{r}}{\partial x} \times \frac{\partial \boldsymbol{r}}{\partial y} \right|$$
$$= \pm \left(\frac{1}{a}\boldsymbol{i} + \frac{1}{b}\boldsymbol{j} + \frac{1}{c}\boldsymbol{k} \right) \Big/ \sqrt{\left(\frac{1}{a}\right)^2 + \left(\frac{1}{b}\right)^2 + \left(\frac{1}{c}\right)^2}$$

となる。また，面積 S は，D を平面 S の xy 平面の正射影として次式となる。

$$S = \iint dS = \iint_D \left| \frac{\partial \boldsymbol{r}}{\partial x} \times \frac{\partial \boldsymbol{r}}{\partial y} \right| dxdy$$
$$= \iint_D c\sqrt{\left(\frac{1}{a}\right)^2 + \left(\frac{1}{b}\right)^2 + \left(\frac{1}{c}\right)^2} dxdy$$
$$= c\sqrt{\left(\frac{1}{a}\right)^2 + \left(\frac{1}{b}\right)^2 + \left(\frac{1}{c}\right)^2} \iint_D dxdy$$
$$= c\sqrt{\left(\frac{1}{a}\right)^2 + \left(\frac{1}{b}\right)^2 + \left(\frac{1}{c}\right)^2} \cdot \frac{1}{2}ab$$
$$= \frac{abc}{2}\sqrt{\left(\frac{1}{a}\right)^2 + \left(\frac{1}{b}\right)^2 + \left(\frac{1}{c}\right)^2}$$
$$= \frac{1}{2}\sqrt{b^2c^2 + c^2a^2 + a^2b^2}$$ ◇

問 4.4　曲面 $S: x^2 + y^2 + z^2 = a^2$, $z \geqq 0$ の（外向き）法単位ベクトル $\boldsymbol{n}$ およびその面積を求めよ。

アドバイスコーナー

★例題 4.5 の平面の描き方と積分範囲の求め方

(1) **平面の描き方**

a) 平面 S と平面 $z=0$（xy 面）との交線を求める。

$$\frac{x}{a}+\frac{y}{b}+\frac{z}{c}=1 \text{ と } z=0$$

の連立方程式を解けばよい。

$$\frac{x}{a}+\frac{y}{b}=1 \quad (\text{図 4.9 の直線 } l \text{ の式})$$

b) 平面 S と平面 $y=0$（zx 面）との交線を求める。a) と同様にして

$$\frac{x}{a}+\frac{z}{c}=1$$

c) 平面 S と平面 $x=0$（yz 面）との交線を求める。a) と同様にして

$$\frac{y}{b}+\frac{z}{c}=1$$

平面 S と x, y, z 軸との交点の座標を求めて，それらの間を線分で結んでもよい。平面 S と x 軸との交点は

$$\frac{x}{a}+\frac{y}{b}+\frac{z}{c}=1 \text{ と } y=0,\ z=0$$

の連立方程式を解くと，$(a,0,0)$ である。平面 S と y 軸との交点は

$$\frac{x}{a}+\frac{y}{b}+\frac{z}{c}=1 \text{ と } z=0,\ x=0 \text{ より，} (0,b,0)$$

である。平面 S と z 軸との交点は

$$\frac{x}{a}+\frac{y}{b}+\frac{z}{c}=1 \text{ と } x=0,\ y=0 \text{ より，} (0,0,c)$$

である。

以上により図を描けば，図 4.9 の S の部分のようになる。

(2) **積分範囲の決定**（領域 D の決定方法）

$x \geqq 0,\ y \geqq 0,\ z \geqq 0$ より，積分の対象となる範囲は平面 S の第 1 象限部分である。また

$$\text{平面 } S : \frac{x}{a}+\frac{y}{b}+\frac{z}{c}=1$$

上の点は x, y, z のうち 2 変数を決めれば第三の座標の値が決定される。これは平面 S 上の点の位置ベクトルが次式で与えられることと等価である。

$$\boldsymbol{r}=x\boldsymbol{i}+y\boldsymbol{j}+z\boldsymbol{k}=x\boldsymbol{i}+y\boldsymbol{j}+\left(-\frac{c}{a}x-\frac{c}{b}y+c\right)\boldsymbol{k}$$

独立変数として x, y を選択すれば，平面 S に対応する xy 平面上の領域 D は影をつけた部分となる。図の直線 l の式は

$$y = b\left(1 - \frac{x}{a}\right) \text{ または } x = a\left(1 - \frac{y}{b}\right)$$

であるから，領域 D の積分範囲は

$$0 \leqq x \leqq a,\ 0 \leqq y \leqq b\left(1 - \frac{x}{a}\right) \text{ または } 0 \leqq x \leqq a\left(1 - \frac{y}{b}\right),\ 0 \leqq y \leqq b$$

となる。同様の考えから，積分領域 D を zx 平面上に選ぶことも，yz 平面上に選ぶこともできる。

4.4 面　　積　　分

4.4.1 スカラー場の面積分

（1） 面積分の考え方　**図 4.10** に示すような厚さが無視できるほど薄い長方形の平板 D $(0 \leq x \leq a,\ 0 \leq y \leq b)$ を考える。その平板 D の質量面密度 σ が位置の関数 $\sigma = \sigma(x, y)$ であるとする。このとき平板の質量を求めるには，長方形を n 分割してできる微小面積 $\Delta S_i = \Delta x_i \Delta y_i$ ごとに，それぞれの位置（点 (x_i, y_i)）における質量面密度 $\sigma(x_i, y_i)$ を掛けて総和をとればよい。分割数 n を $n \to \infty$ とする極限において，この総和を $\sigma(x, y)$ に関する二重積分 (double integral) という。

$$\iint_S \sigma(x, y) dS = \iint_S \sigma(x, y) dxdy = \lim_{n \to \infty} \sum_{i=1}^{n} \sigma(x_i, y_i) \Delta S_i$$
$$= \lim_{n_x, n_y \to \infty} \sum_{i=1}^{n_x} \sum_{j=1}^{n_y} \sigma(x_i, y_j) \Delta x_i \Delta y_j \qquad (4.24)$$

ここで，$dS = dxdy$ は面素と呼ばれる無限に小さい面積である。

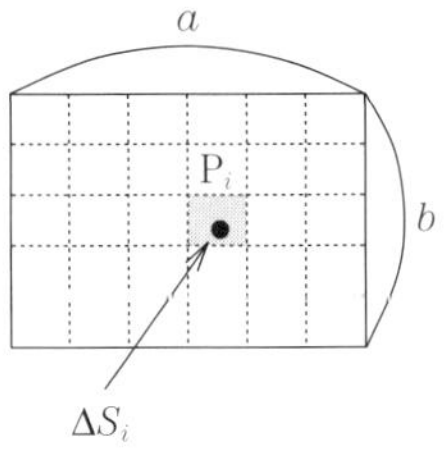

図 4.10　長方形の分割

この概念を拡張して，**図 4.11** に示すような任意の曲面状の薄い板 D を考える。薄い板上の点 P_i における質量面密度を $\sigma(\mathrm{P}_i)$ としよう。このとき，薄い板の質量を求めるためには，薄い板を n 分割してできる微小面積 ΔS_i $(i = 1, 2, \cdots, n)$ ごとに，それぞれの場所における質量面密度 $\sigma(\mathrm{P}_i)$ を掛けて，それらの総和を取る。分割数 n を $n \to \infty$ としたとき，この総和の極限は

$$\iint_S \sigma(\mathrm{P})dS = \lim_{n\to\infty} \sum_{i=1}^{n} \sigma(\mathrm{P}_i)\Delta S_i \tag{4.25}$$

となる。これをスカラー場の**面積分**（surface integral）という。

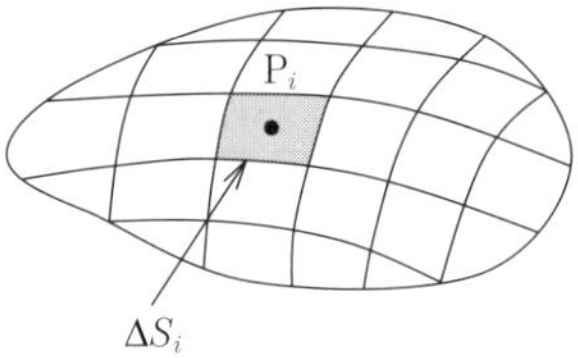

図 4.11　曲面の分割

（2）　スカラー場の面積分の応用例

(a)　曲面 D の面積 S は，面密度を 1 とした場合の面積分に相当する。

$$S = \iint_D dS$$

(b)　電荷が面電荷密度 ρ_s で空間的に分布しているとすると，式 (4.25) によって，面 S における全電荷 Q を求めることができる。

$$Q = \iint_S \rho_s dS$$

（3）　媒介変数表示　　スカラー場 f 内の曲面の方程式を $\boldsymbol{r} = \boldsymbol{r}(u, v)$ とするとき，曲面 S 上の面積分は，式 (4.21) により

$$\iint_S f dS = \iint_D f(u, v) \left| \frac{\partial \boldsymbol{r}}{\partial u} \times \frac{\partial \boldsymbol{r}}{\partial v} \right| dudv \tag{4.26}$$

D は曲面 S の uv 平面上への正射影で与えられる領域とする。

例題 4.6　平面 $S: 2x+y+z=4,\ x \geqq 0,\ y \geqq 0,\ z \geqq 0$ におけるスカラー場 $f = x-y+z$ の面積分 $\iint_S f dS$ を計算せよ。

【解答】（平面 S の図は図 4.9 参照）平面 S 上では，$\boldsymbol{r} = x\boldsymbol{i}+y\boldsymbol{j}+z\boldsymbol{k} = x\boldsymbol{i}+y\boldsymbol{j}+(-2x-y+4)\boldsymbol{k}$ であるから，f は x,y を用いて

$$f = x-y+z = x-y+(-2x-y+4) = -2y-x+4$$

と書くことができ，また

$$\frac{\partial \boldsymbol{r}}{\partial x} \times \frac{\partial \boldsymbol{r}}{\partial y} = (\boldsymbol{i}-2\boldsymbol{k}) \times (\boldsymbol{j}-\boldsymbol{k}) = 2\boldsymbol{i}+\boldsymbol{j}+\boldsymbol{k}$$

より

$$dS = \left| \frac{\partial \boldsymbol{r}}{\partial x} \times \frac{\partial \boldsymbol{r}}{\partial y} \right| dxdy = |2\boldsymbol{i}+\boldsymbol{j}+\boldsymbol{k}\,|dxdy = \sqrt{6}\,dxdy$$

である。$x \geqq 0, y \geqq 0, z = -2x-y+4 \geqq 0$ より，$0 \leqq x \leqq 2, 0 \leqq y \leqq -2x+4$ となるのでつぎの結果を得る。

$$\begin{aligned}\iint_S f dS &= \int_0^2 \int_0^{-2x+4} (-2y-x+4)\sqrt{6}\,dydx \\ &= \sqrt{6}\int_0^2 \left[-y^2+(-x+4)y\right]_0^{-2x+4} dx \\ &= \sqrt{6}\int_0^2 (-2x^2+4x)dx = \sqrt{6}\left[-\frac{2}{3}x^3+2x^2\right]_0^2 = \frac{8}{3}\sqrt{6}\end{aligned}$$

◇

問 4.5　面積分 $\iint_S f dS$ を計算せよ。

(1)　$f = x+y+z,\quad S: 2x+2y+z=4,\ x \geqq 0,\ y \geqq 0,\ z \geqq 0$

(2)　$f = x^2+y-z,\quad S: 2x+y+z=2,\ x \geqq 0,\ y \geqq 0,\ z \geqq 0$

4.4.2 ベクトル場の面積分

(1) 定　　義　図 **4.12** に示すように，曲面 S を n 個の小曲面に分割し，その一つの小曲面（中心点 P_i）でベクトル場 $\boldsymbol{D}$ の法線成分 $\boldsymbol{D}(\mathrm{P}_i)\cdot\boldsymbol{n}_i$ とその微小面積 ΔS_i を考え，すべての小曲面に対して $\boldsymbol{D}(\mathrm{P}_i)\cdot\boldsymbol{n}_i$ と ΔS_i の積 $(\boldsymbol{D}(\mathrm{P}_i)\cdot\boldsymbol{n}_i)\Delta S_i$ の総和をとる。分割数 n を $n \to \infty$ としたときの総和の極限値をベクトル場 $\boldsymbol{D}$ の曲面 S に沿う**面積分**といい，式 (4.27) となる。

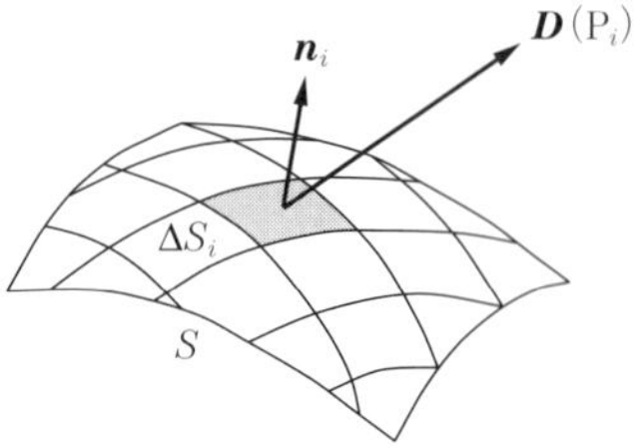

図 **4.12**　ベクトル場の面積分

$$\iint_S \boldsymbol{D}\cdot d\boldsymbol{S} = \iint_S \boldsymbol{D}\cdot\boldsymbol{n}dS = \lim_{n\to\infty}\sum_{i=1}^{n}(\boldsymbol{D}(\mathrm{P}_i)\cdot\boldsymbol{n}_i)\Delta S_i \tag{4.27}$$

(2)　ベクトル場の面積分の応用例

(a)　$\boldsymbol{D}$ を電束密度とすると，式 (4.27) の面積分は曲面 S を通過する電束を表す。

(b)　式 (4.27) の $\boldsymbol{D}$ を回転 $\nabla\times\boldsymbol{A}$ に置き換えると

$$K = \iint_S \nabla\times\boldsymbol{A}\cdot d\boldsymbol{S} \tag{4.28}$$

となる。この面積分はストークスの定理で用いる。

(3)　媒介変数表示　　ベクトル場 $\boldsymbol{A}$ 内の曲面の方程式を $\boldsymbol{r}=\boldsymbol{r}(u,v)$ とするとき，曲面 S 上の面積分は

$$\iint_S \boldsymbol{A}\cdot d\boldsymbol{S} = \iint_D \boldsymbol{A}\cdot\left(\frac{\partial\boldsymbol{r}}{\partial u}\times\frac{\partial\boldsymbol{r}}{\partial v}\right)dudv \tag{4.29}$$

ここで，D は曲面 S の uv 面上への正射影領域とする。

例題 4.7　平面 $S: z=1-x-y,\ x\geqq 0,\ y\geqq 0,\ z\geqq 0$ におけるベクトル場 $\boldsymbol{A}=2x\boldsymbol{i}-y\boldsymbol{j}+z\boldsymbol{k}$ の面積分 $\iint_S \boldsymbol{A}\cdot d\boldsymbol{S}$ を計算せよ。ただし，平面 S 上における法単位ベクトル $\boldsymbol{n}$ の向きは，原点から遠ざかるように選ぶ。

【解答】（平面 S の図は図 4.9 参照）平面 S 上では，$\boldsymbol{r}=x\boldsymbol{i}+y\boldsymbol{j}+z\boldsymbol{k}=x\boldsymbol{i}+y\boldsymbol{j}+(-x-y+1)\boldsymbol{k}$ であるから，$\boldsymbol{A}$ は x, y を用いて

$$\boldsymbol{A}=2x\boldsymbol{i}-y\boldsymbol{j}+z\boldsymbol{k}=2x\boldsymbol{i}-y\boldsymbol{j}+(-x-y+1)\boldsymbol{k}$$

となり，また

$$\frac{\partial \boldsymbol{r}}{\partial x} \times \frac{\partial \boldsymbol{r}}{\partial y} = (\boldsymbol{i} - \boldsymbol{k}) \times (\boldsymbol{j} - \boldsymbol{k}) = \boldsymbol{i} + \boldsymbol{j} + \boldsymbol{k}$$

であるから

$$\begin{aligned}\boldsymbol{A} \cdot d\boldsymbol{S} &= \boldsymbol{A} \cdot \left(\frac{\partial \boldsymbol{r}}{\partial x} \times \frac{\partial \boldsymbol{r}}{\partial y} \right) dxdy \\ &= \{2x \cdot 1 + (-y) \cdot 1 + (-x - y + 1) \cdot 1\} dxdy \\ &= (-2y + x + 1) dxdy\end{aligned}$$

となる。$x \geqq 0,\ y \geqq 0,\ z = -x - y + 1 \geqq 0$ より，$0 \leqq x \leqq 1,\ 0 \leqq y \leqq -x + 1$ となるので次式を得る。

$$\begin{aligned}\iint_S \boldsymbol{A} \cdot d\boldsymbol{S} &= \int_0^1 \int_0^{-x+1} (-2y + x + 1) dydx \\ &= \int_0^1 \left[-y^2 + (x+1)y \right]_0^{-x+1} dx \\ &= \int_0^1 (-2x^2 + 2x) dx = \left[-\frac{2}{3}x^3 + x^2 \right]_0^1 = \frac{1}{3} \qquad \diamondsuit\end{aligned}$$

問 4.6　つぎのベクトル場 $\boldsymbol{A}$ の平面 S に沿っての面積分を求めよ。ただし，平面 S 上における法単位ベクトル $\boldsymbol{n}$ の向きは，原点から遠ざかるように選ぶ。

(1)　$\boldsymbol{A} = xy\boldsymbol{i} - \boldsymbol{j} + z\boldsymbol{k},\ S : x + 2y + 2z = 2,\ x \geqq 0,\ y \geqq 0,\ z \geqq 0$

(2)　$\boldsymbol{A} = x^2\boldsymbol{i} + y^2\boldsymbol{j} + z^2\boldsymbol{k},\ S : 2x + 2y + z = 2,\ x \geqq 0,\ y \geqq 0,\ z \geqq 0$

例題 4.8　原点 O を中心とする半径 $a(>0)$ の球面を S とする。ベクトル場 $\boldsymbol{r} = x\boldsymbol{i} + y\boldsymbol{j} + z\boldsymbol{k}$ $(r = |\boldsymbol{r}|(\neq 0))$ を考え，つぎの等式を示せ。

$$\iint_S \frac{\boldsymbol{r}}{r^3} \cdot \boldsymbol{n} dS = 4\pi$$

ただし，球面 S 上における法単位ベクトル $\boldsymbol{n}$ の向きは原点から遠ざかるように選ぶ。

【解答】　球面 S 上の点 P の位置ベクトルが $\boldsymbol{r}$ であるから，点 P における法単位ベクトルは $\boldsymbol{n} = \boldsymbol{r}/r$ である。また，$\boldsymbol{r} \cdot \boldsymbol{r} = r^2$ であり，球面上では $r = a$ であるから次式を得る。

$$\iint_S \frac{\boldsymbol{r}}{r^3}\cdot \boldsymbol{n}dS = \iint_S \frac{\boldsymbol{r}}{r^3}\cdot\frac{\boldsymbol{r}}{r}dS = \iint_S \frac{r^2}{r^4}dS$$
$$= \iint_S \frac{1}{r^2}dS = \frac{1}{a^2}\iint_S dS = \frac{1}{a^2}4\pi a^2 = 4\pi \qquad \diamondsuit$$

〔電磁気学との関連〕原点に置かれた点電荷に対するガウスの法則　原点に置かれた点電荷 Q が作る静電界の電束密度は $\boldsymbol{D} = \dfrac{Q}{4\pi}\dfrac{\boldsymbol{r}}{r^3}$ で与えられる。点電荷を中心とする球面 S について $\boldsymbol{D}$ を積分すると

$$\iint_S \boldsymbol{D}\cdot\boldsymbol{n}dS = \frac{Q}{4\pi}\iint_S \frac{\boldsymbol{r}}{r^3}\cdot\boldsymbol{n}dS = \frac{Q}{4\pi}4\pi = Q$$

が成り立つ。これは**ガウスの法則**（Gauss' law）である。

アドバイスコーナー

★面積分の手順

代表的な例についてその手順の概略を示す。曲面 S の方程式は $f(x,y,z)=0$ であって x,y,z の範囲が指定されているとする。

(1) 曲面 S についてスカラー関数 $g(x,y,z)$ を積分する。

a) 曲面 S を図示する。

b) $g(x,y,z)$ を x,y で表す。

c) 曲面 S に対応する xy 平面上の領域 D を決定する。すなわち，x,y の積分範囲を決める。

d) 曲面 S の点への位置ベクトル $\boldsymbol{r}$ を x,y で表す。

e) $\displaystyle\iint_S gdS$ を計算する（この際，$dS = \left|\dfrac{\partial \boldsymbol{r}}{\partial x}\times\dfrac{\partial \boldsymbol{r}}{\partial y}\right|dxdy$ が必要）。

(2) 曲面 S についてベクトル関数 $\boldsymbol{A}$ を積分する。

a) 曲面 S を図示する。

b) $\boldsymbol{A}(x,y,z)$ を x,y で表す。

c) 曲面 S に対応する xy 平面上の領域 D を決定する。すなわち，x,y の積分範囲を決める。

d) 曲面 S の点への位置ベクトル $\boldsymbol{r}$ を x,y で表す。

e) $\displaystyle\iint_S \boldsymbol{A}\cdot d\boldsymbol{S}$ を計算する（この際，$d\boldsymbol{S} = \dfrac{\partial \boldsymbol{r}}{\partial x}\times\dfrac{\partial \boldsymbol{r}}{\partial y}dxdy$ が必要）。

【注意】　一般に，曲面の方程式は $f(x,y,z)=0$ で与えられるので，変数 x,y,z のうち，一つの変数は他の二つの変数によって表される。これが積分領域を S から D へ変更する理由である。上記の手順では z を消去して xy

平面上で積分したが，これにこだわる必要はない。y を消去して zx 平面上で積分しても，x を消去して yz 平面上で積分してもよい。計算に都合のよい変数を一つ消去すればよい。

過去の Q&A から

Q4.2: ベクトル場の面積分において $d\boldsymbol{S} = \dfrac{\partial \boldsymbol{r}}{\partial x} \times \dfrac{\partial \boldsymbol{r}}{\partial y}$ と計算するところを，$d\boldsymbol{S} = \dfrac{\partial \boldsymbol{r}}{\partial y} \times \dfrac{\partial \boldsymbol{r}}{\partial x}$ として計算してもよいか。

A4.2: たいへん良い質問である。$\dfrac{\partial \boldsymbol{r}}{\partial x} \times \dfrac{\partial \boldsymbol{r}}{\partial y}$ は外積であるから

$$\frac{\partial \boldsymbol{r}}{\partial x} \times \frac{\partial \boldsymbol{r}}{\partial y} = -\frac{\partial \boldsymbol{r}}{\partial y} \times \frac{\partial \boldsymbol{r}}{\partial x}$$

なる関係が成り立ち，ベクトル場の面積分 $\displaystyle\iint_S \boldsymbol{A} \cdot d\boldsymbol{S}$ の場合には $\dfrac{\partial \boldsymbol{r}}{\partial y} \times \dfrac{\partial \boldsymbol{r}}{\partial x}$ を用いて計算すると，積分結果の符号が変わる。ところで，一般に，曲面には裏と表がある。すなわち，一つの面には正負（たがいに逆向きの）二つの単位ベクトルが存在する。5 章でも触れるが，閉曲面の場合は領域の内から外向きに，閉じていない曲面の場合は凸方向に法単位ベクトル $\boldsymbol{n}$ の正方向を選ぶ。例題 4.7 のように平面を扱う場合は，断りがない限り，原点から遠ざかる方向を正として次式を用いる。

$$\frac{\partial \boldsymbol{r}}{\partial x} \times \frac{\partial \boldsymbol{r}}{\partial y}, \quad \frac{\partial \boldsymbol{r}}{\partial y} \times \frac{\partial \boldsymbol{r}}{\partial z}, \quad \frac{\partial \boldsymbol{r}}{\partial z} \times \frac{\partial \boldsymbol{r}}{\partial x}$$

Q4.3: 例題 4.8 において，法単位ベクトル $\boldsymbol{n}$ が $\boldsymbol{r}/a$ となるのがわからない。

A4.3: 図 **4.13** に示すように，対象となる面 S が半径 a の球面であるから，原点 O からこの球面 S 上の点への位置ベクトル $\boldsymbol{r}$ は球面に垂直で，その向きは球面の外側を向いており，大きさ r は $r = a$ である。通常，法単位ベクトル $\boldsymbol{n}$ は曲面に対して外向きを正方向とする約束になっているので，$\boldsymbol{n} = \boldsymbol{r}/r = \boldsymbol{r}/a$ となる。

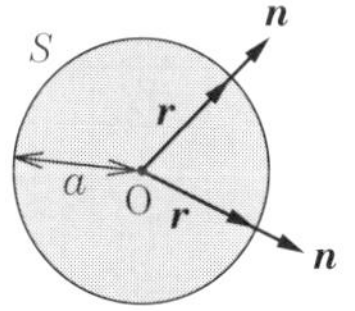

図 4.13　球面上の法単位ベクトル

4.5 体　　積　　分

4.5.1 スカラー場の体積分

(1) 体積分の考え方　体積 v の直方体 V を考え，その直方体の質量密度 ρ が場所，すなわち，点 $\mathrm{P}(x,y,z)$ の関数 $\rho=\rho(\mathrm{P})=\rho(x,y,z)$ であるとする。この直方体の質量を求めるには，**図 4.14** に示すように，直方体を n 分割してできる微小体積 $\Delta v_i=\Delta x_i\Delta y_i\Delta z_i$ ごとに，それぞれの点 $\mathrm{P}_i(x_i,y_i,z_i)$ における質量密度 $\rho(\mathrm{P}_i)=\rho(x_i,y_i,z_i)$ を掛けて総和をとればよい。すなわち，$\rho(x,y,z)$ を三重積分（triple integral）することによって求められる。

$$
\begin{aligned}
\iiint_V \rho(\mathrm{P})dv &= \iiint_V \rho(x,y,z)dxdydz \\
&= \lim_{n\to\infty}\sum_{i=1}^{n}\rho(\mathrm{P}_i)\Delta v_i \\
&= \lim_{n_x,n_y,n_z\to\infty}\sum_{i=1}^{n_x}\sum_{j=1}^{n_y}\sum_{k=1}^{n_z}\rho(x_i,y_j,z_k)\Delta x_i\Delta y_j\Delta z_k \qquad (4.30)
\end{aligned}
$$

これを**体積分**（volume integral）といい，$dv=dxdydz$ を体積素（volume element）という。一般に，V（積分の対象領域）は直方体である必要はなく，任意の立体でよい。

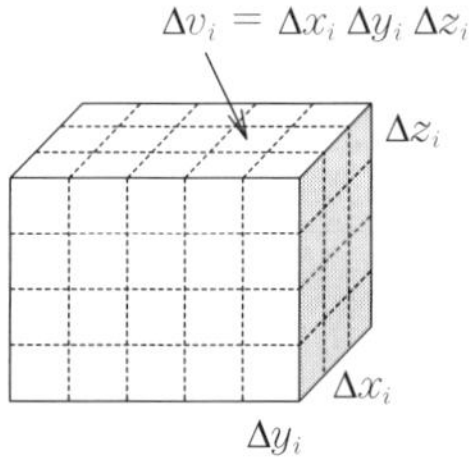

図 4.14　直方体の分割

(2) スカラー場の体積分の応用例

(a) 領域 V の体積 v は，体密度を 1 とした場合の体積分に対応する。

$$
v=\iiint_V dv
$$

(b) 電荷が体積電荷密度 ρ_v で空間的に分布しているとすると，式 (4.30) によって，体積 V の領域内における全電荷 Q を求めることができる。

$$Q = \iiint_V \rho_v dv$$

(c) 式 (4.30) の $f(x,y,z)$ として，ベクトル場の発散 $\nabla \cdot \boldsymbol{A}$ を選び，領域 V で積分を行った

$$\iiint_V \nabla \cdot \boldsymbol{A} dv \tag{4.31}$$

は V から流出するベクトルの量を与える。この体積分はガウスの発散定理で用いられる。

例題 4.9　領域 $V: x+y+z \leqq 1,\ x \geqq 0,\ y \geqq 0,\ z \geqq 0$ の体積を体積分で表し，その値を求めよ。

【解答】（図 4.9 参照）まず，x を 0 から 1 まで変化させる。この x を固定すると，y は 0 から $1-x$ まで変化させることができる。さらに，この y を固定すると，z は 0 から $1-x-y$ まで変化させることができる。以上より

$$v = \iiint_V dv = \int_0^1 dx \int_0^{1-x} dy \int_0^{1-x-y} dz$$
$$= \int_0^1 dx \int_0^{1-x} (1-x-y) dy = \int_0^1 \left[(1-x)y - \frac{y^2}{2} \right]_0^{1-x} dx$$
$$= \frac{1}{2} \int_0^1 (x-1)^2 dx = \frac{1}{2} \left[\frac{(x-1)^3}{3} \right]_0^1 = \frac{1}{6}$$

◇

問 4.7　領域 $V: x+y+z \leqq 1,\ x \geqq 0,\ y \geqq 0,\ z \geqq 0$ に対して，体積分 $\iiint_V (x+y+z) dv$ を計算せよ。

問 4.8　体積 v の領域 V に対して，体積分 $\iiint_V \nabla \cdot \boldsymbol{r} dv$ を計算せよ。ただし，$\boldsymbol{r} = x\boldsymbol{i} + y\boldsymbol{j} + z\boldsymbol{k}$ とする。

4.5.2 ベクトル場の体積分

xyz 座標系では，ベクトル場 $\boldsymbol{A}(x,y,z)$ の体積分は $\boldsymbol{A}$ の各成分を体積分した

ので与えられ，式 (4.32) で表される。

$$\iiint_V \boldsymbol{A}(x,y,z)dv = \iiint_V (A_x\boldsymbol{i} + A_y\boldsymbol{j} + A_z\boldsymbol{k})dv$$
$$= \iiint_V A_x dv\boldsymbol{i} + \iiint_V A_y dv\boldsymbol{j} + \iiint_V A_z dv\boldsymbol{k} \tag{4.32}$$

問 4.9　領域 V の体積を v とする。このとき，ベクトル場 $\boldsymbol{A} = y\boldsymbol{i} - x\boldsymbol{j}$ に対して $\iiint_V \nabla \times \boldsymbol{A}dv$ を計算せよ。

問 4.10　原点 O を中心とし，半径 $a(>0)$ の球面の内部領域を V とする。スカラー場 $f = x^2 + y^2 + z^2$ とベクトル場 $\boldsymbol{A} = x^2\boldsymbol{i} + y^2\boldsymbol{j} + z^2\boldsymbol{k}$ に対して，つぎの体積分を計算せよ。

(1)　$\iiint_V f dv$,　(2)　$\iiint_V \boldsymbol{A}dv$

アドバイスコーナー

★線積分，面積分，体積分のイメージ

(1)　体積分

3 次元空間の物体において質量密度（単位体積当りの重さ）ρ が均一でなく，場所の関数になっている場合，物体の質量は細かく分割した微小体積 Δv にそれぞれの場所における質量密度 $\rho(x,y,z)$ を掛けて総和をとることで求められる。この過程を積分で表示したものが体積分であり，x, y, z について積分するため三重積分となる。

(2)　面積分

面積分のモデルには厚さが無視できるほど薄い平板を用いて説明したが，厚さ方向（z 方向）には質量密度が一定で，平面的（xy 平面内）には質量密度 $\sigma(x,y)$ が分布している平板を考えてもよい。この場合には，厚さが無視できるほど非常に薄い平板について質量を計算し，その結果に平板の厚さを掛ければ，厚さのある平板（立体）の質量を求めることができる。この“厚さが無視できるほど非常に薄い平板についての質量の計算”が面積分であり，それは x, y についての積分だから二重積分である。

(3)　線積分

線積分のモデルには太さが無視できる細い導線を考えた。これも断面（yz 面）にわたって質量密度が一定で，長さ方向（x 方向）に質量密度 $\lambda(x)$ が x の関数として分布している導線を考えれば，より実体に即したものとなる。まず，太さが無視できるほど細い導線について質量を計算し，得られた結果に断面積を掛ければ，有限の太さを有する導線の質量を求めることができる。この“太さが無視できるほど細い導線についての質量の計算”，すなわち，長さ方向についての積分が線積分であり，x だけについての積分だから一変数の定積分となる。

このように，質量密度が空間的に分布している 3 次元のケースから，順次モデルを 2 次元，1 次元へと特化することで，物体の質量という同一種類のテーマについて，体積分 → 面積分 → 線積分を順次イメージすることができる。

(1)　スカラー関数の積分の例

質量密度を電荷密度に置き換えれば，それぞれ，線積分 $\int_C \rho_l dx$ は曲線 C の全電荷量，面積分 $\iint_S \rho_s dxdy$ は曲面 S 上の全電荷量，体積分 $\iiint_V \rho_v dxdydz$ は 3 次元領域 V 内に存在する全電荷量を表していることになる。なお，関数 f が $f = 1$ のとき，線積分 $\int_C dx$，面積分 $\iint_S dxdy$，体積分 $\iiint_V dxdydz$ はそれぞれ曲線 C の長さ，曲面 S の面積，領域 V の体積を与える。

(2)　ベクトル関数の積分の例

線積分 $\int_C \boldsymbol{F} \cdot d\boldsymbol{r}$ は，物体に働く力 $\boldsymbol{F}$ によって物体が受けた仕事量を表す。$\boldsymbol{A}$ を流体の速度とすれば，面積分 $\iint_S \boldsymbol{A} \cdot d\boldsymbol{S}$ は，単位時間に曲面 S を通過する流体の流量を表す。また，$\boldsymbol{f}$ を単位体積に作用する力とすれば，体積分 $\iiint_V \boldsymbol{f} dv$ は物体 V に働く力を意味している。

高校では，$y = \lambda(x)$ を a から b まで積分し，$S = \int_a^b \lambda(x)dx$ により面積 S を求めていた。ところが，前述の説明では，面積分は二重積分である。何が違うのだろうか。確かに $S = \int_a^b \lambda(x)dx$ は図 **4.15** の斜線部分の面積を与える。ま

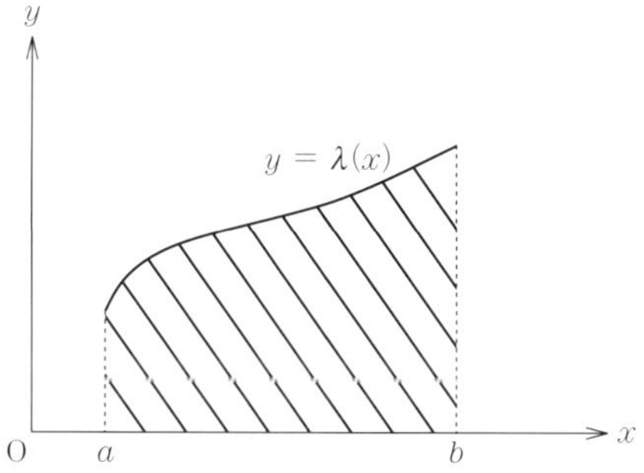

図 **4.15**　面積を与える定積分

た，上述の二重積分も面積を与える。では，この一見矛盾した原因はどこにあるのだろうか。

この答は，図の斜線部分の面積が何を与えているかを考えることで明らかになる。ここで，上述の線積分のモデルを思い出してみよう。モデルは太さが無視できるほど細く，線質量密度 $\lambda = \lambda(x)$ が分布している導線であった。図の y 軸はこの線質量密度 λ の大きさを導線の長さ方向である x の関数として示したものであると考えると，斜線部分の面積は線積分のモデルとして選んだ太さが無視できる細い線の質量を与えることがわかる。この場合，積分 $\int_a^b \lambda(x)dx$ は図では面積を示しているが，物理的には線の質量を表しているのである。また，積分 $\int_a^b \lambda(x)dx$ は線に沿っての積分であるから，まさに線積分である。すなわち，線積分のモデルに用いた質量密度 λ の大きさを目に見えるようにグラフ化して説明したものが高校で学んだ積分であると考えるとよい。

章 末 問 題

【1】 サイクロイド（cycloid）$\boldsymbol{r} = a(u - \sin u)\boldsymbol{i} + a(1 - \cos u)\boldsymbol{j}$ $(0 \leqq u \leqq 2\pi)$ の弧長を求めよ。ただし，$a > 0$ とする。

【2】 アステロイド（asteroid）の一部 $\boldsymbol{r} = a\cos^3 u\boldsymbol{i} + a\sin^3 u\boldsymbol{j}$ $(0 \leqq u \leqq \pi/2)$ の弧長を求めよ。ただし，$a > 0$ とする。

【3】 スカラー場 $f = 2x - yz$ のつぎの曲線 C に沿う線積分 $\int_C f ds$ を求めよ。

(1) 曲線 C：$\boldsymbol{r} = 3u\boldsymbol{i} + 3u\boldsymbol{j} + 2u\boldsymbol{k}$ $(0 \leqq u \leqq 1)$

(2) 曲線 C：原点 O，点 P(3, 3, 0)，点 Q(3, 3, 2) を順次に結ぶ線分

【4】 ベクトル場 $\boldsymbol{A} = (x^2 + 2y)\boldsymbol{i} + 7yz\boldsymbol{j} - 8x^2z\boldsymbol{k}$ について，つぎの曲線 C に沿っての線積分を求めよ。

(1) 曲線 C：原点 O から点 P(1, 1, 1) に至る線分

(2) 曲線 C：$\boldsymbol{r} = u\boldsymbol{i} + u^2\boldsymbol{j} + u^3\boldsymbol{k}$ $(0 \leqq u \leqq 1)$

【5】 経路 C：$\boldsymbol{r} = (2 + \cos u)\boldsymbol{i} + \sin u\boldsymbol{j}$　$(0 \leqq u \leqq \pi)$ に対して，線積分

$$\int_C \left(\frac{x\boldsymbol{i} + y\boldsymbol{j}}{x^2 + y^2}\right) \cdot d\boldsymbol{r}$$

を求めよ。

【6】 面積分 $\iint_S f dS$ を求めよ。

(1) $f = x + y - 3z, \quad S: 2x + y + 3z = 6,\ x \geqq 0,\ y \geqq 0,\ z \geqq 0$

(2) $f = x^2 + y^2, \quad S: z = 2 - x^2 - y^2,\ x \geqq 0,\ y \geqq 0,\ z \geqq 0$

【7】 面積分 $\displaystyle\iint_S \boldsymbol{A} \cdot d\boldsymbol{S}$ を求めよ。ただし，S 上における法単位ベクトル $\boldsymbol{n}$ の向きは原点から遠ざかるように選ぶ。

(1) $\boldsymbol{A} = 6z\boldsymbol{i} - 4\boldsymbol{j} + y\boldsymbol{k}, \quad S: z = 2 - \dfrac{x}{3} - \dfrac{y}{2},\ x \geqq 0,\ y \geqq 0,\ z \geqq 0$

(2) $\boldsymbol{A} = z\boldsymbol{i} + (y + 4x)\boldsymbol{j} + 8x\boldsymbol{k}, \quad S: 4x + 2y + z = 4,\ x \geqq 0,\ y \geqq 0,\ z \geqq 0$

【8】 平面 $2x + y + 2z = 6$ のうち，4 平面 $x = 0, x = 1, y = 0, y = 2$ によって切り取られる部分を S とするとき，$\boldsymbol{A} = (x + 2y)\boldsymbol{i} - 3z\boldsymbol{j} + x\boldsymbol{k}$ に対して面積分 $\displaystyle\iint_S (\nabla \times \boldsymbol{A}) \cdot d\boldsymbol{S}$ を求めよ。ただし，S 上における法単位ベクトル $\boldsymbol{n}$ の向きは原点から遠ざかるように選ぶ。

【9】 $\boldsymbol{A} = z\boldsymbol{i} + x\boldsymbol{j} - 3y^2z\boldsymbol{k}$ であって，S が円柱面 $x^2 + y^2 = 16$ のうち $x \geqq 0,\ y \geqq 0,\ 0 \leqq z \leqq 5$ に含まれる曲面であるとき，面積分 $\displaystyle\iint_S \boldsymbol{A} \cdot d\boldsymbol{S}$ を求めよ。ただし，S 上における法単位ベクトル $\boldsymbol{n}$ の向きは z 軸から遠ざかるように選ぶ。

【10】 曲面 $S: x^2 + y^2 + z^2 = 1,\ x \geqq 0,\ y \geqq 0,\ z \geqq 0$ 上のベクトル場 $\boldsymbol{A} = x\boldsymbol{i} + y\boldsymbol{j} + z\boldsymbol{k}$ に対して面積分 $\displaystyle\iint_S \boldsymbol{A} \cdot d\boldsymbol{S}$ を求めよ。ただし，曲面 S 上における法単位ベクトル $\boldsymbol{n}$ の向きは，S で囲まれた領域の内側から外側に向かうように選ぶ。

5 積分定理

本章で習う積分定理はいずれも定積分の拡張にすぎないことを念頭におこう。つまり，積分を1回実行して，積分変数を一つ減らすことを定理としてまとめたものである。

これらの定理の本質は，**定積分は積分範囲の下限と上限が与えられること**と同じである。つまり，積分範囲の境界において被積分関数の不定積分に相当するものの値を評価できればよいのである。ガウスの発散定理は，ある3次元領域内におけるある形の三重積分（体積分）をその境界面（閉曲面）における二重積分（面積分）に置き換える。ストークスの定理は，ある2次元領域内のある形の二重積分（面積分）をその境界（閉曲線）上における一重積分（線積分）に置き換える。本章では，物理的な意味合いからこれらの定理を証明するが，付録 A.6 に示す数学的な証明は積分変数を一つ減らす証明であって，これらの定理の理解を深めるためにもぜひ目を通して欲しい。

5.1 ガウスの発散定理

（1） 法単位ベクトル $\boldsymbol{n}$ の向きの選び方　　閉曲面の場合，閉曲面で囲まれる領域の内から外の向きに対して，外向き法単位ベクトルを定義する。その拡張として，閉じていない曲面に対しては曲率中心のない側を外向き法単位ベクトルの向きとする。曲率中心とは面に対して球面を当てはめたときの球面の中心をいう。**図 5.1** に示すように，曲面の凸の方向を法単位ベクトルの向きとする。

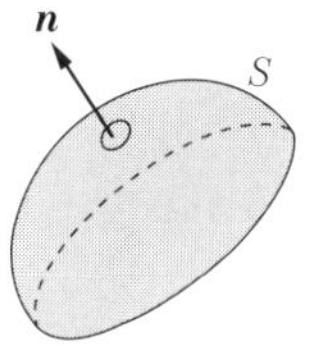

図 **5.1** 法単位ベクトル $\boldsymbol{n}$ の向き

（**2**） **発散の意味** 図 **5.2** に示す微小な直方体の領域を ΔV とし，その表面を S とする。直方体の中心点を $\mathrm{P}(x_0, y_0, z_0)$ とし，x 軸，y 軸，z 軸に平行な辺の長さをそれぞれ Δx，Δy，Δz とする。ここで，表面 S におけるベクトル場 $\boldsymbol{A}$ の面積分を考えると，つぎの六面に分割することができる。

左面 (left) $x = x_0 - \Delta x/2,\ |y - y_0| \leqq \Delta y/2,\ |z - z_0| \leqq \Delta z/2$

右面 (right) $x = x_0 + \Delta x/2,\ |y - y_0| \leqq \Delta y/2,\ |z - z_0| \leqq \Delta z/2$

前面 (front) $y = y_0 - \Delta y/2,\ |x - x_0| \leqq \Delta x/2,\ |z - z_0| \leqq \Delta z/2$

後面 (back) $y = y_0 + \Delta y/2,\ |x - x_0| \leqq \Delta x/2,\ |z - z_0| \leqq \Delta z/2$

下面 (bottom) $z = z_0 - \Delta z/2,\ |x - x_0| \leqq \Delta x/2,\ |y - y_0| \leqq \Delta y/2$

上面 (top) $z = z_0 + \Delta z/2,\ |x - x_0| \leqq \Delta x/2,\ |y - y_0| \leqq \Delta y/2$

このとき

$$\oiint_S \boldsymbol{A} \cdot d\boldsymbol{S} = \iint_{\mathrm{left}} \boldsymbol{A} \cdot d\boldsymbol{S} + \iint_{\mathrm{right}} \boldsymbol{A} \cdot d\boldsymbol{S} + \iint_{\mathrm{front}} \boldsymbol{A} \cdot d\boldsymbol{S} + \iint_{\mathrm{back}} \boldsymbol{A} \cdot d\boldsymbol{S} + \iint_{\mathrm{top}} \boldsymbol{A} \cdot d\boldsymbol{S} + \iint_{\mathrm{bottom}} \boldsymbol{A} \cdot d\boldsymbol{S} \quad (5.1)$$

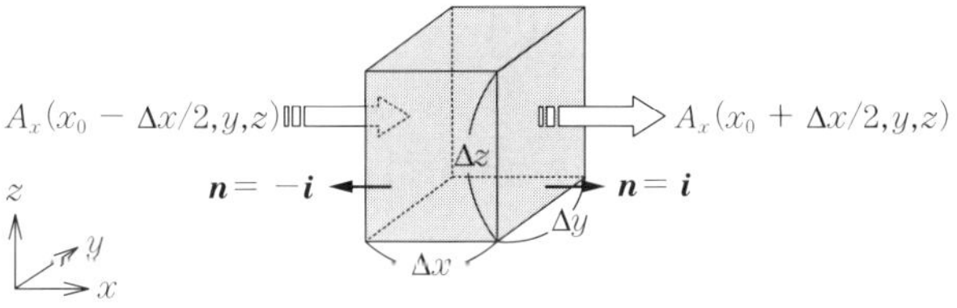

図 **5.2** 微小直方体の表面における面積分

このうち，左面と右面の面積分について，Δx，Δy，Δz が十分に小さいという近似の下で変形しよう。

左面では，法単位ベクトルが $\boldsymbol{n} = -\boldsymbol{i}$ であるから

$$\begin{aligned}\iint_{\mathrm{left}} \boldsymbol{A}\cdot d\boldsymbol{S} &= \iint_{\mathrm{left}} \boldsymbol{A}(x_0 - \Delta x/2, y, z)\cdot(-\boldsymbol{i})dS \\ &= -\iint_{\mathrm{left}} A_x(x_0 - \Delta x/2, y, z)dS\end{aligned}$$

となる。$\Delta y\Delta z$ が十分に小さいので，被積分関数は積分領域（左面）で定数 $A_x(x_0 - \Delta x/2, y_0, z_0)$ とみなせる。この近似の下で，上式の面積分は

$$-A_x(x_0 - \Delta x/2, y_0, z_0)\iint_{\mathrm{left}} dS = -A_x(x_0 - \Delta x/2, y_0, z_0)\Delta y\Delta z$$

となる。さらに，$A_x(x_0 - \Delta x/2, y_0, z_0)$ に対して，Δx が十分に小さいとして，テイラー（Taylor）近似を適用すると，上式の面積分は

$$-\left\{A_x(x_0, y_0, z_0) + \left.\frac{\partial A_x}{\partial x}\right|_{(x_0,y_0,z_0)}\cdot\left(-\frac{\Delta x}{2}\right)\right\}\Delta y\Delta z \tag{5.2}$$

となる。右面の面積分も同様に近似できる。右面の法単位ベクトルは $\boldsymbol{n} = \boldsymbol{i}$ であることに注意して

$$\begin{aligned}\iint_{\mathrm{right}} \boldsymbol{A}\cdot d\boldsymbol{S} &= \iint_{\mathrm{right}} \boldsymbol{A}(x_0 + \Delta x/2, y, z)\cdot\boldsymbol{i}dS \\ &= \iint_{\mathrm{right}} A_x(x_0 + \Delta x/2, y, z)dS \\ &\fallingdotseq A_x(x_0 + \Delta x/2, y_0, z_0)\iint_{\mathrm{right}} dS \\ &= A_x(x_0 + \Delta x/2, y_0, z_0)\Delta y\Delta z \\ &\fallingdotseq \left\{A_x(x_0, y_0, z_0) + \left.\frac{\partial A_x}{\partial x}\right|_{(x_0,y_0,z_0)}\cdot\frac{\Delta x}{2}\right\}\Delta y\Delta z\end{aligned} \tag{5.3}$$

が得られる。ゆえに，左面と右面の面積分の和は

$$\iint_{\mathrm{left}} \boldsymbol{A}\cdot d\boldsymbol{S} + \iint_{\mathrm{right}} \boldsymbol{A}\cdot d\boldsymbol{S} \fallingdotseq \frac{\partial A_x}{\partial x}\Delta x\Delta y\Delta z = \frac{\partial A_x}{\partial x}\Delta v \tag{5.4}$$

と近似される。ただし，$\Delta v = \Delta x\Delta y\Delta z$ は領域 ΔV の体積に相当する。同様

に，前面+後面，上面+下面の面積分を近似すると

$$\iint_{\text{front}} \boldsymbol{A}\cdot d\boldsymbol{S} + \iint_{\text{back}} \boldsymbol{A}\cdot d\boldsymbol{S} \fallingdotseq \frac{\partial A_y}{\partial y}\Delta x\Delta y\Delta z = \frac{\partial A_y}{\partial y}\Delta v \tag{5.5}$$

$$\iint_{\text{top}} \boldsymbol{A}\cdot d\boldsymbol{S} + \iint_{\text{bottom}} \boldsymbol{A}\cdot d\boldsymbol{S} \fallingdotseq \frac{\partial A_z}{\partial z}\Delta x\Delta y\Delta z = \frac{\partial A_z}{\partial z}\Delta v \tag{5.6}$$

となる。したがって

$$\begin{aligned}\oiint_S \boldsymbol{A}\cdot d\boldsymbol{S} &\fallingdotseq \left(\frac{\partial A_x}{\partial x} + \frac{\partial A_y}{\partial y} + \frac{\partial A_z}{\partial z}\right)\Delta v \\ &= (\nabla\cdot\boldsymbol{A})\Delta v \fallingdotseq \iiint_{\Delta V} \nabla\cdot\boldsymbol{A}dv \end{aligned}\tag{5.7}$$

これから，領域 ΔV の体積 Δv を限りなく 0 に近づける極限において

$$\nabla\cdot\boldsymbol{A} = \lim_{\Delta v\to 0}\frac{1}{\Delta v}\oiint_S \boldsymbol{A}\cdot d\boldsymbol{S} \tag{5.8}$$

となる。すなわち，発散 $\nabla\cdot\boldsymbol{A}$ は単位体積の領域からベクトル場 $\boldsymbol{A}$ が流出する正味の量を表現していることがわかる。具体的なイメージとしては，ベクトル場 $\boldsymbol{A}$ を流体の流速 $\boldsymbol{v}$ とみなすとよいだろう。

(3) ガウスの発散定理　任意の領域 V に対して

$$\iiint_V \nabla\cdot\boldsymbol{A}dv = \oiint_S \boldsymbol{A}\cdot d\boldsymbol{S} \tag{5.9}$$

が成り立つ関係をガウスの発散定理（Gauss' divergence theorem）という。ただし，閉曲面 S は領域 V の境界面であって，領域 V 内でベクトル場 $\boldsymbol{A}$ が連続であり，かつ連続な 1 階偏導関数をもつとする。

〔証明の前準備〕　図 **5.3** に示す隣接する微小領域 V_1 と V_2 について着目し，二つの領域全体 V_1+V_2 においてベクトル場 $\boldsymbol{A}$ の発散 $\nabla\cdot\boldsymbol{A}$ の体積分を評価しよう。この体積分は領域 V_1，V_2 における体積分の和で与えられ，領域が十分に小さいことから式 (5.7) の関係を適用できるので

$$\begin{aligned}\iiint_{V_1+V_2} \nabla\cdot\boldsymbol{A}dv &= \iiint_{V_1} \nabla\cdot\boldsymbol{A}dv + \iiint_{V_2} \nabla\cdot\boldsymbol{A}dv \\ &= \oiint_{S_1} \boldsymbol{A}\cdot d\boldsymbol{S} + \oiint_{S_2} \boldsymbol{A}\cdot d\boldsymbol{S}\end{aligned}\tag{5.10}$$

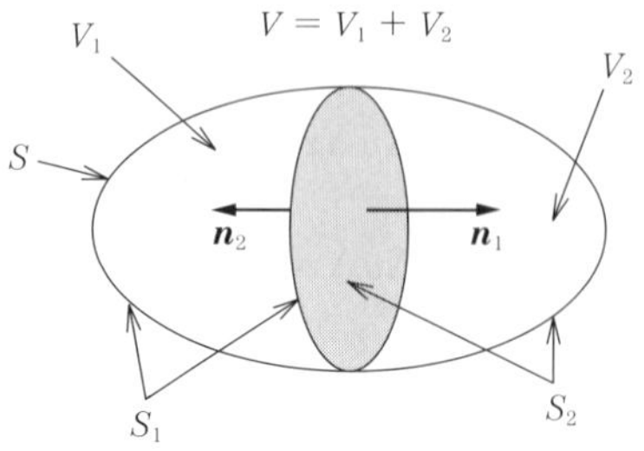

図 **5.3**　二つの微小領域の境界面における面積分の相殺

となる。ここで，閉曲面 S_1，S_2 は領域 V_1，V_2 の境界面である。いま，二つの領域は隣接しているので，隣接面（共有境界面）が存在する。これは両曲面の共通部分 $S_1 \cap S_2$ に対応する。閉曲面 S_1 をこの共通部分 $S_1 \cap S_2$ とそれ以外の部分 $S_1 - (S_1 \cap S_2)$ に分割する。閉曲面 S_2 についても同様の分割を行う。すなわち，面積分は

$$\iint_{S_1-(S_1\cap S_2)} \boldsymbol{A} \cdot d\boldsymbol{S} + \iint_{S_1\cap S_2} \boldsymbol{A} \cdot \boldsymbol{n}_1 dS + \iint_{S_2-(S_1\cap S_2)} \boldsymbol{A} \cdot d\boldsymbol{S} + \iint_{S_1\cap S_2} \boldsymbol{A} \cdot \boldsymbol{n}_2 dS \tag{5.11}$$

と分割できる。ここで，$\boldsymbol{n}_1$ は曲面 $S_1 \cap S_2$ 上の領域 V_1 から領域 V_2 の向きの法単位ベクトルであり，$\boldsymbol{n}_2$ は曲面 $S_1 \cap S_2$ 上の領域 V_2 から領域 V_1 の向きの法単位ベクトルである。このため，$\boldsymbol{n}_2 = -\boldsymbol{n}_1$ の関係が成り立つ。また，曲面 $S_1 - (S_1 \cap S_2)$ と曲面 $S_2 - (S_1 \cap S_2)$ は領域全体 $V_1 + V_2$ の境界面 S に対応する。これらの理由から

$$\oiint_S \boldsymbol{A} \cdot d\boldsymbol{S} + \iint_{S_1\cap S_2} \boldsymbol{A} \cdot (\boldsymbol{n}_1 + \boldsymbol{n}_2) dS = \oiint_S \boldsymbol{A} \cdot d\boldsymbol{S} \tag{5.12}$$

となる。上の計算過程からわかるように，共有面の面積分の寄与は相殺されるので，領域全体の境界面のみの面積分だけを評価すればよいことになる。

〔証明〕　領域 V を n 個の微小領域 ΔV_i（境界面 ΔS_i）に分割する。微小領域 ΔV_i では式 (5.7) の関係が成り立つので式 (5.13) となる。

$$\iiint_V \nabla\cdot\boldsymbol{A}dv = \sum_{i=1}^{n}\iiint_{\Delta V_i}\nabla\cdot\boldsymbol{A}dv = \sum_{i=1}^{n}\oiint_{\Delta S_i}\boldsymbol{A}\cdot d\boldsymbol{S} \qquad (5.13)$$

最後の面積分の和について考えよう。領域 V の境界面 S を除いて，微小領域 ΔV_i の境界面 ΔS_i は隣接する微小領域と共有面を有する。前準備における議論により，共有面における二つの面積分について，法単位ベクトルの符号が異なるため，面積分の和は 0 となる。すなわち，隣接する領域の共有面における面積分の寄与は相殺される。したがって，隣接共有がない面に対する面積分が残存される。この部分は領域 V の境界面 S にほかならない。式で表すと

$$\sum_{i=1}^{n}\oiint_{\Delta S_i}\boldsymbol{A}\cdot d\boldsymbol{S} = \oiint_S \boldsymbol{A}\cdot d\boldsymbol{S} \qquad (5.14)$$

となる。これから，任意の領域に対してガウスの発散定理の式 (5.9) が成り立つことがわかる。

(4) 発散定理の意味

(a) 閉曲面からのベクトル $\boldsymbol{A}$ の流量の総和はその体積内に含まれる湧き出し量の総和に等しい。これは，ベクトル場の発散の意味合いが任意の領域に対しても成り立つことを意味している。

(b) 数式的には面積分と体積分との間の変換公式を意味している。ただし，面積分は体積分を行う領域の境界面で行う必要がある。つまり，積分範囲が閉曲面となっている面積分のための変換公式であることに注意しよう。

例題 5.1 半球面 $S: x^2+y^2+z^2=1,\ z\geqq 0$ 上において，ベクトル場 $\boldsymbol{A}=xz\boldsymbol{i}+yz\boldsymbol{j}$ の面積分 $\iint_S \boldsymbol{A}\cdot d\boldsymbol{S}$ を計算せよ。

【解答】 半球面 S とその底面（円）$S': x^2+y^2\leqq 1,\ z=0$ の和集合は，半球領域 $V: x^2+y^2+z^2\leqq 1,\ z\geqq 0$ の閉曲面である（**図 5.4** 参照）。したがって，ガウスの発散定理より

$$\iiint_V \nabla\cdot\boldsymbol{A}dv = \iint_{S+S'}\boldsymbol{A}\cdot d\boldsymbol{S} = \iint_S \boldsymbol{A}\cdot d\boldsymbol{S} + \iint_{S'}\boldsymbol{A}\cdot d\boldsymbol{S}$$

S' 上では，$z=0$ より $\boldsymbol{A}=\boldsymbol{0}$ であるから

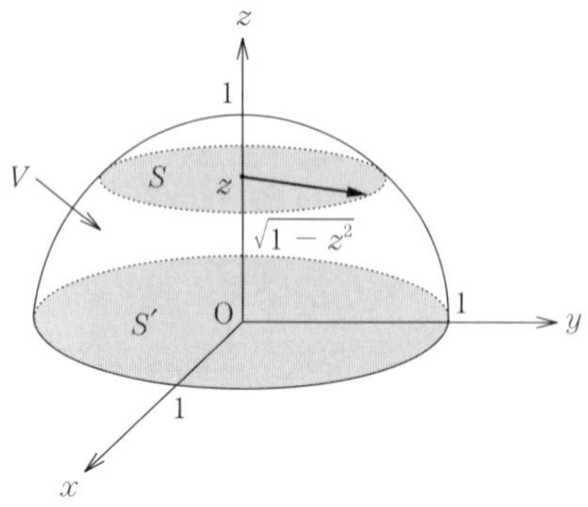

図 **5.4**　例題 5.1 の半球面と平面 $z=0$

$$\iint_S \boldsymbol{A}\cdot d\boldsymbol{S} = \iiint_V \nabla\cdot\boldsymbol{A}dv$$

ここで，$\nabla\cdot\boldsymbol{A} = \dfrac{\partial(xz)}{\partial x} + \dfrac{\partial(yz)}{\partial y} + \dfrac{\partial(0)}{\partial z} = 2z$ であるから

$$\begin{aligned}\iint_S \boldsymbol{A}\cdot d\boldsymbol{S} &= \iiint_V 2zdv = 2\int_0^1 zdz\iint_{x^2+y^2\leqq 1-z^2} dxdy\\ &= 2\int_0^1 z\cdot\pi(1-z^2)dz = 2\pi\int_0^1 (z-z^3)dz\\ &= 2\pi\left[\frac{z^2}{2}-\frac{z^4}{4}\right]_0^1 = \frac{\pi}{2}\end{aligned}$$

なお，$\displaystyle\iint_{x^2+y^2\leqq 1-z^2} dxdy$ は xy 平面上の円領域 $x^2+y^2\leqq 1-z^2$ の面積に対応することに注意されたい。　◇

問 5.1　半球面 $S: x^2+y^2+z^2=1,\ z\geqq 0$ 上において，ベクトル場 $\boldsymbol{A} = 2xz\boldsymbol{i}+2yz\boldsymbol{j}+z^2\boldsymbol{k}$ の面積分 $\displaystyle\iint_S \boldsymbol{A}\cdot d\boldsymbol{S}$ を計算せよ。

問 5.2　位置ベクトル $\boldsymbol{r}=x\boldsymbol{i}+y\boldsymbol{j}+z\boldsymbol{k}$ に対して，$\displaystyle\oiint_S \boldsymbol{r}\cdot d\boldsymbol{S} = 3v$ であることを示せ。ただし，v は閉曲面 S によって囲まれた領域 V の体積である。

例題 5.2　〔ガウスの積分 (Gauss' integral)〕$\boldsymbol{r}=x\boldsymbol{i}+y\boldsymbol{j}+z\boldsymbol{k}$, $r=|\boldsymbol{r}|$ とする。任意の空間領域 V の表面を S とし，$\boldsymbol{n}$ を S の外向きの法単位ベクトルとするとき，つぎのことを示せ。

(1) $\displaystyle\oint\!\!\!\oint_S \frac{\boldsymbol{r}}{r^3}\cdot\boldsymbol{n}dS = 0$ （原点が領域 V の外にあるとき）

(2) $\displaystyle\oint\!\!\!\oint_S \frac{\boldsymbol{r}}{r^3}\cdot\boldsymbol{n}dS = 4\pi$ （原点が領域 V の内にあるとき）

【解答】

(1) 原点が領域 V の外のとき，領域 V では $r \neq 0$ であるから $\nabla\cdot\left(\boldsymbol{r}/r^3\right) = 0$ となる（例題 3.5(2) 参照）。ガウスの発散定理より

$$\oint\!\!\!\oint_S \frac{\boldsymbol{r}}{r^3}\cdot\boldsymbol{n}dS = \iiint_V \nabla\cdot\left(\frac{\boldsymbol{r}}{r^3}\right)dv = \iiint_V (0)dv = 0$$

(2) 原点が領域 V の内のとき，図 **5.5** に示すように，領域 V に含まれる原点 O を中心とする球面 S_a を考え，面 S_a と S で囲まれる領域を V_a とする。

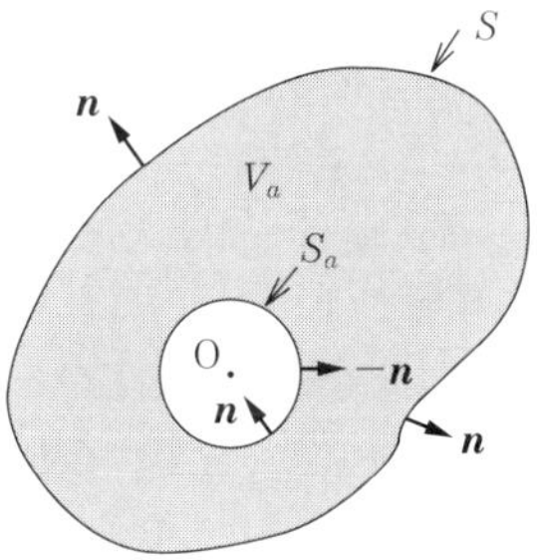

図 **5.5** 特異点を含む領域でのガウスの積分の取扱い

V_a 内では，$r \neq 0$ なので，ガウスの発散定理より

$$\oint\!\!\!\oint_{S+S_a} \frac{\boldsymbol{r}}{r^3}\cdot\boldsymbol{n}dS = \iiint_{V_a} \nabla\cdot\left(\frac{\boldsymbol{r}}{r^3}\right)dv = \iiint_{V_a} (0)dv = 0$$

となり，$S + S_a$ に関する面積分を S と S_a に関する面積分の和に分割すると

$$\oint\!\!\!\oint_{S+S_a} \frac{\boldsymbol{r}}{r^3}\cdot\boldsymbol{n}dS = \oint\!\!\!\oint_S \frac{\boldsymbol{r}}{r^3}\cdot\boldsymbol{n}dS + \oint\!\!\!\oint_{S_a} \frac{\boldsymbol{r}}{r^3}\cdot\boldsymbol{n}dS$$

となるので次式を得る。

$$\oint\!\!\!\oint_S \frac{\boldsymbol{r}}{r^3}\cdot\boldsymbol{n}dS = \oint\!\!\!\oint_{S_a} \frac{\boldsymbol{r}}{r^3}\cdot(-\boldsymbol{n})dS = 4\pi$$

ここで，S_a に関する面積分の $-\boldsymbol{n}$ は球面 S_a の外向き法単位ベクトルに対応している。この面積分の計算については，例題 4.8 を参照されたい。 ◇

〔電磁気学との関連〕ガウスの法則　原点の点電荷 Q による静電界の電束密度は $\boldsymbol{D} = \dfrac{Q}{4\pi}\dfrac{\boldsymbol{r}}{r^3}$ であるから，任意の閉曲面 S に対して

$$\oiint_S \boldsymbol{D} \cdot d\boldsymbol{S} = \frac{Q}{4\pi}\oiint_S \frac{\boldsymbol{r}}{r^3} \cdot \boldsymbol{n} dS = \begin{cases} Q：点電荷が S の内部にあるとき \\ 0：点電荷が S の外部にあるとき \end{cases}$$

が成り立つ。これは**ガウスの法則**（Gauss' law）にほかならない。

過去の Q&A から

Q5.1: 例題 5.2 で，原点 O が積分領域に含まれるか含まれないかで，なぜ答が変わるのか。

A5.1: 被積分関数 $\boldsymbol{r}/r^3$ は原点（$r = 0$）が特異点である（ひとまず関数が無限大に発散すると考えておこう）。このため，積分領域内に特異点が含まれると，積分は 0 でない値を示す。この領域ではガウスの発散定理を適用することはできない。具体例として，点電荷 Q を原点に置いた場合で考えよう。ガウスの法則から，原点を含む領域では，領域内に含まれる電荷量が Q であるから，その閉曲面から出る電気力線の本数は Q/ε_0 と与えられる。しかし，原点を含まない領域では，領域内に含まれる電荷量が 0 であるから，その閉曲面から出る電気力線の本数は 0 となる。このように，例題 5.2 は，閉曲面が電荷を含むか含まないかで積分結果が異なることに対応する。

Q5.2: 例題 5.2(2) で，なぜ曲面を S_a と S に分けて考えるのか。

A5.2: 任意の閉曲面 S に関する積分は，曲面の形状がわからないため計算できない。そこで，原点を含む球面（半径は任意でかまわない）を S_a として，原点を含む領域をくりぬいた $S + S_a$ なる閉曲面を考えると，ガウスの発散定理を用いて，閉曲面 $S + S_a$ に関する積分は 0 となる。結果として，閉曲面 S に関する積分は閉曲面 S_a に関する積分と等しくなり，閉曲面 S_a に関する積分は例題 4.8 に帰着するので，任意の閉曲面 S に関する積分が計算できることになる。

5.2 ストークスの定理

(1) 径路の向きの選び方 図 **5.6** に示すように，閉曲線で囲まれた曲面の法単位ベクトルの向きを右手の親指に合わせるとき，残りの四指の向きを閉曲線の方向とする。あるいは，右手の四指の向きを閉曲線の向きに合わせ，親指の向く方向に曲面の法単位ベクトルの方向を選ぶ。このように，右ねじの法則により，閉曲線と法単位ベクトルの向きが関連づけられる。

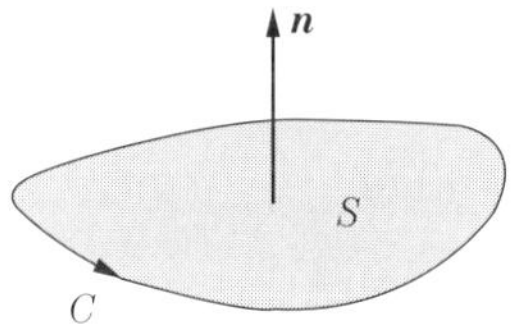

図 **5.6** 径路の向きの選び方

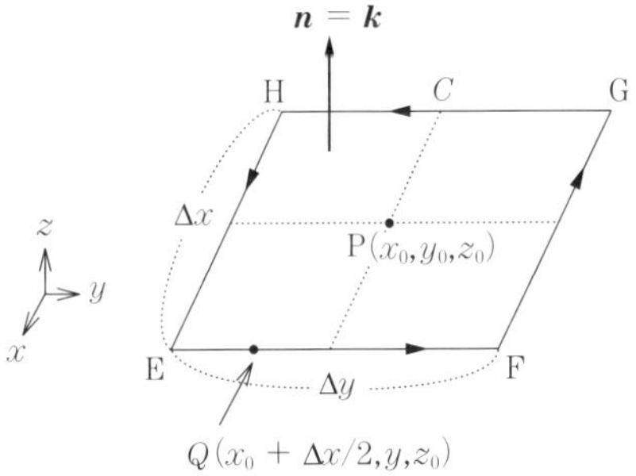

図 **5.7** 微小長方形に沿った線積分

(2) 回転の意味 図 **5.7** に示す微小長方形の閉曲線 C で囲まれた平面領域を S とする。この長方形は xy 平面に平行であり，その中心は $\mathrm{P}(x_0, y_0, z_0)$ であり，x 軸，y 軸に平行な辺の長さがそれぞれ Δx，Δy であるとする。この閉曲線 C におけるベクトル場 $\boldsymbol{A}$ の線積分を考えよう。長方形の頂点を E, F, G, H で表すと，閉曲線 C はつぎの四つの直線径路に分割できる。

$$\mathrm{E} \to \mathrm{F} \qquad x = x_0 + \Delta x/2,\ y = y_0 - \Delta y/2 \to y_0 + \Delta y/2$$

$$\mathrm{F} \to \mathrm{G} \qquad y = y_0 + \Delta y/2,\ x = x_0 + \Delta x/2 \to x_0 - \Delta x/2$$

$$\mathrm{G} \to \mathrm{H} \qquad x = x_0 - \Delta x/2,\ y = y_0 + \Delta y/2 \to y_0 - \Delta y/2$$

$$\mathrm{H} \to \mathrm{E} \qquad y = y_0 - \Delta y/2,\ x = x_0 - \Delta x/2 \to x_0 + \Delta x/2$$

このとき

$$\oint_C \boldsymbol{A}\cdot d\boldsymbol{r} = \int_{\mathrm{E}\to\mathrm{F}} \boldsymbol{A}\cdot d\boldsymbol{r} + \int_{\mathrm{F}\to\mathrm{G}} \boldsymbol{A}\cdot d\boldsymbol{r} + \int_{\mathrm{G}\to\mathrm{H}} \boldsymbol{A}\cdot d\boldsymbol{r} + \int_{\mathrm{H}\to\mathrm{E}} \boldsymbol{A}\cdot d\boldsymbol{r} \tag{5.15}$$

である。

このうち，経路 E → F と経路 G → H の線積分について，Δx，Δy が十分に小さいという近似の下で変形してみよう。

経路 E → F 上の点の位置ベクトルは $\boldsymbol{r} = (x_0 + \Delta x/2)\boldsymbol{i} + y\boldsymbol{j} + z_0\boldsymbol{k}$ であるから，この経路上における線素ベクトルは $d\boldsymbol{r} = (d\boldsymbol{r}/dy)dy = \boldsymbol{j}dy$ となる。このとき

$$\int_{\mathrm{E}\to\mathrm{F}} \boldsymbol{A}\cdot d\boldsymbol{r} = \int_{y_0-\Delta y/2}^{y_0+\Delta y/2} \boldsymbol{A}(x_0+\Delta x/2, y, z_0)\cdot \boldsymbol{j}dy = \int_{y_0-\Delta y/2}^{y_0+\Delta y/2} A_y(x_0+\Delta x/2, y, z_0)dy$$

となる。Δy が十分に小さいので，被積分関数は積分区間（E → F）で定数 $A_y(x_0+\Delta x/2, y_0, z_0)$ とみなせる。

この近似の下で，上式の線積分は

$$A_y(x_0+\Delta x/2, y_0, z_0)\int_{y_0-\Delta y/2}^{y_0+\Delta y/2} dy = A_y(x_0+\Delta x/2, y_0, z_0)\Delta y$$

となる。さらに，$A_y(x_0+\Delta x/2, y_0, z_0)$ に対して，Δx が十分に小さいとして，テイラー（Taylor）近似を適用すると

$$\left\{ A_y(x_0, y_0, z_0) + \left.\frac{\partial A_y}{\partial x}\right|_{(x_0,y_0,z_0)} \frac{\Delta x}{2} \right\}\Delta y \tag{5.16}$$

となる。

経路 G → H の線積分も同様に近似できる。経路 G → H 上において $d\boldsymbol{r} = \boldsymbol{j}dy$ であることに注意して

$$
\begin{aligned}
\int_{\mathrm{G}\to\mathrm{H}} \boldsymbol{A}\cdot d\boldsymbol{r} &= \int_{y_0+\Delta y/2}^{y_0-\Delta y/2} \boldsymbol{A}(x_0-\Delta x/2, y, z_0)\cdot \boldsymbol{j}dy \\
&= \int_{y_0+\Delta y/2}^{y_0-\Delta y/2} A_y(x_0-\Delta x/2, y, z_0)dy \\
&\fallingdotseq A_y(x_0-\Delta x/2, y_0, z_0)\int_{y_0+\Delta y/2}^{y_0-\Delta y/2} dy \\
&= -A_y(x_0-\Delta x/2, y_0, z_0)\Delta y \\
&\fallingdotseq -\left\{A_y(x_0, y_0, z_0) + \left.\frac{\partial A_y}{\partial x}\right|_{(x_0,y_0,z_0)}\left(-\frac{\Delta x}{2}\right)\right\}\Delta y
\end{aligned}
\tag{5.17}
$$

が得られる。ゆえに，経路 E → F と経路 G → H の線積分の和は

$$
\int_{\mathrm{E}\to\mathrm{F}} \boldsymbol{A}\cdot d\boldsymbol{r} + \int_{\mathrm{G}\to\mathrm{H}} \boldsymbol{A}\cdot d\boldsymbol{r} \fallingdotseq \frac{\partial A_y}{\partial x}\Delta x\Delta y = \frac{\partial A_y}{\partial x}\Delta s \tag{5.18}
$$

と近似される。ただし，$\Delta s = \Delta x\Delta y$ は長方形領域 ΔS の面積に相当する。同様に，経路 F → G と経路 H → E の線積分の和を近似すると

$$
\int_{\mathrm{F}\to\mathrm{G}} \boldsymbol{A}\cdot d\boldsymbol{r} + \int_{\mathrm{H}\to\mathrm{E}} \boldsymbol{A}\cdot d\boldsymbol{r} \fallingdotseq -\frac{\partial A_x}{\partial y}\Delta x\Delta y = -\frac{\partial A_x}{\partial y}\Delta s \tag{5.19}
$$

となる。したがって

$$
\begin{aligned}
\oint_C \boldsymbol{A}\cdot d\boldsymbol{r} &\fallingdotseq \left(\frac{\partial A_y}{\partial x} - \frac{\partial A_x}{\partial y}\right)\Delta s = (\nabla\times\boldsymbol{A})\cdot\boldsymbol{k}\Delta s \\
&= (\nabla\times\boldsymbol{A})\cdot\boldsymbol{n}\Delta s \fallingdotseq \iint_{\Delta S}(\nabla\times\boldsymbol{A})\cdot\boldsymbol{n}dS
\end{aligned}
\tag{5.20}
$$

これから，長方形の面積 Δs を限りなく 0 に近づける極限において

$$
(\nabla\times\boldsymbol{A})\cdot\boldsymbol{n} = \lim_{\Delta s\to 0}\frac{1}{\Delta s}\oint_C \boldsymbol{A}\cdot d\boldsymbol{r} \tag{5.21}
$$

となる。すなわち，回転 $\nabla\times\boldsymbol{A}$ は単位面積当りのベクトル場 $\boldsymbol{A}$ の回転量と方向を表現していることになる。具体的なイメージとしては，ベクトル場 $\boldsymbol{A}$ を流体の流速 $\boldsymbol{v}$ と考えるとよいだろう。もし閉経路 C 内に渦がないなら，回転は零ベクトルとなるはずである。閉経路 C を 1 周して値をもつということは，流線が閉じた流速場が存在するということである。

（3）ストークスの定理　任意の曲面 S に対して

$$\iint_S \nabla \times \boldsymbol{A} \cdot d\boldsymbol{S} = \oint_C \boldsymbol{A} \cdot d\boldsymbol{r} \tag{5.22}$$

が成り立つ関係をストークスの定理（Stokes' theorem）という。ただし，閉曲線 C は曲面 S の境界であって，曲面 S 内でベクトル場 $\boldsymbol{A}$ は連続であり，かつ連続な 1 階偏導関数をもつとする。

〔証明の前準備〕　図 **5.8** に示す境界線を共有する微小曲面 S_1 と S_2 について着目し，二つの曲面全体 $S_1 + S_2$ においてベクトル場 $\boldsymbol{A}$ の回転 $\nabla \times \boldsymbol{A}$ の面積分を評価しよう。この面積分は曲面 S_1，S_2 における面積分の和で与えられ，曲面の面積が十分に小さいことから式 (5.20) の関係を適用できるので

$$\begin{aligned}\iint_S \nabla \times \boldsymbol{A} \cdot d\boldsymbol{S} &= \iint_{S_1} \nabla \times \boldsymbol{A} \cdot d\boldsymbol{S} + \iint_{S_2} \nabla \times \boldsymbol{A} \cdot d\boldsymbol{S} \\ &= \oint_{C_1} \boldsymbol{A} \cdot d\boldsymbol{r} + \oint_{C_2} \boldsymbol{A} \cdot d\boldsymbol{r}\end{aligned} \tag{5.23}$$

となる。ここで，閉曲線 C_1，C_2 は曲面 S_1，S_2 の境界線である。いま，二つの曲面は隣接しているので，共有境界線が存在する。これは両境界線の共通部分 $C_1 \cap C_2$ に対応する。閉曲線 C_1 をこの共通部分 C_S とそれ以外の部分 C_A に分割する。閉曲線 C_2 についても共通部分 $-C_S$ とそれ以外の部分 C_B に分割する。ここで，二つの閉曲線の共通部分以外の部分の和は閉曲線 C となっており，この閉曲線 C の向きと同じ方向に閉曲線 C_1 と閉曲線 C_2 の向きを定義すると，閉曲線 C_1 と閉曲線 C_2 に属する共有境界線の向きが反転関係でなければならないことに注意しよう。これから，線積分は

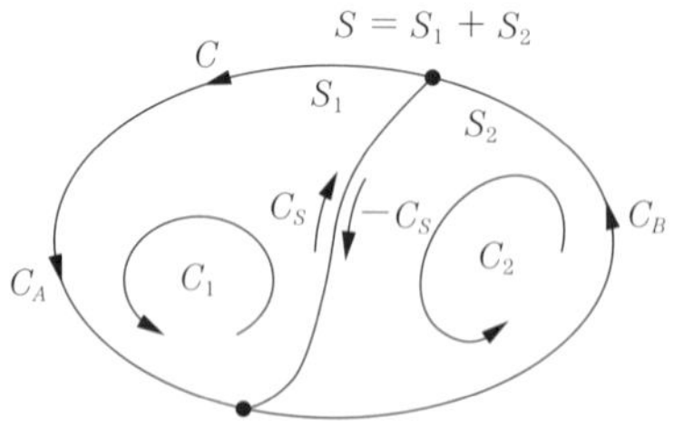

図 5.8　二つの閉曲線の共通部分における線積分の相殺

$$\int_{C_A} \boldsymbol{A}\cdot d\boldsymbol{r} + \int_{C_S} \boldsymbol{A}\cdot d\boldsymbol{r} + \int_{C_B} \boldsymbol{A}\cdot d\boldsymbol{r} + \int_{-C_S} \boldsymbol{A}\cdot d\boldsymbol{r}$$
$$= \int_{C_A} \boldsymbol{A}\cdot d\boldsymbol{r} + \int_{C_B} \boldsymbol{A}\cdot d\boldsymbol{r} = \oint_C \boldsymbol{A}\cdot d\boldsymbol{r} \tag{5.24}$$

となる。径路 C_S と $-C_S$ は向きが逆なので，これらの径路による線積分の和は 0 となることに注意されたい。つまり，共有境界線の線積分の寄与は相殺されるので，曲面全体の境界線のみの線積分だけを評価すればよい。

〔証明〕 曲面 S を n 個の微小曲面 ΔS_i（境界線 ΔC_i）に分割する。微小曲面 ΔS_i 上では式 (5.20) の関係が成り立つので

$$\iint_S \nabla\times\boldsymbol{A}\cdot d\boldsymbol{S} = \sum_{i=1}^{n}\iint_{\Delta S_i}\nabla\times\boldsymbol{A}\cdot d\boldsymbol{S} = \sum_{i=1}^{n}\oint_{\Delta C_i}\boldsymbol{A}\cdot d\boldsymbol{r} \tag{5.25}$$

となる。最後の線積分の和について考えよう。曲面 S の境界線 C を除いて，微小曲面 ΔS_i の境界線 ΔC_i は隣接する微小曲面と共通の境界線を有する。

前準備における議論により，共有境界線における二つの線積分について，径路の向きが反転していることから，線積分の和は 0 となる。すなわち，隣接する曲面の共有境界線における線積分の寄与は相殺される。したがって，隣接共有がない境界線に関する線積分が残ることになる。この部分は曲面 S の境界線 C にほかならない。式で表すと

$$\sum_{i=1}^{n}\oint_{\Delta C_i}\boldsymbol{A}\cdot d\boldsymbol{r} = \oint_C \boldsymbol{A}\cdot d\boldsymbol{r} \tag{5.26}$$

となる。これから，任意の曲面に対してストークスの定理の式 (5.22) が成り立つことがわかる。

（4）ストークスの定理の意味

(a) 閉曲線を縁とする曲面内の回転の総量（循環）はその閉曲線に沿うベクトル $\boldsymbol{A}$ の線積分に等しい。これは，ベクトル場の回転の意味合いが任意の曲面に対しても成り立つことを意味している。

(b) 数式的には面積分と線積分との変換公式を意味している。ただし，線積分は面積分を行う曲面の境界線に対して行う必要がある。つまり，積分範囲が閉曲線となっている線積分のための変換公式であることに注意しよう。

例題 5.3　曲線 C を球面 $x^2+y^2+(z-3)^2=3^2$ と平面 $z=x+3$ の交わりとし，原点からみて時計回りを正の向きとする。このとき，ベクトル場 $\boldsymbol{A}=2y\boldsymbol{i}+z\boldsymbol{j}+3y\boldsymbol{k}$ について線積分 $\displaystyle\oint_C \boldsymbol{A}\cdot d\boldsymbol{r}$ を計算せよ。

【解答】　ストークスの定理による。対応する曲面 S として，球 $x^2+y^2+(z-3)^2\leqq 3^2$ を平面 $z=x+3$ で切った断面を選ぶ（図 **5.9** 参照）。

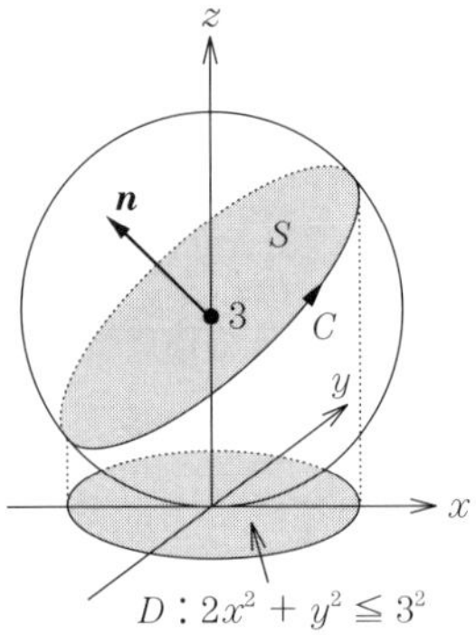

図 **5.9**　例題 5.3 の球面とその xy 平面への正射影

この平面の xy 平面に対する正射影は，これら二式から z を消去して，楕円 $D:2x^2+y^2\leqq 3^2$ となる。この楕円の面積†は

$$\iint_D dxdy=\pi\cdot\frac{3}{\sqrt{2}}\cdot 3=\frac{9\pi}{\sqrt{2}}$$

である。また，$\boldsymbol{r}=x\boldsymbol{i}+y\boldsymbol{j}+z\boldsymbol{k}=x\boldsymbol{i}+y\boldsymbol{j}+(x+3)\boldsymbol{k}$ より

$$d\boldsymbol{S}=\frac{\partial\boldsymbol{r}}{\partial x}\times\frac{\partial\boldsymbol{r}}{\partial y}dxdy=(\boldsymbol{i}+\boldsymbol{k})\times\boldsymbol{j}dxdy=(-\boldsymbol{i}+\boldsymbol{k})dxdy$$

さらに

$$\nabla\times\boldsymbol{A}=\begin{vmatrix}\boldsymbol{i} & \boldsymbol{j} & \boldsymbol{k}\\ \dfrac{\partial}{\partial x} & \dfrac{\partial}{\partial y} & \dfrac{\partial}{\partial z}\\ 2y & z & 3y\end{vmatrix}=2\boldsymbol{i}-2\boldsymbol{k}$$

$\nabla\times\boldsymbol{A}\cdot d\boldsymbol{S}=(2\boldsymbol{i}-2\boldsymbol{k})\cdot(-\boldsymbol{i}+\boldsymbol{k})dxdy=-4dxdy$ であるから，ストークスの定理より

† 楕円 $\dfrac{x^2}{a^2}+\dfrac{y^2}{b^2}=1\ (a,b>0)$ の面積は πab で与えられる。

$$\oint_C \boldsymbol{A}\cdot d\boldsymbol{r} = \iint_S \nabla\times\boldsymbol{A}\cdot d\boldsymbol{S} = \iint_D (-4dxdy)$$
$$= -4\iint_D dxdy = -4\cdot\frac{9\pi}{\sqrt{2}} = -18\sqrt{2}\pi \qquad \diamondsuit$$

問 5.3　曲線 C を円柱面 $x^2+y^2=1$ と平面 $z=-y+1$ との交線とし，その向きを原点からみて時計回りとする。ベクトル場 $\boldsymbol{A}=-2z\boldsymbol{i}+x\boldsymbol{j}-x\boldsymbol{k}$ に対して線積分 $\oint_C \boldsymbol{A}\cdot d\boldsymbol{r}$ を計算せよ。

問 5.4　位置ベクトル $\boldsymbol{r}=x\boldsymbol{i}+y\boldsymbol{j}+z\boldsymbol{k}$, $r=|\boldsymbol{r}|$ に対して，つぎの等式を示せ。ただし，C は曲面 S を取り囲む閉曲線である。

(1)　$\oint_C \boldsymbol{r}\cdot d\boldsymbol{r}=0$,　(2)　$\oint_C \nabla r\cdot d\boldsymbol{r}=0$

例題 5.4　$\boldsymbol{A}=\nabla f$ とするとき，任意の閉曲線 C に対して次式が成り立つことを示せ。

$$\oint_C \boldsymbol{A}\cdot d\boldsymbol{r}=0$$

【解答】　ベクトル恒等式 $\nabla\times\nabla f=\boldsymbol{0}$ に注意すると，ストークスの定理により

$$\oint_C \boldsymbol{A}\cdot d\boldsymbol{r} = \iint_S \nabla\times\boldsymbol{A}\cdot d\boldsymbol{S} = \iint_S (\nabla\times\nabla f)\cdot d\boldsymbol{S} = \iint_S \boldsymbol{0}\cdot d\boldsymbol{S} = 0 \qquad \diamondsuit$$

〔**電磁気学との関連**〕　静電界 $\boldsymbol{E}$ は電位 V との間に $\boldsymbol{E}=-\nabla V$ なる関係がある。したがって，$\oint_C \boldsymbol{E}\cdot d\boldsymbol{r}=0$ より $\boldsymbol{E}$ は保存場であるから，$V_{\mathrm{PQ}}=-\int_{\mathrm{Q}}^{\mathrm{P}} \boldsymbol{E}\cdot d\boldsymbol{r}$ は始点 P, 終点 Q 間のポテンシャル径路差（電位差）で与えられ，径路の選び方に依存しない。

例題 5.5　xy 平面上の任意の閉径路 C を考える。ただし，閉径路 C 内に原点 O が含まれるものとする。このとき

$$\oint_C \boldsymbol{A}\cdot d\boldsymbol{r} = \oint_C \frac{-y\boldsymbol{i}+x\boldsymbol{j}}{x^2+y^2}\cdot d\boldsymbol{r} = 2\pi \tag{5.27}$$

が成り立つことを示したい。つぎの問いに答えよ。

(1)　閉径路 $C_0 : \boldsymbol{r} = a\cos u\boldsymbol{i} + a\sin u\boldsymbol{j}$ $(0 \leqq u \leqq 2\pi)$ に対して式 (5.27) が成り立つことを示せ。ただし，$a > 0$ とする。

(2)　**図 5.10** に示す径路 $C + (-C_S) + (-C_0) + C_S$ を考える。この径路で囲まれた部分 S では

$$\boldsymbol{A} = \frac{-y\boldsymbol{i} + x\boldsymbol{j}}{x^2 + y^2}$$

は連続であって，偏微分可能であるから，ストークスの定理を適用することができる。この事実と (1) を利用して式 (5.27) が成り立つことを示せ。

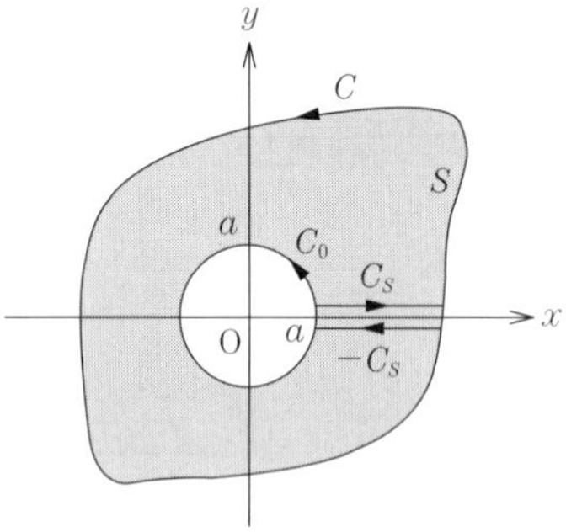

図 5.10　例題 5.5(2) における径路

【解答】

(1)
$$\oint_{C_0} \boldsymbol{A}\cdot d\boldsymbol{r} = \int_0^{2\pi} \boldsymbol{A}\cdot\frac{d\boldsymbol{r}}{du}du$$
$$= \int_0^{2\pi} \frac{-a\sin u\boldsymbol{i} + a\cos u\boldsymbol{j}}{(a\cos u)^2 + (a\sin u)^2}\cdot(-a\sin u\boldsymbol{i} + a\cos u\boldsymbol{j})dt$$
$$= \int_0^{2\pi} du = 2\pi$$

(2)　ストークスの定理より

$$\oint_{C+(-C_S)+(-C_0)+C_S} \boldsymbol{A}\cdot d\boldsymbol{r} = \iint_S \nabla\times\boldsymbol{A}\cdot d\boldsymbol{S}$$

ここで，径路 $-C_S$ と C_S の向きは反対なので，径路 $-C_S$ と C_S の線積分は相殺すること，また

$$\nabla \times \boldsymbol{A} = \begin{vmatrix} \boldsymbol{i} & \boldsymbol{j} & \boldsymbol{k} \\ \dfrac{\partial}{\partial x} & \dfrac{\partial}{\partial y} & \dfrac{\partial}{\partial z} \\ -\dfrac{y}{x^2+y^2} & \dfrac{x}{x^2+y^2} & 0 \end{vmatrix}$$
$$= \boldsymbol{k}\left\{\frac{\partial}{\partial x}\left(\frac{x}{x^2+y^2}\right) - \frac{\partial}{\partial y}\left(-\frac{y}{x^2+y^2}\right)\right\}$$
$$= \boldsymbol{k}\left\{\frac{1\cdot(x^2+y^2) - x\cdot 2x}{(x^2+y^2)^2} + \frac{1\cdot(x^2+y^2) - y\cdot 2y}{(x^2+y^2)^2}\right\} = \boldsymbol{0}$$

であることから，(1) の結果を用いて次式を得る。

$$\oint_C \boldsymbol{A}\cdot d\boldsymbol{r} = \oint_{C_0} \boldsymbol{A}\cdot d\boldsymbol{r} = 2\pi \qquad \diamondsuit$$

〔電磁気学との関連〕アンペアの周回路の法則　z 軸に沿って一様な直線状電流 I が流れるときの磁界は

$$\boldsymbol{H} = \frac{I}{2\pi\rho}\boldsymbol{a}_\phi = \frac{I}{2\pi\sqrt{x^2+y^2}}\left(-\frac{y}{\sqrt{x^2+y^2}}\boldsymbol{i} + \frac{x}{\sqrt{x^2+y^2}}\boldsymbol{j}\right)$$
$$= \frac{I}{2\pi}\left(\frac{-y\boldsymbol{i}+x\boldsymbol{j}}{x^2+y^2}\right)$$

で与えられる。このとき，式 (5.27) の関係を利用すると，z 軸をその内部に含む任意の閉径路 C に対して

$$\oint_C \boldsymbol{H}\cdot d\boldsymbol{r} = \frac{I}{2\pi}\oint_C \frac{-y\boldsymbol{i}+x\boldsymbol{j}}{x^2+y^2}\cdot d\boldsymbol{r} = \frac{I}{2\pi}\cdot 2\pi = I$$

の関係が成り立つ。この関係は**アンペアの周回路の法則**（Ampère's circuital law）として知られている。

過去の Q&A から

Q5.3: ストークスの定理はどのような曲面（平面，ドームなど）でも，その縁が同じならばその面内の回転の総量は同じということなのだろうか。

A5.3: そのとおりである。面が大きくなれば，面積分の値も大きくなりそうな気がして不合理ではないかと思うかもしれないが，回転 $\nabla\times\boldsymbol{A}$ と面素ベクトル $d\boldsymbol{S}$ の内積を積分していることに注意しよう。わかりやすく解説するために，図 **5.11**(a) に示すように $\nabla\times\boldsymbol{A}$ が閉曲線 C で取り囲まれた

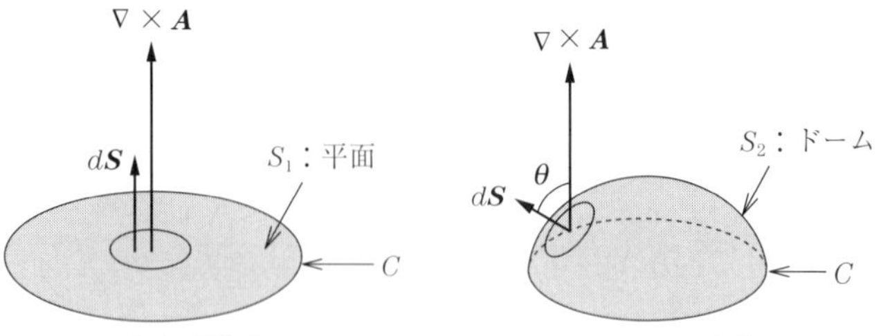

(a)　平面（円板）　　(b)　ドーム状曲面

図 5.11　同じ縁を持つ曲面

平面に垂直であると仮定する。このとき，$\nabla\times\boldsymbol{A}$ と $d\boldsymbol{S}$ は平行であるから $\nabla\times\boldsymbol{A}\cdot d\boldsymbol{S}=|\nabla\times\boldsymbol{A}|dS$ となる。つぎに，同一の閉曲線 C で取り囲まれた曲面として図 (b) に示す S_2 のようなドームを考える。つまり，$\nabla\times\boldsymbol{A}$ と閉曲線 C は同じで曲面だけを S_1 から S_2 に変更した場合である。ドームの頂点においては $\nabla\times\boldsymbol{A}$ と $d\boldsymbol{S}$ は平行であるが，頂点からはずれた曲面 S_2 上では，$\nabla\times\boldsymbol{A}$ と $d\boldsymbol{S}$ のなす角は θ である。このとき，$\nabla\times\boldsymbol{A}$ と $d\boldsymbol{S}$ の内積は $\nabla\times\boldsymbol{A}\cdot d\boldsymbol{S}=|\nabla\times\boldsymbol{A}|dS\cos\theta$ となる。$\nabla\times\boldsymbol{A}$ と $d\boldsymbol{S}$ がなす角 θ は，閉曲線 C に近い曲面の脇のほうほど大きくなる。すなわち，$\nabla\times\boldsymbol{A}\cdot d\boldsymbol{S}=|\nabla\times\boldsymbol{A}|dS\cos\theta$ は面素ベクトル $d\boldsymbol{S}$ の同じ大きさ dS に対して曲面の脇のほうほど小さな値となる。したがって，ドーム S_2 について行った面積分の値は，曲面の表面積に依存しないことがわかるだろう。結論として

$$\iint_{S_1}\nabla\times\boldsymbol{A}\cdot d\boldsymbol{S}=\iint_{S_2}\nabla\times\boldsymbol{A}\cdot d\boldsymbol{S}=\oint_C\boldsymbol{A}\cdot d\boldsymbol{r}$$

が成り立つ。

Q5.4: 縁が同じならストークスの定理はどのような形の曲面でも成り立つというのは，微小長方形の辺のうち共有される辺に関する線積分の和が 0 になるからということか。

A5.4: そのとおりである。微小長方形の共通辺における線積分の和が 0 となり，縁を径路とする線積分と等価になるためである。

章　末　問　題

【1】 (1) ガウスの発散定理，(2) ストークスの定理を利用して，任意の閉曲面 S に対して

$$\oiint_S \nabla\times\boldsymbol{A}\cdot d\boldsymbol{S}=0$$

が成り立つことを示せ。

【2】 ある領域 V の境界面を S とするとき，つぎの関係を示せ。ただし，$\boldsymbol{A}$ は定ベクトルとし，$\boldsymbol{r}=x\boldsymbol{i}+y\boldsymbol{j}+z\boldsymbol{k}, r=|\boldsymbol{r}|\neq 0$ とする。

$$\iiint_V \frac{\boldsymbol{A}\cdot\boldsymbol{r}}{r^3}dv=-\oiint_S \frac{\boldsymbol{A}}{r}\cdot d\boldsymbol{S}$$

【3】 領域 V を球面 S： $x^2+y^2+z^2=a^2\ (a>0)$ の内部とするとき

$$\iiint_V \frac{dv}{r^2}=4\pi a$$

が成り立つことを示せ。ただし，$\boldsymbol{r}=x\boldsymbol{i}+y\boldsymbol{j}+z\boldsymbol{k}, r=|\boldsymbol{r}|\neq 0$ とする。

【4】 閉曲面 S で囲まれた領域を V とする。つぎのグリーンの第一，第二定理（first and second forms of Green's theorem）が成り立つことを示せ。

(1) $\displaystyle\iiint_V (f\nabla^2 g+\nabla f\cdot\nabla g)dv=\oiint_S f\nabla g\cdot d\boldsymbol{S}$

(2) $\displaystyle\iiint_V (f\nabla^2 g\quad g\nabla^2 f)dv=\oiint_S (f\nabla g-g\nabla f)\cdot d\boldsymbol{S}$

【5】 閉曲面 S で囲まれた領域を V とする。ヒントを参考にして，つぎの関係が成り立つことを示せ。

(1) 〔vector Stokes' theorem〕ガウスの発散定理で，$\boldsymbol{B}=\boldsymbol{A}\times\boldsymbol{c}$（$\boldsymbol{c}$ は定ベクトル）とおく。

$$\iiint_V \nabla\times\boldsymbol{A}\ dv=\oiint_S \boldsymbol{n}\times\boldsymbol{A}dS$$

(2) 〔gradient indentity〕ガウスの発散定理で，$\boldsymbol{A}=f\boldsymbol{c}$（$\boldsymbol{c}$ は定ベクトル）とおく。

$$\iiint_V \nabla f dv=\oiint_S f d\boldsymbol{S}$$

付　　　録

A.1　行列式の展開

(1)　3次の行列式の計算方法（サラスの方法）　3次の行列式（determinant）

$$|A| = \begin{vmatrix} a_{11} & a_{12} & a_{13} \\ a_{21} & a_{22} & a_{23} \\ a_{31} & a_{32} & a_{33} \end{vmatrix}$$

は

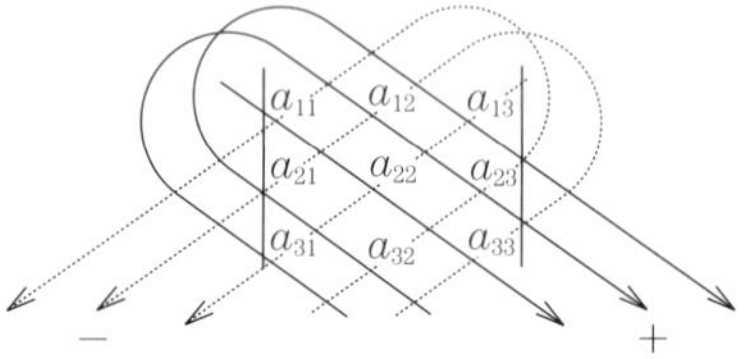

と計算できる。

(2)　行列式の性質　ベクトル解析でよく使用される行列式の性質を列挙する。証明は省略する。

(a)　行列式の行と列を入れ換えてもその値は変わらない。

$$\begin{vmatrix} a_{11} & a_{12} & a_{13} \\ a_{21} & a_{22} & a_{23} \\ a_{31} & a_{32} & a_{33} \end{vmatrix} = \begin{vmatrix} a_{11} & a_{21} & a_{31} \\ a_{12} & a_{22} & a_{32} \\ a_{13} & a_{23} & a_{33} \end{vmatrix}$$

(b)　行列式のある行が二つの行ベクトル（横ベクトル）の和 $(a_2+a_2', b_2+b_2', c_2+c_2')$ ならば，行列式はその行を (a_2, b_2, c_2) と (a_2', b_2', c_2') のおのおので置き換えて得られる二つの行列式の和である。列についても同様である。

$$\begin{vmatrix} a_1 & b_1 & c_1 \\ a_2+a_2' & b_2+b_2' & c_2+c_2' \\ a_3 & b_3 & c_3 \end{vmatrix} = \begin{vmatrix} a_1 & b_1 & c_1 \\ a_2 & b_2 & c_2 \\ a_3 & b_3 & c_3 \end{vmatrix} + \begin{vmatrix} a_1 & b_1 & c_1 \\ a_2' & b_2' & c_2' \\ a_3 & b_3 & c_3 \end{vmatrix}$$

(c)　行列式の一つの行を k 倍（k は任意の数）すると，行列式の値は k 倍になる。列についても同様である。

$$\begin{vmatrix} a_1 & b_1 & c_1 \\ ka_2 & kb_2 & kc_2 \\ a_3 & b_3 & c_3 \end{vmatrix} = k\begin{vmatrix} a_1 & b_1 & c_1 \\ a_2 & b_2 & c_2 \\ a_3 & b_3 & c_3 \end{vmatrix}$$

(d) 行列式の一つの行の成分がすべて 0 ならば，その行列式の値は 0 である。列についても同様である。

$$\begin{vmatrix} a_1 & b_1 & c_1 \\ 0 & 0 & 0 \\ a_3 & b_3 & c_3 \end{vmatrix} = 0$$

(e) 行列式の二つの行を入れ換えると，行列式の符号が変わる。列についても同様である。

$$\begin{vmatrix} a_1 & b_1 & c_1 \\ a_2 & b_2 & c_2 \\ a_3 & b_3 & c_3 \end{vmatrix} = -\begin{vmatrix} a_1 & b_1 & c_1 \\ a_3 & b_3 & c_3 \\ a_2 & b_2 & c_2 \end{vmatrix}$$

(f) 行列式の二つの行が等しいとき，その行列式の値は 0 である。また，行列式の二つの行が比例するときも，その行列式の値は 0 である。列についても同様である。

$$\begin{vmatrix} a_1 & b_1 & c_1 \\ a_2 & b_2 & c_2 \\ a_2 & b_2 & c_2 \end{vmatrix} = 0$$

(g) 行列式のある行に他の行の k 倍（k は任意の数）を加えても，行列式の値は変わらない。列についても同様である。〔性質 (b) と (f) の組合せ〕

$$\begin{vmatrix} a_1 & b_1 & c_1 \\ a_2 + ka_3 & b_2 + kb_3 & c_2 + kc_3 \\ a_3 & b_3 & c_3 \end{vmatrix} = \begin{vmatrix} a_1 & b_1 & c_1 \\ a_2 & b_2 & c_2 \\ a_3 & b_3 & c_3 \end{vmatrix}$$

(h) A を n 次正方行列とすると，次式が成り立つ。

$$\left|\begin{array}{c:ccc} a & b_1 & \ldots & b_n \\ \hdashline 0 & & & \\ \cdot & & A & \\ 0 & & & \end{array}\right| = a|A|, \qquad \left|\begin{array}{c:ccc} a & 0 & \ldots & 0 \\ \hdashline c_1 & & & \\ \cdot & & A & \\ c_n & & & \end{array}\right| = a|A|$$

(3) 余因子　n 次正方行列 $A = [a_{ij}]$ の行列式

$$\det A = |A| = \begin{vmatrix} a_{11} & a_{12} & \ldots & a_{1n} \\ a_{21} & a_{22} & \ldots & a_{2n} \\ & & & \\ a_{n1} & a_{n2} & \ldots & a_{nn} \end{vmatrix}$$

において，第 i 行と第 j 列を取り除くと $n-1$ 次の正方行列式ができる。この行列式を Δ_{ij} で表し，行列 A の (i,j) **小行列式**（minor）という。すなわち，Δ_{ij} は

$\Delta_{ij} =$

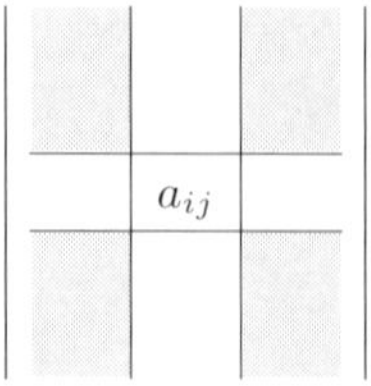

（第 i 行と第 j 列を取り除いた残りの行列式）

また，式 (A.1) の A_{ij} を行列 A の (i,j) **余因子**（cofactor）という。

$$A_{ij} = (-1)^{i+j}\Delta_{ij} \tag{A.1}$$

例題 A.1 つぎの行列の a_{11}, a_{12}, a_{13} の余因子を求めよ。

$$A = \begin{pmatrix} a_{11} & a_{12} & a_{13} \\ a_{21} & a_{22} & a_{23} \\ a_{31} & a_{32} & a_{33} \end{pmatrix} \tag{A.2}$$

【解答】

$$\left.\begin{aligned} A_{11} &= (-1)^{1+1}\begin{vmatrix} a_{22} & a_{23} \\ a_{32} & a_{33} \end{vmatrix} = a_{22}a_{33} - a_{23}a_{32} \\ A_{12} &= (-1)^{1+2}\begin{vmatrix} a_{21} & a_{23} \\ a_{31} & a_{33} \end{vmatrix} = -(a_{21}a_{33} - a_{23}a_{31}) \\ A_{13} &= (-1)^{1+3}\begin{vmatrix} a_{21} & a_{22} \\ a_{31} & a_{32} \end{vmatrix} = a_{21}a_{32} - a_{22}a_{31} \end{aligned}\right\} \tag{A.3}$$

◇

（4） 行列式の展開（余因子展開） 例題 A.1 の式 (A.2) の行列式を行列 A の任意の行（ここでは第 1 行とする）の余因子を用いて表すことを考える。まず，行列 A の第 1 行を

$$(a_{11} \quad a_{12} \quad a_{13}) = (a_{11} \quad 0 \quad 0) + (0 \quad a_{12} \quad 0) + (0 \quad 0 \quad a_{13}) \tag{A.4}$$

と書いておく。式 (A.2) の右辺に式 (A.4) を代入し，行列式の性質 (b) と (e) を用いて計算すると

$$
\begin{aligned}
|A| &= \begin{vmatrix} a_{11} & a_{12} & a_{13} \\ a_{21} & a_{22} & a_{23} \\ a_{31} & a_{32} & a_{33} \end{vmatrix} \\
&= \begin{vmatrix} a_{11} & 0 & 0 \\ a_{21} & a_{22} & a_{23} \\ a_{31} & a_{32} & a_{33} \end{vmatrix} + \begin{vmatrix} 0 & a_{12} & 0 \\ a_{21} & a_{22} & a_{23} \\ a_{31} & a_{32} & a_{33} \end{vmatrix} + \begin{vmatrix} 0 & 0 & a_{13} \\ a_{21} & a_{22} & a_{23} \\ a_{31} & a_{32} & a_{33} \end{vmatrix} \\
&= \begin{vmatrix} a_{11} & 0 & 0 \\ a_{21} & a_{22} & a_{23} \\ a_{31} & a_{32} & a_{33} \end{vmatrix} + (-1) \begin{vmatrix} a_{12} & 0 & 0 \\ a_{22} & a_{21} & a_{23} \\ a_{32} & a_{31} & a_{33} \end{vmatrix} + (-1)^2 \begin{vmatrix} a_{13} & 0 & 0 \\ a_{23} & a_{21} & a_{22} \\ a_{33} & a_{31} & a_{32} \end{vmatrix}
\end{aligned}
$$

さらに，行列式の性質 (2) の (h) を用いて計算すると

$$
|A| = a_{11} \begin{vmatrix} a_{22} & a_{23} \\ a_{32} & a_{33} \end{vmatrix} - a_{12} \begin{vmatrix} a_{21} & a_{23} \\ a_{31} & a_{33} \end{vmatrix} + a_{13} \begin{vmatrix} a_{21} & a_{22} \\ a_{31} & a_{32} \end{vmatrix} \tag{A.5}
$$

右辺の各行列式は，行列 A の小行列式 $\Delta_{11}, \Delta_{12}, \Delta_{13}$ であり，それに符号 $+, -, +$ をつけたものは余因子 A_{11}, A_{12}, A_{13} である。よって，式 (A.5) および式 (A.3) より，次式が得られる。

$$
|A| = a_{11}A_{11} + a_{12}A_{12} + a_{13}A_{13}
$$

これを A の第 1 行による**余因子展開**（cofactor expansion）という。

例題 A.2　行列式 $\begin{vmatrix} 2 & 1 & 3 \\ -1 & -3 & 4 \\ 2 & 1 & -3 \end{vmatrix}$ を第 1 行による展開で計算せよ。

【解答】

$$
\begin{vmatrix} 2 & 1 & 3 \\ -1 & -3 & 4 \\ 2 & 1 & -3 \end{vmatrix} = 2 \begin{vmatrix} -3 & 4 \\ 1 & -3 \end{vmatrix} - 1 \begin{vmatrix} -1 & 4 \\ 2 & -3 \end{vmatrix} + 3 \begin{vmatrix} -1 & -3 \\ 2 & 1 \end{vmatrix} = 30
$$

◇

例題 A.3　行列式 $\begin{vmatrix} 2 & 1 & 3 \\ -1 & -3 & 4 \\ 2 & 1 & -3 \end{vmatrix}$ を第 2 列による展開で計算せよ。

【解答】

$$\begin{vmatrix} 2 & 1 & 3 \\ -1 & -3 & 4 \\ 2 & 1 & -3 \end{vmatrix} = -1\begin{vmatrix} -1 & 4 \\ 2 & -3 \end{vmatrix} - 3\begin{vmatrix} 2 & 3 \\ 2 & -3 \end{vmatrix} - 1\begin{vmatrix} 2 & 3 \\ -1 & 4 \end{vmatrix} = 30 \qquad \diamondsuit$$

（5） 行列式による外積の成分表示　ベクトル $\boldsymbol{A} = A_x\boldsymbol{i} + A_y\boldsymbol{j} + A_z\boldsymbol{k}$,　$\boldsymbol{B} = B_x\boldsymbol{i} + B_y\boldsymbol{j} + B_z\boldsymbol{k}$ と基本ベクトル $\boldsymbol{i}, \boldsymbol{j}, \boldsymbol{k}$ について，つぎの形式的な計算を行う。

$$\begin{vmatrix} \boldsymbol{i} & \boldsymbol{j} & \boldsymbol{k} \\ A_x & A_y & A_z \\ B_x & B_y & B_z \end{vmatrix} = \boldsymbol{i}\begin{vmatrix} A_y & A_z \\ B_y & B_z \end{vmatrix} - \boldsymbol{j}\begin{vmatrix} A_x & A_z \\ B_x & B_z \end{vmatrix} + \boldsymbol{k}\begin{vmatrix} A_x & A_y \\ B_x & B_y \end{vmatrix} \tag{A.6}$$

上式は，第 1 行による展開である。式 (A.6) の右辺を計算すると，外積 $\boldsymbol{A} \times \boldsymbol{B}$ の成分表示 (1.37) に一致することがわかる。したがって，ベクトルの外積（ベクトル積）は，行列式を用いて式 (1.38) のように表示できる。

問 A.1　行列式 $\begin{vmatrix} a & b & 0 \\ c & 0 & b \\ 0 & c & a \end{vmatrix}$ を第 1 行による展開で計算せよ。

問 A.2　行列式 $\begin{vmatrix} a & b & 0 \\ c & 0 & b \\ 0 & c & a \end{vmatrix}$ を第 1 列による展開で計算し，問 A.1 の結果と比較せよ。

問 A.3　行列式 $\begin{vmatrix} a & b & c \\ c & a & b \\ b & c & a \end{vmatrix}$ を第 2 行によって展開し，計算せよ。

問 A.4　つぎの行列式をサラスの方法と余因子展開とで計算し，比較せよ。

(1) $\begin{vmatrix} 1 & 1 & 1 \\ 1 & 3 & 5 \\ 1 & 9 & 25 \end{vmatrix}$,　(2) $\begin{vmatrix} 2 & 0 & 3 \\ -4 & -2 & 3 \\ 3 & 1 & -2 \end{vmatrix}$,　(3) $\begin{vmatrix} 1+a & b & c \\ a & 1+b & c \\ a & b & 1+c \end{vmatrix}$

問 A.5　つぎの行列式を任意の行または列によって展開し，計算せよ。

(1) $\begin{vmatrix} 1 & 2 & 3 & 0 \\ 0 & 1 & 0 & -3 \\ 0 & 1 & -2 & -2 \\ 3 & -3 & -2 & -1 \end{vmatrix}$,　(2) $\begin{vmatrix} a & 0 & 0 & x \\ b & 0 & x & -1 \\ c & x & -1 & 0 \\ x & -1 & 0 & 0 \end{vmatrix}$

A.2 内積と外積の物理的応用例

（1） **力の作用による仕事**　図 **A.1** に示すように，点 A に力 $\boldsymbol{F}$（force）が作用して，点 A′ まで $\Delta\boldsymbol{r}$ だけ変位したとき，$\boldsymbol{F}$ の作用による**仕事**（work）ΔW は，$\boldsymbol{F}$ と $\Delta\boldsymbol{r}$ のなす角を θ とすると，次式で表される。

$$\Delta W = |\boldsymbol{F}||\Delta\boldsymbol{r}|\cos\theta = \boldsymbol{F}\cdot\Delta\boldsymbol{r}$$

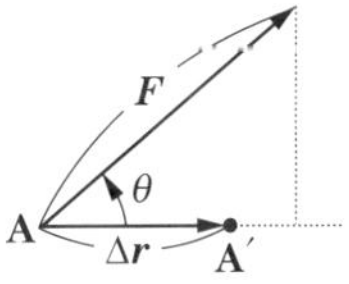

図 **A.1**　力の作用による変位

（2） **電界と双極子モーメント**　図 **A.2** に示すように，ある間隔をもって置かれた正と負の電荷 $+q$ と $-q$（絶対値は同じ）の一対の電荷の組を**電気双極子**（electric dipole）と呼ぶ。いま，$-q$ の電荷を始点とし $+q$ の電荷を終点とするベクトルを $\boldsymbol{d}$ とするとき

$$\boldsymbol{p}_{\mathrm{e}} = q\boldsymbol{d}$$

を**双極子モーメント**（dipole moment）と呼ぶ。

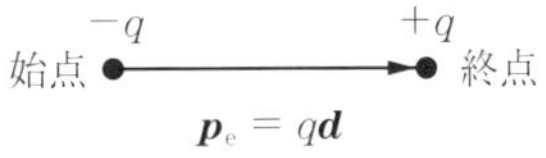

図 **A.2**　双極子モーメント

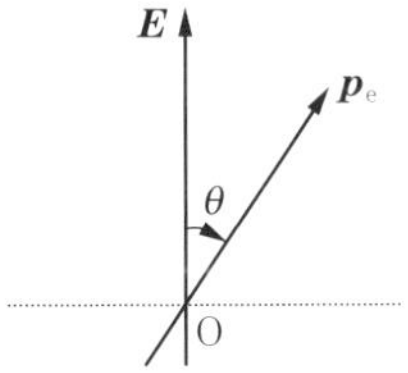

図 **A.3**　電界と双極子モーメント

ここで，一様な電界 $\boldsymbol{E}$ の中に電気双極子がある場合，図 **A.3** に示すように，電界 $\boldsymbol{E}$ に対する双極子モーメント $\boldsymbol{p}_{\mathrm{e}}$ のなす角を θ とすると，双極子モーメントによる位置エネルギー（potential energy）U は次式で表される。

$$U = -|\boldsymbol{p}_{\mathrm{e}}||\boldsymbol{E}|\cos\theta = -\boldsymbol{p}_{\mathrm{e}}\cdot\boldsymbol{E}$$

通常，電界に対して双極子モーメントが直角になる状態をエネルギー原点とするので，この位置エネルギー U は双極子モーメントを電界となす角が θ になるまで回転させるのに要する仕事であるといえる。

（3） 力のモーメント　図 **A.4** に示すように，力の支点（基準点）O から，力 $\boldsymbol{F}$ が作用している点 P に向かう位置ベクトルを $\boldsymbol{r}$ とするとき

$$\boldsymbol{T} = \boldsymbol{r} \times \boldsymbol{F} \tag{A.7}$$

を点 O に関する点 P の**力のモーメント**（moment of force）と呼ぶ。

剛体が点 O で固定された状態で，他の点 P に力 $\boldsymbol{F}$ が作用しているとき，式 (A.7) で表される力のモーメント $\boldsymbol{T}$ は，点 O の周りの回転力（力の大きさ）と回転の向きを表す。この回転力のことを**トルク**（torque）という。剛体に働く回転力の向きを右ねじの回転方向とするとき，力のモーメント（ベクトル）の向きを右ねじの進行方向と定義すると，ベクトル $\boldsymbol{T}$ は位置ベクトル $\boldsymbol{r}$ から力 $\boldsymbol{F}$ への外積と一致する。剛体が自由に回転できる軸（z 軸）を回転軸という。

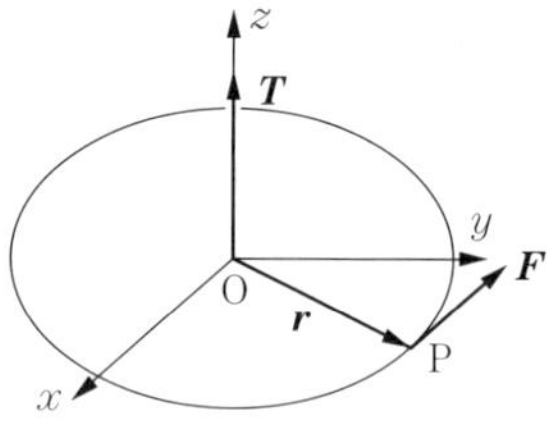

図 **A.4**　力のモーメント

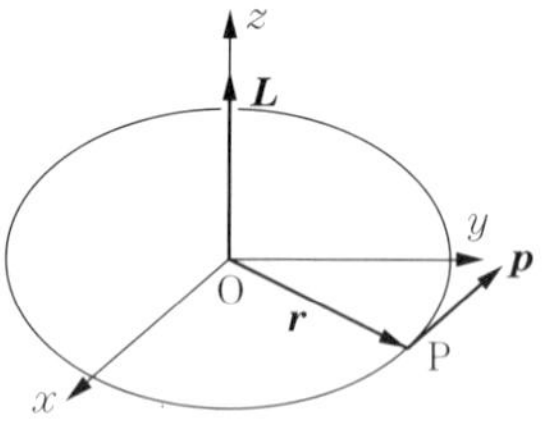

図 **A.5**　角 運 動 量

（4） 運動量のモーメント　図 **A.5** に示すように，運動している質量 m の点 P における位置ベクトルを $\boldsymbol{r}$，速度を $\boldsymbol{v}$ としたとき，運動量のモーメント（式 (A.7) において力 $\boldsymbol{F}$ の代わりに質点の運動量 $\boldsymbol{p} = m\boldsymbol{v}$ で定義される物理量）は

$$\boldsymbol{L} = \boldsymbol{r} \times \boldsymbol{p} = \boldsymbol{r} \times (m\boldsymbol{v}) \tag{A.8}$$

で表され，これを点 O に関する点 P の**角運動量**（angular momentum）と呼ぶ。

（5） 回転運動と角速度ベクトル　剛体の回転方向を右ねじの回転方向とするとき，右ねじの進行方向を回転軸の正方向（z 軸の正方向）とする。いま，基本ベクトルを $\boldsymbol{k}$ とし，微小時間 dt に，角 $d\theta$ だけ剛体が回転軸の周りを回転したとき，角速度は $d\theta/dt$ である。この場合，回転軸に沿った向きのベクトル

$$\boldsymbol{\omega} = \frac{d\theta}{dt}\boldsymbol{k} \tag{A.9}$$

を**角速度ベクトル**（angular velocity vector）と呼ぶ。

図 **A.6** のように，剛体内の任意の点 P の位置ベクトルを $\boldsymbol{r}$ とすると，点 P における速度 $\boldsymbol{v}$ は角速度ベクトル $\boldsymbol{\omega}$ と $\boldsymbol{r}$ のベクトル積により式 (A.10) で表される。

$$\boldsymbol{v} = \boldsymbol{\omega} \times \boldsymbol{r} \tag{A.10}$$

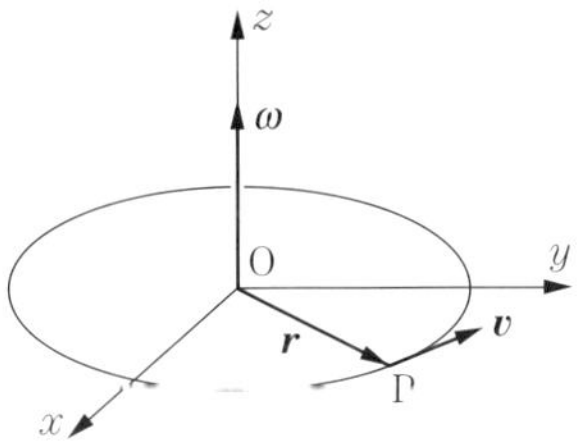

図 A.6　角速度ベクトル

A.3　スカラー関数の偏微分・全微分

（1）　スカラー関数の偏微分　　二つの独立変数を持つ関数 $f(x, y)$ を考える。f はスカラー関数，またはベクトル関数の成分のいずれでもよい。いま，y を固定したままで x を Δx だけ増加して $x + \Delta x$ にすると，関数 f は $f(x, y) \to f(x + \Delta x, y)$ と変化する。この変化量と Δx の比をとり，$\Delta x \to 0$ としたときの比の極限値を x についての**偏微分係数**（partial differential coefficient）という。

$$\frac{\partial f}{\partial x} = \lim_{\Delta x \to 0} \frac{f(x + \Delta x, y) - f(x, y)}{\Delta x} \tag{A.11}$$

式 (A.11) を求めることを x に関する**偏微分**（partial differential）という。

同様に，y に関する偏微分係数は

$$\frac{\partial f}{\partial y} = \lim_{\Delta y \to 0} \frac{f(x, y + \Delta y) - f(x, y)}{\Delta y} \tag{A.12}$$

で与えられる。このように，**偏微分は，他の変数を定数とみなし，一変数に着目して微分することにほかならない**。

Δx や Δy を十分小さくとれば (記号上，$\Delta x, \Delta y$ を dx, dy で置き換える)，式 (A.11) や式 (A.12) で極限を取らなくともそれらの値は偏微分係数とほとんど変わらない。そこで，以下の議論では極限の操作を省略し，次式のように近似する。

$$\frac{\partial f}{\partial x} \fallingdotseq \frac{f(x+dx,y)-f(x,y)}{dx} \tag{A.13}$$

$$\frac{\partial f}{\partial y} \fallingdotseq \frac{f(x,y+dy)-f(x,y)}{dy} \tag{A.14}$$

（2）スカラー関数の全微分　x, y をそれぞれ dx, dy 変化させた場合を考える。このとき，f の変化量 df は

$$df = f(x+dx, y+dy) - f(x,y) \tag{A.15}$$

となる。これをつぎのように書き換え

$$df = f(x+dx, y+dy) - f(x, y+dy) + f(x, y+dy) - f(x,y) \tag{A.16}$$

式 (A.13), 式 (A.14) を用いて変形すると

$$df = \frac{\partial f}{\partial x}dx + \frac{\partial f}{\partial y}dy \tag{A.17}$$

を得る。これをスカラー関数 f の**全微分**（total differential）という。x, y の両方を変化させたときの微分という意味である。3 変数関数についても，同様に定義できる（z に関する偏微分が追加されるだけ）。

【注意】　式 (A.16) の前 2 項は，厳密には $y+dy$ における x の偏微分係数を与えるが，dy は微小量であるから y における x の偏微分係数と考えてよい。

（3）全微分の図的イメージ　関数 $f(x,y)$ において，x, y の双方をそれぞれ dx, dy だけ変化させた場合を考える。十分小さな dx, dy に対して，$f(x,y)$ の変化の様子は近似的に図 **A.7** のようになる。

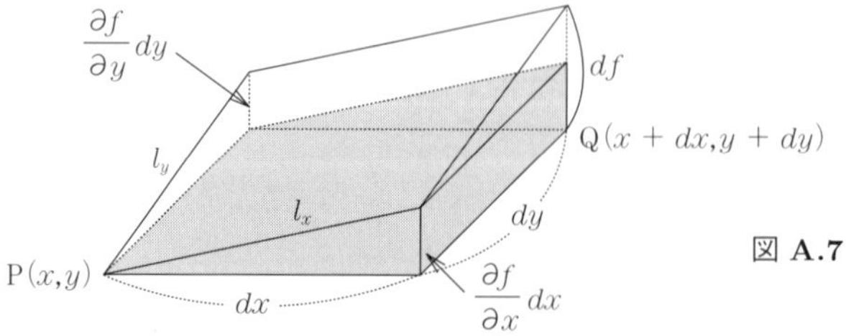

図 **A.7**　全微分の図的イメージ

dx, dy を十分小さくとれば，l_x, l_y は直線と考えてよい。直線 l_x の傾きは $\partial f/\partial x$ で与えられるから点 P から dx だけ離れた点における関数 f の増分は $(\partial f/\partial x)dx$ で近似される。また，直線 l_y の傾きは $\partial f/\partial y$ で与えられるから点 P から dy だけ離れた点における関数 f の増分は $(\partial f/\partial y)dy$ で近似される。

点 $\mathrm{P}(x, y)$ から x 軸方向に dx，y 軸方向に dy だけ離れた点 $\mathrm{Q}(x+dx, y+dy)$ における関数 f の変化量 df は

$$\begin{aligned} df &= f(x+dx, y+dy) - f(x, y) \\ &= \underbrace{f(x+dx, y) - f(x, y)}_{\text{(a)}} + \underbrace{f(x+dx, y+dy) - f(x+dx, y)}_{\text{(b)}} \end{aligned}$$

で与えられる。ここで，式中の (a), (b) の部分はつぎのように解釈できる。

(a)　点 (x, y) から x 軸方向に dx だけ進んだときの関数 f の増分

(b)　点 $(x+dx, y)$ から y 軸方向に dy だけ進んだときの関数 f の増分

全微分 df は，(a) と (b) の増分の和を考えたものであるから，これらを直線近似すると

$$df \fallingdotseq \frac{\partial f(x, y)}{\partial x}dx + \frac{\partial f(x+dx, y)}{\partial y}dy$$

となる。ここで，dx を十分小さくとっていることから，$x + dx \fallingdotseq x$ と近似すると

$$df = \frac{\partial f}{\partial x}dx + \frac{\partial f}{\partial y}dy$$

が得られる。

A.4　ベクトル関数の微分と積分のイメージ

ベクトル関数の微分と積分の関係を理解するために，できるだけ実態に即した例を取り上げて説明しよう。ここでは，ボールを斜め上方に投げ出したときの運動の様子を考えることにする。空気抵抗などは無視する。

図 A.8 は，観測点 O から見て，位置ベクトルが $\boldsymbol{r}_0$ である点 A から打ち出したボールの軌跡（点線）を示したものである。点 B は，時刻 t 秒後にボールが到達した点であり，$\boldsymbol{r}(t)$ は観測点 O から点 B への位置ベクトルである。

（1）微分する　$\Delta t \to 0$ のときの $\boldsymbol{r}(t)$ の変化量を求めることである。これは，運動学では速度ベクトル $\boldsymbol{v}(t)$ を求めることに対応する。

$$\boldsymbol{v}(t) = \frac{d\boldsymbol{r}(t)}{dt} \quad \Rightarrow \quad \boldsymbol{v}(t)\Delta t \fallingdotseq \underbrace{\boldsymbol{r}(t+\Delta t) - \boldsymbol{r}(t)}_{\boldsymbol{r}(t)\ \text{の変化量}}$$

図 A.8 において，$t = t_i$ におけるボールの位置（点 P）の位置ベクトルを $\boldsymbol{r}(t_i)$，$t = t_{i+1} = t_i + \Delta t_i$ における点 Q の位置ベクトルを $\boldsymbol{r}(t_{i+1})$ とすると

$$\boldsymbol{v}(t_i)\Delta t_i \fallingdotseq \boldsymbol{r}(t_{i+1}) - \boldsymbol{r}(t_i) = \boldsymbol{r}(t_i + \Delta t_i) - \boldsymbol{r}(t_i)$$

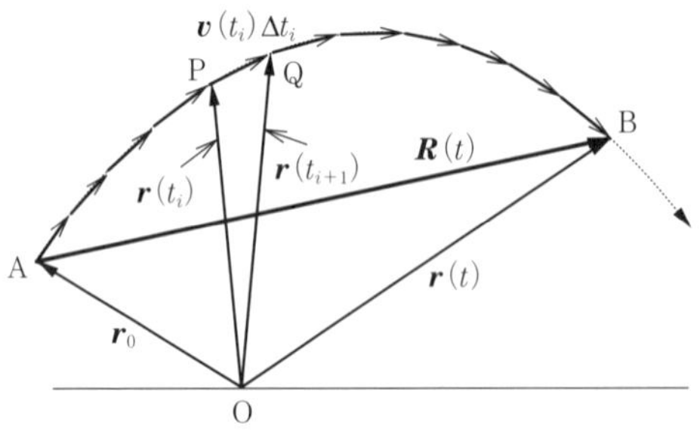

図 **A.8**　ボールを斜め上方に投射

$\Delta t_i \to 0$ の極限における値 $\boldsymbol{v}(t_i)$ は，点 P におけるボールの速度である。$\boldsymbol{v}(t_i)$ は点 P におけるベクトル関数 $\boldsymbol{r}(t)$ の微分係数であり，曲線 AB（ホドグラフ）に接している。

（2）積 分 す る　$\boldsymbol{r}(t)$ の変化量をベクトル的に加算することである。運動学では始点から終点に向うベクトル（図 A.8 の $\boldsymbol{R}(t)$）を求めることに対応する。$\boldsymbol{R}(t)$ は時刻 t においてボールが始点からベクトル的にどのような位置にあるか（距離と方向）を示すベクトルである。

$$
\begin{aligned}
&\int_{t=0}^{t=t} \boldsymbol{v}(t)dt \\
&= \underbrace{\lim_{k\to\infty}}_{(a)} [\boldsymbol{v}(t_1)\Delta t_1 + \boldsymbol{v}(t_2)\Delta t_2 + \cdots + \underbrace{\boldsymbol{v}(t_i)\Delta t_i}_{(b)} + \cdots + \boldsymbol{v}(t_k)\Delta t_k] \\
&= \lim_{k\to\infty} [\{\boldsymbol{r}(t_2) - \boldsymbol{r}(t_1)\} + \{\boldsymbol{r}(t_3) - \boldsymbol{r}(t_2)\} + \cdots + \{\boldsymbol{r}(t_{i+1}) - \boldsymbol{r}(t_i)\} \\
&\quad + \cdots + \{\boldsymbol{r}(t_{k+1}) - \boldsymbol{r}(t_k)\}] \\
&= \lim_{k\to\infty} [\underbrace{\boldsymbol{r}(t_{k+1})}_{(c)} - \underbrace{\boldsymbol{r}(t_1)}_{(d)}] = \boldsymbol{r}(t) - \boldsymbol{r}_0 = \boldsymbol{R}(t)
\end{aligned}
\tag{A.18}
$$

式 (A.18) の (a)〜(d) の意味はつぎのとおりである。

(a)　時間の刻みを細かくする。

(b)　$t = t_i$ から $t = t_{i+1}$ までの運動の軌跡をベクトル的に直線近似でたどったものであり，その合算は実際に移動したベクトル変位を表す。

(c)　ボールの最終位置 $\boldsymbol{r}(t)$ を表す。

(d)　ボールの最初の位置 $\boldsymbol{r}_0$ を表す。

（3）具　体　例　2 次元ベクトルについて具体例を示そう。観測者（原点）から見て左上上空の初期位置（位置ベクトル $\boldsymbol{r}(0) = -9\boldsymbol{i} + 2\boldsymbol{j}$〔m〕の定点）から，初速度 $\boldsymbol{v}(0) = 3\boldsymbol{i} + 3\boldsymbol{j}$〔m/s〕で打ち出されたボールの軌跡を考える。

重力加速度を $\boldsymbol{g} = -g\boldsymbol{j}$ とすると，運動の方程式は

$$m\frac{d\boldsymbol{v}(t)}{dt} = m\boldsymbol{g} = -mg\boldsymbol{j} \quad \Rightarrow \quad \frac{d\boldsymbol{v}(t)}{dt} = -g\boldsymbol{j}$$

積分して

$$\boldsymbol{v}(t) = -gt\boldsymbol{j} + \boldsymbol{C}_1$$

初期条件を考慮すると，$\boldsymbol{C}_1 = \boldsymbol{v}(0) = 3\boldsymbol{i} + 3\boldsymbol{j}$〔m/s〕であるから，$t$ 秒後のボールの速度は

$$\boldsymbol{v}(t) = \boldsymbol{v}(0) - gt\boldsymbol{j} = 3\boldsymbol{i} + (3 - gt)\boldsymbol{j}$$

となる。

わかりやすい図を描く都合で，ここでは重力加速度 $\boldsymbol{g}$ の大きさを $g = 1$〔m/s^2〕と仮定する（実際には $g = 9.8$〔m/s^2〕）。よって

$$\boldsymbol{v}(t) = v_x(t)\boldsymbol{i} + v_y(t)\boldsymbol{j} = 3\boldsymbol{i} + (3 - t)\boldsymbol{j} \tag{A.19}$$

式 (A.19) の $\boldsymbol{v}(t)$ を t について積分すると

$$\boldsymbol{r}(t) = x(t)\boldsymbol{i} + y(t)\boldsymbol{j} = \int \boldsymbol{v}(t)dt = 3t\boldsymbol{i} + (3t - t^2/2)\boldsymbol{j} + \boldsymbol{C}_2 \tag{A.20}$$

初期条件（初期位置が $\boldsymbol{r}(0) = -9\boldsymbol{i} + 2\boldsymbol{j}$〔m〕であること）より，$\boldsymbol{C}_2 = -9\boldsymbol{i} + 2\boldsymbol{j}$〔m〕。ゆえに

$$\boldsymbol{r}(t) = x(t)\boldsymbol{i} + y(t)\boldsymbol{j} = (3t - 9)\boldsymbol{i} + (-t^2/2 + 3t + 2)\boldsymbol{j} \tag{A.21}$$

この位置ベクトルの先端の軌跡を，媒介変数である時刻 t について，$t = 0$〔s〕から $t = 6$〔s〕まで図示したものが図 **A.9** である。ここで，式 (A.21) より，$\boldsymbol{r}(0) = -9\boldsymbol{i} + 2\boldsymbol{j}$〔m〕, $\boldsymbol{r}(4) = 3\boldsymbol{i} + 6\boldsymbol{j}$〔m〕であるから，$\boldsymbol{r}(0)$ と $\boldsymbol{r}(4)$ との差を $\boldsymbol{R}(4)$ は式 (A.22) のように与えられる。

$$\boldsymbol{R}(4) = \boldsymbol{r}(4) - \boldsymbol{r}(0) = 12\boldsymbol{i} + 4\boldsymbol{j} \tag{A.22}$$

つぎに，速度 $\boldsymbol{v}(t)$ について，$t = 0$〔s〕から $t = 4$〔s〕まで定積分を行う。

$$\begin{aligned}\int_0^4 \boldsymbol{v}(t)dt &= \int_0^4 \{3\boldsymbol{i} + (3 - t)\boldsymbol{j}\}dt \\ &= \left[3t\boldsymbol{i} + (3t - t^2/2)\boldsymbol{j}\right]_0^4 = 12\boldsymbol{i} + 4\boldsymbol{j}\end{aligned} \tag{A.23}$$

これは式 (A.22) に等しい。

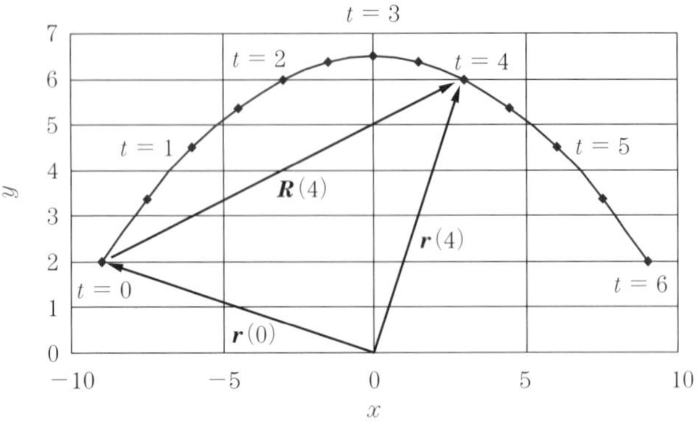

図 **A.9**　ボールを斜め上方に投射した場合の具体例

この結果からわかるように，初速度 $\boldsymbol{v}(0)$ がわかれば，時刻 t の速度ベクトル $\boldsymbol{v}(t) = \boldsymbol{v}(0) - gt\boldsymbol{j}$ を $t = 0$ から $t = t_k$ まで定積分することにより，任意の時刻 t_k における初期位置（打出し位置）からのボールの距離と方向を与えるベクトルが得られる。それが $\boldsymbol{R}(t) = \boldsymbol{r}(t) - \boldsymbol{r}(0)$ である。もちろん，1 秒後のボールの位置を基準にして 2 秒後，3 秒後のボールの位置と方向を計算することもできる。

逆に，ボールの軌跡を示す $\boldsymbol{r}(t)$ がわかっていれば，これを時刻 t で微分することにより，時々刻々のボールの速度 $\boldsymbol{v}(t)$ が求められる。

問 A.6　上の具体例において，x 軸（$y = 0$）を地面と考える。投てき点 $\boldsymbol{r}_A = \boldsymbol{r}(0) = \boldsymbol{0}$ から初速度 $\boldsymbol{v}(0) = v_0(\cos\theta\boldsymbol{i} + \sin\theta\boldsymbol{j})$ でボールを投げ出すとき，ボールの着地点を $\boldsymbol{r}_B$ とする。ボールの到達距離を最大とするような θ は $\pi/4$ であることを示せ。ただし，重力加速度は，具体例と同じく，$\boldsymbol{g} = -\boldsymbol{j}$ とする。また，空気抵抗などは無視する。

A.5　勾配のイメージ

勾配のイメージをつかむために 2 次元の例を用いて説明しよう。

（1）勾配の意味，勾配と等位線（等位面）の関係　具体例として，$f = f(x, y) = x^2 + y^2 = c$ で与えられる円を考えよう。外側の円ほど，半径 $\sqrt{c}$ が大きい円になる，すなわち，f の値が大きい。図 **A.10** に示すように，$c =$ 一定 の円が等位線となる。

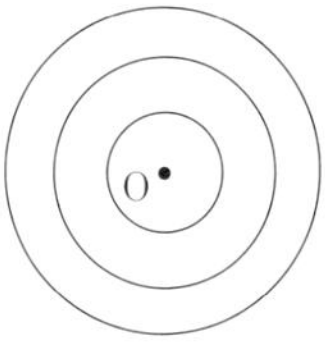

図 **A.10** 円状の等位面

いま，x, y を dx, dy だけ増加させたときの f の増加分を df とすると，df は式 (A.24) のように書くことができる。

$$df = \frac{\partial f}{\partial x}dx + \frac{\partial f}{\partial y}dy = \left(\frac{\partial f}{\partial x}\boldsymbol{i} + \frac{\partial f}{\partial y}\boldsymbol{j}\right) \cdot (dx\boldsymbol{i} + dy\boldsymbol{j}) \tag{A.24}$$

さて，式 (A.24) における $(\partial f/\partial x)dx + (\partial f/\partial y)dy$ は，位置ベクトル $\boldsymbol{r} = x\boldsymbol{i} + y\boldsymbol{j}$ の方向に関する f の増加分 df を x 方向の増加分と y 方向の増加分の和として表したものである。したがって，df は全微分である（付録 A.3 参照）。一方，式 (A.24) の $(\partial f/\partial x)\boldsymbol{i} + (\partial f/\partial y)\boldsymbol{j}$ は勾配 ∇f である。そこで，任意の微小変位 $d\boldsymbol{r} = dx\boldsymbol{i} + dy\boldsymbol{j}$ を考え，∇f と $d\boldsymbol{r}$ のなす角を θ とすると，式 (A.24) は

$$df = \nabla f \cdot d\boldsymbol{r} = |\nabla f||d\boldsymbol{r}|\cos\theta \tag{A.25}$$

で表される。ここで，等位線（円周）に沿った f の増分 df を考える，すなわち $d\boldsymbol{r}$ を等位線に沿った微小変位とすると，$df = 0$ である。なぜなら，等位線に沿っているから増分はない。したがって，式 (A.25) より，$|\nabla f||\boldsymbol{r}|\cos\theta = 0$ となる。$|\nabla f|, |\boldsymbol{r}|$ は共に 0 ではないから，$\cos\theta = 0$，すなわち，$\theta = \pi/2$ となる。つまり，∇f と等位線に沿った微小変位 $d\boldsymbol{r}$ は直交することがわかる。

つぎに，$d\boldsymbol{r}$ として等位線に垂直方向の微小変位ベクトルを選ぶと，今度は ∇f と $d\boldsymbol{r}$ は平行だから $\theta = 0$，すなわち，$\cos\theta = 1$ となる。ゆえに，式 (A.25) より，∇f の大きさ $|\nabla f| = df/|d\boldsymbol{r}|$ は，等位線に垂直方向の単位長さ当りの f の増加分を与えることがわかる。

結論として，勾配 ∇f はベクトルであり，その方向は等位線に垂直で，その大きさ $|\nabla f|$ は単位長さ当りの増加分（傾き）を与えることがわかる。言い換えれば，勾配 ∇f は曲線の各点において最大傾斜の方向（f が増加する方向）を向くことになる。

（2） 最大傾斜方向を与える勾配は等位線と直交する　このことを経験的に説明しよう。スキー場のゲレンデにいるとき，人は曲面 $z = f(x, y)$ の上に立っていることになる。ゲレンデの斜面において傾きが 0 の点をつぎつぎに結んだ線が等高線になる。スキーが等高線に平行な場合は楽に立っていることができる。スキーの先端を徐々に下方に向けていくと雪面についたストックに掛かる力はしだいに大きくなり，最大傾斜方向を向いたとき最大となる。初心者ならばたぶん恐怖心も最大となるだろ

う。こうして，最大傾斜方向が傾き 0 の線（等高線）と直交していることが体験的に理解できよう。ただし，最大傾斜方向に滑り降りようとしている場合，その向きは ∇f とは逆向きである。

(3)　$\boldsymbol{u}$ が ∇f 方向のとき df/du は最大となる　　続けて，ゲレンデを例に，$\nabla f \parallel \boldsymbol{u}$ のとき，方向微分係数 df/du が最大になることを説明しよう。図 **A.11** に示すように，$f = c_1$, $f = c_2$, $f = c_3$ は等高線である。いま，点 P から最大傾斜方向にあるリフト乗り場の点 R までスキーを履いて上るとしよう。これは初心者にとっては相当厳しい作業である。そうかといって，等高線 $f = c_1$ に沿って歩いていたのでは，まったく高さをかせぐことができないので，永久にリフト乗り場に到達することはできない。最も一般的な方法はあまり傾斜がきつくない u 方向（この方向の単位ベクトルを $\boldsymbol{u}$ とする）に沿って，点 Q まで上がり，そこで向きを変えてリフト乗り場の点 R を目指すことである。歩く距離は長くなるがこれなら初心者にもできそうだ。このとき u 方向に対する斜面の傾きが，点 P における u 方向に対する f の方向微分係数である。方向微分係数は次式で与えられる。

$$
\begin{aligned}
\frac{df}{du} &= \frac{\partial f}{\partial x}u_x + \frac{\partial f}{\partial y}u_y + \frac{\partial f}{\partial z}u_z \\
&= \left(\frac{\partial f}{\partial x}\boldsymbol{i} + \frac{\partial f}{\partial y}\boldsymbol{j} + \frac{\partial f}{\partial z}\boldsymbol{k}\right) \cdot (u_x\boldsymbol{i} + u_y\boldsymbol{j} + u_z\boldsymbol{k}) = \nabla f \cdot \boldsymbol{u}
\end{aligned}
$$

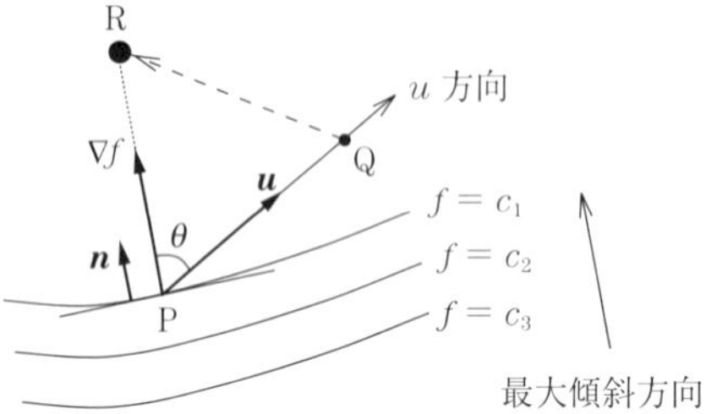

図 **A.11**　等高線と最大傾斜

つぎに，図 A.11 に示すように，∇f と $\boldsymbol{u}$ のなす角を θ とすると，$\nabla f \cdot \boldsymbol{u} = |\nabla f||\boldsymbol{u}|\cos\theta = |\nabla f|\cos\theta$ である。したがって，$\cos\theta = 1$ $(\theta = 0)$ のとき，すなわち，∇f と $\boldsymbol{u}$ が同じ向きのとき，df/du は最大となり，その値（最大増加率）は $|\nabla f|$ である。これは，最大傾斜方向に向かって斜面に立っていることに相当する。また，$\boldsymbol{u}$ を等高線に沿った方向の単位ベクトルとすれば，このとき $\theta = \pi/2$，すなわち，$\cos\theta = 0$ となり，$df/du = 0$ となる。これは等高線と平行に立っていることに相当する。

（4） 等位面と勾配 ∇f が直交する具体例 図 **A.12** の円を，関数 $f = f(x,y) = x^2 + y^2 = c$（$c$ はスカラー定数）の等位線とする。図において，円上の点 $\mathrm{P}(x,y)$ における接線 s の傾き dy/dx は，$2x + 2y(dy/dx) = 0$ より，$dy/dx = -x/y$ である。したがって，接線 s 上の微小ベクトルを $d\boldsymbol{r}$ とすると

$$d\boldsymbol{r} = dx\boldsymbol{i} + dy\boldsymbol{j} = dx\boldsymbol{i} - \frac{x}{y}dx\boldsymbol{j}$$

となる。一方，f の勾配は $\nabla f = (\partial f/\partial x)\boldsymbol{i} + (\partial f/\partial y)\boldsymbol{j} = 2x\boldsymbol{i} + 2y\boldsymbol{j}$ である。ゆえに

$$\nabla f \cdot d\boldsymbol{r} = (2x\boldsymbol{i} + 2y\boldsymbol{j}) \cdot \left(dx\boldsymbol{i} - \frac{x}{y}dx\boldsymbol{j}\right) = 2\left(x - \frac{x}{y}y\right)dx = 0$$

これから，$\nabla f \perp d\boldsymbol{r}$，すなわち ∇f は等位線に垂直である。

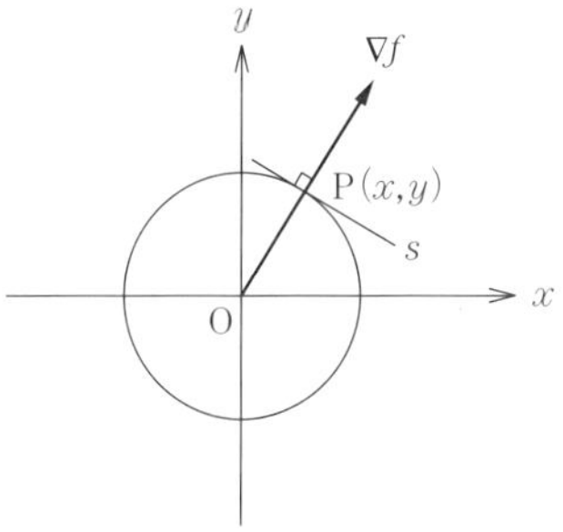

図 **A.12** 円状の等位面と勾配との関係

A.6 積分定理の数学的な証明

（1） ガウスの発散定理の数学的な証明 図 **A.13** に示すように，法単位ベクトル $\boldsymbol{n}$ の z 成分の正負により閉曲面 S を二つの曲面に分割する。このうち，$\boldsymbol{n}$ の z 成分が負であるような曲面を S_1 とし，正であるような曲面を S_2 とする。曲面 S_1 の方程式を $z = f(x,y)$ とする。例題 4.4 の結果を考慮すると

$$d\boldsymbol{S} = \boldsymbol{n}_1 dS = \left(\frac{\partial f}{\partial x}\boldsymbol{i} + \frac{\partial f}{\partial y}\boldsymbol{j} - \boldsymbol{k}\right)dxdy$$

となる。したがって

$$\iint_{S_1} (A_z\boldsymbol{k}) \cdot d\boldsymbol{S} = \iint_R (A_z\boldsymbol{k}) \cdot \left(\frac{\partial f}{\partial x}\boldsymbol{i} + \frac{\partial f}{\partial y}\boldsymbol{j} - \boldsymbol{k}\right)dxdy$$
$$= -\iint_R A_z(x,y,f(x,y))dxdy$$

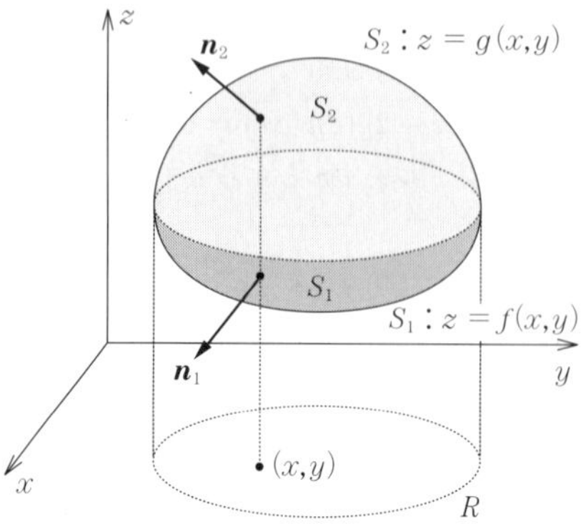

図 A.13　閉曲面 S の上下分割

となる。ここで，領域 R は曲面 S_1 の xy 平面上への正射影である。一方，曲面 S_2 の方程式を $z = g(x, y)$ とすると

$$d\boldsymbol{S} = \boldsymbol{n}_2 dS = \left(-\frac{\partial g}{\partial x}\boldsymbol{i} - \frac{\partial g}{\partial y}\boldsymbol{j} + \boldsymbol{k}\right) dxdy$$

となるから

$$\begin{aligned}\iint_{S_2} (A_z\boldsymbol{k}) \cdot d\boldsymbol{S} &= \iint_R (A_z\boldsymbol{k}) \cdot \left(-\frac{\partial g}{\partial x}\boldsymbol{i} - \frac{\partial g}{\partial y}\boldsymbol{j} + \boldsymbol{k}\right) dxdy \\ &= \iint_R A_z(x, y, g(x, y))dxdy\end{aligned}$$

となる。ここで，領域 R は曲面 S_2 の xy 平面上への正射影であり，曲面 S_1 の正射影と共通である。ゆえに

$$\begin{aligned}\oiint_S (A_z\boldsymbol{k}) \cdot d\boldsymbol{S} &= \iint_{S_1} (A_z\boldsymbol{k}) \cdot d\boldsymbol{S} + \iint_{S_2} (A_z\boldsymbol{k}) \cdot d\boldsymbol{S} \\ &= \iint_R \{A_z(x, y, g(x, y)) - A_z(x, y, f(x, y))\}dxdy \qquad \text{(A.26)}\end{aligned}$$

一方，図 A.13 からわかるように，閉曲面 S を境界とする領域 V では，x, y が R の範囲で変化し，z が $f(x, y)$ から $g(x, y)$ まで変化することから

$$\begin{aligned}\iiint_V \frac{\partial A_z}{\partial z} dv &= \iint_R \left[\int_{f(x,y)}^{g(x,y)} \frac{\partial A_z}{\partial z} dz\right] dxdy \\ &= \iint_R \{A_z(x, y, g(x, y)) - A_z(x, y, f(x, y))\}dxdy \qquad \text{(A.27)}\end{aligned}$$

となる。式 (A.26) と式 (A.27) より

$$\iiint_V \frac{\partial A_z}{\partial z} dv = \oiint_S (A_z \boldsymbol{k}) \cdot d\boldsymbol{S}$$

であって，同様に

$$\iiint_V \frac{\partial A_x}{\partial x} dv = \oiint_S (A_x \boldsymbol{i}) \cdot d\boldsymbol{S}, \quad \iiint_V \frac{\partial A_y}{\partial y} dv = \oiint_S (A_y \boldsymbol{j}) \cdot d\boldsymbol{S}$$

となる。したがって，ガウスの発散定理が次式のように得られる。

$$\iiint_V \nabla \cdot \boldsymbol{A} dv = \iiint_V \left(\frac{\partial A_x}{\partial x} + \frac{\partial A_y}{\partial y} + \frac{\partial A_z}{\partial z} \right) dv$$
$$= \oiint_S (A_x \boldsymbol{i} + A_y \boldsymbol{j} + A_z \boldsymbol{k}) \cdot d\boldsymbol{S} = \oiint_S \boldsymbol{A} \cdot d\boldsymbol{S}$$

（2） ストークスの定理の数学的な証明　簡単のため，図 **A.14** に示すように，曲面 S の方程式を $z = f(x, y)$ とし，その法単位ベクトルの z 成分が正であるような場合を考える。

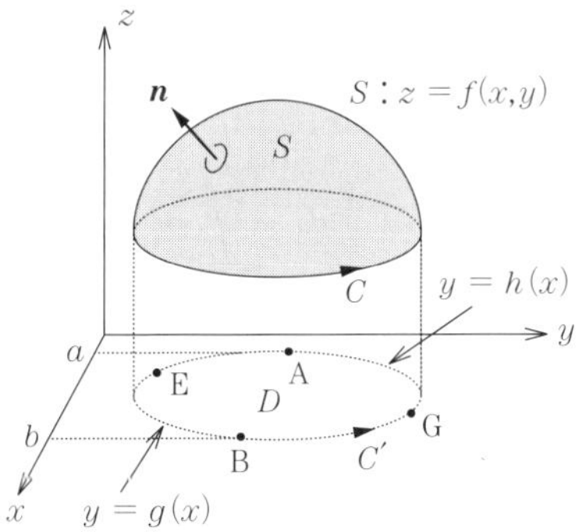

図 **A.14**　縁の分割

例題 4.4 の結果を考慮すると

$$d\boldsymbol{S} = \left(-\frac{\partial f}{\partial x} \boldsymbol{i} - \frac{\partial f}{\partial y} \boldsymbol{j} + \boldsymbol{k} \right) dxdy$$

となる。このとき

$$\iint_S \nabla \times (A_x \boldsymbol{i}) \cdot d\boldsymbol{S} = \iint_D \left(\frac{\partial A_x}{\partial z} \boldsymbol{j} - \frac{\partial A_x}{\partial y} \boldsymbol{k} \right) \cdot \left(-\frac{\partial f}{\partial x} \boldsymbol{i} - \frac{\partial f}{\partial y} \boldsymbol{j} + \boldsymbol{k} \right) dxdy$$
$$= -\iint_D \left(\frac{\partial A_x}{\partial z} \frac{\partial f}{\partial y} + \frac{\partial A_x}{\partial y} \right) dxdy$$

ここで，D は曲面 S の xy 平面への正射影であって，図 A.14 に示すように，x，y は $a \leqq x \leqq b$，$g(x) \leqq y \leqq h(x)$ の間の値を取るものとする。$z = f(x, y)$ の関係に注意して，$F(x, y) = A_x(x, y, z) = A_x(x, y, f(x, y))$ とおくと

$$\frac{\partial F}{\partial y} = \frac{\partial A_x}{\partial y} + \frac{\partial A_x}{\partial z}\frac{\partial f}{\partial y}$$

が成り立つので

$$\begin{aligned}\iint_S \nabla \times (A_x \boldsymbol{i}) \cdot d\boldsymbol{S} &= -\iint_D \frac{\partial F}{\partial y} dxdy = -\int_a^b \left\{ \int_{g(x)}^{h(x)} \frac{\partial F}{\partial y} dy \right\} dx \\ &= -\int_a^b \{F(x, h(x)) - F(x, g(x))\} dx \\ &= -\int_a^b F(x, h(x)) dx + \int_a^b F(x, g(x)) dx\end{aligned}$$

となる。ここで，第 1 項は経路 A → G → B に対応し，第 2 項は経路 A → E → B に対応することに着目する。また，経路の向きを反転することで線積分の符号が変化することに注意して次式を得る。

$$\begin{aligned}&-\int_{\mathrm{A \to G \to B}} F(x, y) dx + \int_{\mathrm{A \to E \to B}} F(x, y) dx \\ &\quad = \int_{\mathrm{B \to G \to A}} F(x, y) dx + \int_{\mathrm{A \to E \to B}} F(x, y) dx = \oint_{C'} F(x, y) dx\end{aligned}$$

ここで，C' は正射影 D の境界線に対応する。すなわち，曲面 S の境界線 C の xy 平面への正射影である。これから，正射影 D から元の曲面 S への対応を考えると

$$\oint_{C'} A_x(x, y, f(x, y)) dx = \int_C A_x(x, y, z) dx$$

となる。結果のみ改めて記述すると

$$\iint_S \nabla \times (A_x \boldsymbol{i}) \cdot \boldsymbol{n} d\boldsymbol{S} = \oint_C A_x dx$$

となる。同様に

$$\iint_S \nabla \times (A_y \boldsymbol{j}) \cdot \boldsymbol{n} d\boldsymbol{S} = \oint_C A_y dy, \quad \iint_S \nabla \times (A_z \boldsymbol{k}) \cdot \boldsymbol{n} d\boldsymbol{S} = \oint_C A_z dz$$

となるから，ストークスの定理が次式のように得られる。

$$\begin{aligned}\iint_S \nabla \times \boldsymbol{A} \cdot \boldsymbol{n} d\boldsymbol{S} &= \iint_S \nabla \times (A_x \boldsymbol{i} + A_y \boldsymbol{j} + A_z \boldsymbol{k}) \cdot \boldsymbol{n} d\boldsymbol{S} \\ &= \oint_C (A_x dx + A_y dy + A_z dz) = \oint_C \boldsymbol{A} \cdot d\boldsymbol{r}\end{aligned}$$

公　　　式

1 章の関係（ベクトル）

$$\boldsymbol{A}\cdot\boldsymbol{B}=|\boldsymbol{A}||\boldsymbol{B}|\cos\theta \tag{B.1}$$

$$\boldsymbol{A}\times\boldsymbol{B}=(|\boldsymbol{A}||\boldsymbol{B}|\sin\theta)\ \boldsymbol{u} \tag{B.2}$$

$\boldsymbol{u}$: $\boldsymbol{A}\to\boldsymbol{B}$ へ最短で右ねじを回すとき，右ねじの進む向き

$$\boldsymbol{A}\cdot\boldsymbol{B}=A_xB_x+A_yB_y+A_zB_z \tag{B.3}$$

$$\begin{aligned}\boldsymbol{A}\times\boldsymbol{B}&=\begin{vmatrix}\boldsymbol{i}&\boldsymbol{j}&\boldsymbol{k}\\A_x&A_y&A_z\\B_x&B_y&B_z\end{vmatrix}\\&=\boldsymbol{i}(A_yB_z-A_zB_y)+\boldsymbol{j}(A_zB_x-A_xB_z)+\boldsymbol{k}(A_xB_y-A_yB_x)\end{aligned} \tag{B.4}$$

$$\boldsymbol{A}\times\boldsymbol{B}=-\boldsymbol{B}\times\boldsymbol{A} \tag{B.5}$$

$$|\boldsymbol{A}\times\boldsymbol{B}|^2=|\boldsymbol{A}|^2|\boldsymbol{B}|^2-(\boldsymbol{A}\cdot\boldsymbol{B})^2 \tag{B.6}$$

$$\boldsymbol{A}\cdot(\boldsymbol{B}\times\boldsymbol{C})=\boldsymbol{B}\cdot(\boldsymbol{C}\times\boldsymbol{A})=\boldsymbol{C}\cdot(\boldsymbol{A}\times\boldsymbol{B}) \tag{B.7}$$

$$\boldsymbol{A}\cdot(\boldsymbol{B}\times\boldsymbol{C})=\begin{vmatrix}A_x&A_y&A_z\\B_x&B_y&B_z\\C_x&C_y&C_z\end{vmatrix} \tag{B.8}$$

$$\boldsymbol{A}\times(\boldsymbol{B}\times\boldsymbol{C})=(\boldsymbol{A}\cdot\boldsymbol{C})\boldsymbol{B}-(\boldsymbol{A}\cdot\boldsymbol{B})\boldsymbol{C} \tag{B.9}$$

2 章の関係（ベクトル関数の微分と積分）

$$\boldsymbol{A}' = A'_x\boldsymbol{i} + A'_y\boldsymbol{j} + A'_z\boldsymbol{k} \tag{B.10}$$

$$(f\boldsymbol{A})' = f'\boldsymbol{A} + f\boldsymbol{A}' \tag{B.11}$$

$$(\boldsymbol{A}\cdot\boldsymbol{B})' = \boldsymbol{A}'\cdot\boldsymbol{B} + \boldsymbol{A}\cdot\boldsymbol{B}' \tag{B.12}$$

$$(\boldsymbol{A}\times\boldsymbol{B})' = \boldsymbol{A}'\times\boldsymbol{B} + \boldsymbol{A}\times\boldsymbol{B}' \tag{B.13}$$

$$(|\boldsymbol{A}|^2)' = 2\boldsymbol{A}\cdot\boldsymbol{A}' \tag{B.14}$$

$$\int \boldsymbol{A}du = \boldsymbol{i}\int A_x du + \boldsymbol{j}\int A_y du + \boldsymbol{k}\int A_z du \tag{B.15}$$

3 章の関係（勾配・発散・回転）

$$\nabla f = \boldsymbol{i}\frac{\partial f}{\partial x} + \boldsymbol{j}\frac{\partial f}{\partial y} + \boldsymbol{k}\frac{\partial f}{\partial z} \tag{B.16}$$

$$\frac{df}{du} = \boldsymbol{u}\cdot\nabla f \quad \text{（方向微分係数）} \tag{B.17}$$

$$\nabla\cdot\boldsymbol{A} = \frac{\partial A_x}{\partial x} + \frac{\partial A_y}{\partial y} + \frac{\partial A_z}{\partial z} \tag{B.18}$$

$$\begin{aligned}\nabla\times\boldsymbol{A} &= \begin{vmatrix} \boldsymbol{i} & \boldsymbol{j} & \boldsymbol{k} \\ \dfrac{\partial}{\partial x} & \dfrac{\partial}{\partial y} & \dfrac{\partial}{\partial z} \\ A_x & A_y & A_z \end{vmatrix} \\ &= \boldsymbol{i}\left(\frac{\partial A_z}{\partial y} - \frac{\partial A_y}{\partial z}\right) + \boldsymbol{j}\left(\frac{\partial A_x}{\partial z} - \frac{\partial A_z}{\partial x}\right) + \boldsymbol{k}\left(\frac{\partial A_y}{\partial x} - \frac{\partial A_x}{\partial y}\right)\end{aligned} \tag{B.19}$$

$$\nabla^2 f = \nabla\cdot(\nabla f) = \frac{\partial^2 f}{\partial x^2} + \frac{\partial^2 f}{\partial y^2} + \frac{\partial^2 f}{\partial z^2} \tag{B.20}$$

$$\nabla(f+g) = \nabla f + \nabla g \tag{B.21}$$

$$\nabla(fg) = g\nabla f + f\nabla g \tag{B.22}$$

$$\nabla g(f) = \frac{dg(f)}{df}\nabla f \tag{B.23}$$

$$\nabla\cdot(\boldsymbol{A}+\boldsymbol{B}) = \nabla\cdot\boldsymbol{A} + \nabla\cdot\boldsymbol{B} \tag{B.24}$$

$$\nabla\cdot(f\boldsymbol{A}) = (\nabla f)\cdot\boldsymbol{A} + f\nabla\cdot\boldsymbol{A} \tag{B.25}$$

$$\nabla\cdot(\boldsymbol{A}\times\boldsymbol{B}) = \boldsymbol{B}\cdot(\nabla\times\boldsymbol{A}) - \boldsymbol{A}\cdot(\nabla\times\boldsymbol{B}) \tag{B.26}$$

$$\begin{aligned}&\nabla(\boldsymbol{A}\cdot\boldsymbol{B})\\&\quad = (\boldsymbol{A}\cdot\nabla)\boldsymbol{B} + (\boldsymbol{B}\cdot\nabla)\boldsymbol{A} + \boldsymbol{A}\times(\nabla\times\boldsymbol{B}) + \boldsymbol{B}\times(\nabla\times\boldsymbol{A})\end{aligned} \tag{B.27}$$

$$\nabla\times(\boldsymbol{A}+\boldsymbol{B}) = \nabla\times\boldsymbol{A} + \nabla\times\boldsymbol{B} \tag{B.28}$$

$$\nabla\times(f\boldsymbol{A}) = (\nabla f)\times\boldsymbol{A} + f\nabla\times\boldsymbol{A} \tag{B.29}$$

$$\nabla\times(\boldsymbol{A}\times\boldsymbol{B}) = \boldsymbol{A}\nabla\cdot\boldsymbol{B} - \boldsymbol{B}\nabla\cdot\boldsymbol{A} + (\boldsymbol{B}\cdot\nabla)\boldsymbol{A} - (\boldsymbol{A}\cdot\nabla)\boldsymbol{B} \tag{B.30}$$

$$\nabla\times(\nabla f) = \boldsymbol{0} \tag{B.31}$$

$$\nabla\cdot(\nabla\times\boldsymbol{A}) = 0 \tag{B.32}$$

$$\nabla\times(\nabla\times\boldsymbol{A}) = \nabla(\nabla\cdot\boldsymbol{A}) - \nabla^2\boldsymbol{A} \tag{B.33}$$

ただし，$\nabla^2\boldsymbol{A} = (\nabla^2 A_x)\boldsymbol{i} + (\nabla^2 A_y)\boldsymbol{j} + (\nabla^2 A_z)\boldsymbol{k}$ とする。

4章の関係（線積分・面積分）

$$\frac{ds}{dt} = \left|\frac{d\boldsymbol{r}}{dt}\right|, \quad s = \int_A^P \left|\frac{d\boldsymbol{r}}{dt}\right| dt \tag{B.34}$$

$$\boldsymbol{t} = \frac{d\boldsymbol{r}}{ds} = \frac{d\boldsymbol{r}}{dt}\bigg/\left|\frac{d\boldsymbol{r}}{dt}\right| \tag{B.35}$$

$$\int_C \boldsymbol{A}\cdot d\boldsymbol{r} = \int_C \boldsymbol{A}\cdot\frac{d\boldsymbol{r}}{dt}dt \tag{B.36}$$

$$dS = \left|\frac{\partial\boldsymbol{r}}{\partial u}\times\frac{\partial\boldsymbol{r}}{\partial v}\right| dudv \tag{B.37}$$

$$\boldsymbol{n} = \frac{\partial\boldsymbol{r}}{\partial u}\times\frac{\partial\boldsymbol{r}}{\partial v}\bigg/\left|\frac{\partial\boldsymbol{r}}{\partial u}\times\frac{\partial\boldsymbol{r}}{\partial v}\right| \tag{B.38}$$

$$d\boldsymbol{S} = \boldsymbol{n}dS = \frac{\partial \boldsymbol{r}}{\partial u} \times \frac{\partial \boldsymbol{r}}{\partial v} dudv \tag{B.39}$$

$$\iint_S \boldsymbol{A} \cdot d\boldsymbol{S} = \iint_D \boldsymbol{A} \cdot \left(\frac{\partial \boldsymbol{r}}{\partial u} \times \frac{\partial \boldsymbol{r}}{\partial v} \right) dudv \tag{B.40}$$

5 章の関係（積分定理）

$$\iiint_V \nabla \cdot \boldsymbol{A} dv = \oiint_S \boldsymbol{A} \cdot d\boldsymbol{S} \quad \text{（ガウスの発散定理）} \tag{B.41}$$

$$\iint_S \nabla \times \boldsymbol{A} \cdot d\boldsymbol{S} = \oint_C \boldsymbol{A} \cdot d\boldsymbol{r} \quad \text{（ストークスの定理）} \tag{B.42}$$

$$\iiint_V \nabla \times \boldsymbol{A}\, dv = \oiint_S \boldsymbol{n} \times \boldsymbol{A} dS \tag{B.43}$$

$$\iiint_V \nabla f dv = \oiint_S f d\boldsymbol{S} \tag{B.44}$$

$$\iiint_V (f\nabla^2 g + \nabla f \cdot \nabla g) dv = \oiint_S f \nabla g \cdot d\boldsymbol{S} \tag{B.45}$$

$$\iiint_V (f\nabla^2 g - g\nabla^2 f) dv = \oiint_S (f\nabla g - g\nabla f) \cdot d\boldsymbol{S} \tag{B.46}$$

引用・参考文献

1) 矢野 健太郎，石原 繁：ベクトル解析，裳華房 (1995)
2) 長谷川 正之，稲岡 毅：ベクトル解析の基礎，森北出版 (1990)
3) 関根 松夫，佐野 元昭：電磁気学を学ぶためのベクトル解析，コロナ社 (1996)
4) Hwei P. Hsu（著），高野 一夫（訳）：ベクトル解析，森北出版 (1980)
5) 高木 隆司：キーポイントベクトル解析，岩波書店 (1993)
6) 小形 正男：キーポイント多変数の微分積分，岩波書店 (1996)
7) 青野 修：ベクトル積はなぜ必要か，共立出版 (1995)
8) Erwin Kreyszig（著），堀 素夫（訳）：線形代数とベクトル解析（原書第5版），培風館 (1987)
9) 和達 三樹：微分積分，岩波書店 (1988)
10) 石井 望：要点がわかる電磁気学，コロナ社 (2009)

問 題 解 答

1章解答

問 1.1 $A = \sqrt{A_x^2 + A_y^2 + A_z^2}$ に着目すれば

$$\cos^2\alpha + \cos^2\beta + \cos^2\gamma = \left(\frac{A_x}{A}\right)^2 + \left(\frac{A_y}{A}\right)^2 + \left(\frac{A_z}{A}\right)^2$$
$$= \frac{A_x^2 + A_y^2 + A_z^2}{A^2} = 1$$

問 1.2 $\dfrac{\boldsymbol{A}+\boldsymbol{B}}{|\boldsymbol{A}+\boldsymbol{B}|} = \dfrac{6\boldsymbol{i} - 2\boldsymbol{j} - 3\boldsymbol{k}}{7}$

より，方向余弦は $\left(\dfrac{6}{7}, -\dfrac{2}{7}, -\dfrac{3}{7}\right)$ となる。

問 1.3 分配法則の式 (1.25) のみを記載する。ほか省略。

$$\begin{aligned}(\boldsymbol{A}+\boldsymbol{B})\cdot\boldsymbol{C} &= (A_x + B_x)C_x + (A_y + B_y)C_y + (A_z + B_z)C_z \\ &= (A_xC_x + B_xC_x) + (A_yC_y + B_yC_y) + (A_zC_z + B_zC_z) \\ &= (A_xC_x + A_yC_y + A_zC_z) + (B_xC_x + B_yC_y + B_zC_z) \\ &= \boldsymbol{A}\cdot\boldsymbol{C} + \boldsymbol{B}\cdot\boldsymbol{C}\end{aligned}$$

問 1.4 $\boldsymbol{A}\cdot\boldsymbol{B} = 7,\ \cos\theta = \dfrac{\boldsymbol{A}\cdot\boldsymbol{B}}{(AB)} = \dfrac{7}{\sqrt{14}\times\sqrt{14}} = \dfrac{1}{2}$ より $\theta = \dfrac{\pi}{3}$

問 1.5 直交条件 $\boldsymbol{A}\cdot\boldsymbol{B} = 2a^2 - 6a + 4 = 2(a-1)(a-2) = 0$ より $a = 1, 2$

問 1.6 $|\boldsymbol{A}\times\boldsymbol{B}|^2 + (\boldsymbol{A}\cdot\boldsymbol{B})^2$

$= (AB)^2\sin^2\theta + (AB)^2\cos^2\theta = (AB)^2 = |\boldsymbol{A}|^2|\boldsymbol{B}|^2$

問 1.7 行列式を用いて確認する。

$$\boldsymbol{A}\times\boldsymbol{B} = \begin{vmatrix}\boldsymbol{i} & \boldsymbol{j} & \boldsymbol{k} \\ A_x & A_y & A_z \\ B_x & B_y & B_z\end{vmatrix} = -\begin{vmatrix}\boldsymbol{i} & \boldsymbol{j} & \boldsymbol{k} \\ B_x & B_y & B_z \\ A_x & A_y & A_z\end{vmatrix} = -\boldsymbol{B}\times\boldsymbol{A}$$

問 1.8 式 (1.41) のみを記載する。ほか省略。

$$
(\boldsymbol{A}+\boldsymbol{B})\times\boldsymbol{C}=\begin{vmatrix}\boldsymbol{i} & \boldsymbol{j} & \boldsymbol{k}\\ A_x+B_x & A_y+B_y & A_z+B_z\\ C_x & C_y & C_z\end{vmatrix}
$$

$$
=\begin{vmatrix}\boldsymbol{i} & \boldsymbol{j} & \boldsymbol{k}\\ A_x & A_y & A_z\\ C_x & C_y & C_z\end{vmatrix}+\begin{vmatrix}\boldsymbol{i} & \boldsymbol{j} & \boldsymbol{k}\\ B_x & B_y & B_z\\ C_x & C_y & C_z\end{vmatrix}
$$

$$
=\boldsymbol{A}\times\boldsymbol{C}+\boldsymbol{B}\times\boldsymbol{C}
$$

問 1.9　(1)　$10\boldsymbol{i}-\boldsymbol{j}+7\boldsymbol{k}$,　(2)　$-2\boldsymbol{i}+\boldsymbol{j}-6\boldsymbol{k}$

問 1.10　(1)　$S=|\boldsymbol{A}\times\boldsymbol{B}|=|-\boldsymbol{i}+\boldsymbol{j}+\boldsymbol{k}|=\sqrt{3}$

(2)　$\boldsymbol{u}=\pm\dfrac{\boldsymbol{A}\times\boldsymbol{B}}{|\boldsymbol{A}\times\boldsymbol{B}|}=\pm\dfrac{1}{\sqrt{3}}(-\boldsymbol{i}+\boldsymbol{j}+\boldsymbol{k})$

問 1.11　$V=|\boldsymbol{A}\cdot(\boldsymbol{B}\times\boldsymbol{C})|=|-7|=7$

問 1.12　行列式を用いて確認する。

$$
\boldsymbol{A}\cdot(\boldsymbol{B}\times\boldsymbol{C})=\begin{vmatrix}A_x & A_y & A_z\\ B_x & B_y & B_z\\ C_x & C_y & C_z\end{vmatrix}=-\begin{vmatrix}B_x & B_y & B_z\\ A_x & A_y & A_z\\ C_x & C_y & C_z\end{vmatrix}
$$

$$
=(-1)^2\begin{vmatrix}B_x & B_y & B_z\\ C_x & C_y & C_z\\ A_x & A_y & A_z\end{vmatrix}=\boldsymbol{B}\cdot(\boldsymbol{C}\times\boldsymbol{A})
$$

$$
\boldsymbol{A}\cdot(\boldsymbol{B}\times\boldsymbol{C})=\begin{vmatrix}A_x & A_y & A_z\\ B_x & B_y & B_z\\ C_x & C_y & C_z\end{vmatrix}=-\begin{vmatrix}A_x & A_y & A_z\\ C_x & C_y & C_z\\ B_x & B_y & B_z\end{vmatrix}
$$

$$
=(-1)^2\begin{vmatrix}C_x & C_y & C_z\\ A_x & A_y & A_z\\ B_x & B_y & B_z\end{vmatrix}=\boldsymbol{C}\cdot(\boldsymbol{A}\times\boldsymbol{B})
$$

問 1.13　行列式を用いて確認する。

$$
\boldsymbol{A}\cdot(\boldsymbol{B}\times\boldsymbol{C})=\begin{vmatrix}A_x & A_y & A_z\\ B_x & B_y & B_z\\ C_x & C_y & C_z\end{vmatrix}=-\begin{vmatrix}A_x & A_y & A_z\\ C_x & C_y & C_z\\ B_x & B_y & B_z\end{vmatrix}
$$

$$
=-\boldsymbol{A}\cdot(\boldsymbol{C}\times\boldsymbol{B})
$$

$$\boldsymbol{A}\cdot(\boldsymbol{B}\times\boldsymbol{C})=\begin{vmatrix}A_x & A_y & A_z\\ B_x & B_y & B_z\\ C_x & C_y & C_z\end{vmatrix}=-\begin{vmatrix}B_x & B_y & B_z\\ A_x & A_y & A_z\\ C_x & C_y & C_z\end{vmatrix}$$
$$=-\boldsymbol{B}\cdot(\boldsymbol{A}\times\boldsymbol{C})$$

問 1.14 $\boldsymbol{B}\times\boldsymbol{C}=(B_x\boldsymbol{i}+B_y\boldsymbol{j}+B_z\boldsymbol{k})\times(C_x\boldsymbol{i}+C_y\boldsymbol{j}+C_z\boldsymbol{k})$

$$=\boldsymbol{i}(B_yC_z-B_zC_y)+\boldsymbol{j}(B_zC_x-B_xC_z)+\boldsymbol{k}(B_xC_y-B_yC_x)$$

より

$$\begin{aligned}\boldsymbol{A}\cdot(\boldsymbol{B}\times\boldsymbol{C})&=A_x(B_yC_z-B_zC_y)+A_y(B_zC_x-B_xC_z)\\&\quad+A_z(B_xC_y-B_yC_x)\\&=A_x\begin{vmatrix}B_y & B_z\\ C_y & C_z\end{vmatrix}-A_y\begin{vmatrix}B_x & B_z\\ C_x & C_z\end{vmatrix}+A_z\begin{vmatrix}B_x & B_y\\ C_x & C_y\end{vmatrix}\\&=\begin{vmatrix}A_x & A_y & A_z\\ B_x & B_y & B_z\\ C_x & C_y & C_z\end{vmatrix}\end{aligned}$$

問 1.15 三つのベクトル $\boldsymbol{A},\boldsymbol{B},\boldsymbol{C}$ が同一平面上にあると仮定する。$\boldsymbol{B}\times\boldsymbol{C}$ は $\boldsymbol{B}$ と $\boldsymbol{C}$ がなす面に垂直だから，$\boldsymbol{A}$ と $\boldsymbol{B}\times\boldsymbol{C}$ のなす角 θ は $\pi/2$ である。したがって，内積の定義より，$\boldsymbol{A}\cdot(\boldsymbol{B}\times\boldsymbol{C})=|\boldsymbol{A}||\boldsymbol{B}\times\boldsymbol{C}|\cos\theta=0$ が成り立つ。

問 1.16 $\boldsymbol{A}\cdot\boldsymbol{B}=3,\quad \boldsymbol{A}\cdot\boldsymbol{C}=1,\quad \boldsymbol{B}\cdot\boldsymbol{C}=7$ より

(1) $\boldsymbol{A}\cdot(\boldsymbol{B}\times\boldsymbol{C})=-20$

(2) $\boldsymbol{A}\times(\boldsymbol{B}\times\boldsymbol{C})=(\boldsymbol{A}\cdot\boldsymbol{C})\boldsymbol{B}-(\boldsymbol{A}\cdot\boldsymbol{B})\boldsymbol{C}=\boldsymbol{B}-3\boldsymbol{C}=-\boldsymbol{i}-8\boldsymbol{j}+5\boldsymbol{k}$

(3) $(\boldsymbol{A}\times\boldsymbol{B})\times\boldsymbol{C}=-(\boldsymbol{C}\cdot\boldsymbol{B})\boldsymbol{A}+(\boldsymbol{C}\cdot\boldsymbol{A})\boldsymbol{B}=-7\boldsymbol{A}+\boldsymbol{B}$
$=-5\boldsymbol{i}+15\boldsymbol{j}+20\boldsymbol{k}$

問 1.17 $\boldsymbol{E}=\boldsymbol{A}\times\boldsymbol{B}$ とおき，スカラー三重積の公式を用いる。

$$\begin{aligned}(\boldsymbol{A}\times\boldsymbol{B})\cdot(\boldsymbol{C}\times\boldsymbol{D})&=\boldsymbol{E}\cdot(\boldsymbol{C}\times\boldsymbol{D})=\boldsymbol{C}\cdot(\boldsymbol{D}\times\boldsymbol{E})\\&=\boldsymbol{C}\cdot\{\boldsymbol{D}\times(\boldsymbol{A}\times\boldsymbol{B})\}\end{aligned}$$

上式の $\boldsymbol{D}\times(\boldsymbol{A}\times\boldsymbol{B})$ にベクトル三重積の公式を適用すると

$$\boldsymbol{D}\times(\boldsymbol{A}\times\boldsymbol{B})=(\boldsymbol{D}\cdot\boldsymbol{B})\boldsymbol{A}-(\boldsymbol{D}\cdot\boldsymbol{A})\boldsymbol{B}$$

となるので

$$(\boldsymbol{A}\times\boldsymbol{B})\cdot(\boldsymbol{C}\times\boldsymbol{D}) = \boldsymbol{C}\cdot\{(\boldsymbol{D}\cdot\boldsymbol{B})\boldsymbol{A}-(\boldsymbol{D}\cdot\boldsymbol{A})\boldsymbol{B}\}$$
$$= (\boldsymbol{A}\cdot\boldsymbol{C})(\boldsymbol{B}\cdot\boldsymbol{D})-(\boldsymbol{B}\cdot\boldsymbol{C})(\boldsymbol{A}\cdot\boldsymbol{D})$$

問 1.18 ベクトル三重積の公式を用いる。

$$\boldsymbol{A}\times(\boldsymbol{B}\times\boldsymbol{C}) = (\boldsymbol{A}\cdot\boldsymbol{C})\boldsymbol{B}-(\boldsymbol{A}\cdot\boldsymbol{B})\boldsymbol{C} \tag{1}$$
$$\boldsymbol{B}\times(\boldsymbol{C}\times\boldsymbol{A}) = (\boldsymbol{B}\cdot\boldsymbol{A})\boldsymbol{C}-(\boldsymbol{B}\cdot\boldsymbol{C})\boldsymbol{A} \tag{2}$$
$$\boldsymbol{C}\times(\boldsymbol{A}\times\boldsymbol{B}) = (\boldsymbol{C}\cdot\boldsymbol{B})\boldsymbol{A}-(\boldsymbol{C}\cdot\boldsymbol{A})\boldsymbol{B} \tag{3}$$

式 (1) + 式 (2) + 式 (3) より

$$\boldsymbol{A}\times(\boldsymbol{B}\times\boldsymbol{C})+\boldsymbol{B}\times(\boldsymbol{C}\times\boldsymbol{A})+\boldsymbol{C}\times(\boldsymbol{A}\times\boldsymbol{B}) = \boldsymbol{0}$$

問 1.19 ベクトル三重積の公式を用いる。$\boldsymbol{u}\cdot\boldsymbol{u}=1$ であるから

$$\boldsymbol{u}\times(\boldsymbol{A}\times\boldsymbol{u}) = (\boldsymbol{u}\cdot\boldsymbol{u})\boldsymbol{A}-(\boldsymbol{u}\cdot\boldsymbol{A})\boldsymbol{u} = \boldsymbol{A}-(\boldsymbol{A}\cdot\boldsymbol{u})\boldsymbol{u}$$

よって，$\boldsymbol{A} = (\boldsymbol{A}\cdot\boldsymbol{u})\boldsymbol{u}+\boldsymbol{u}\times(\boldsymbol{A}\times\boldsymbol{u})$

章末問題（1 章）

【1】 $\boldsymbol{A}+\boldsymbol{B}+\boldsymbol{C}=\boldsymbol{0}$ の大きさを考えると

$$\begin{aligned} 0 &= (\boldsymbol{A}+\boldsymbol{B}+\boldsymbol{C})\cdot(\boldsymbol{A}+\boldsymbol{B}+\boldsymbol{C}) \\ &= |\boldsymbol{A}|^2+|\boldsymbol{B}|^2+|\boldsymbol{C}|^2+2\boldsymbol{A}\cdot(\boldsymbol{B}+\boldsymbol{C})+2\boldsymbol{B}\cdot\boldsymbol{C} \\ &= |\boldsymbol{A}|^2+|\boldsymbol{B}|^2+|\boldsymbol{C}|^2+2\boldsymbol{A}\cdot(-\boldsymbol{A})+2\boldsymbol{B}\cdot\boldsymbol{C} \\ &= -|\boldsymbol{A}|^2+|\boldsymbol{B}|^2+|\boldsymbol{C}|^2+2\boldsymbol{B}\cdot\boldsymbol{C} \end{aligned}$$

これから

$$\boldsymbol{B}\cdot\boldsymbol{C} = \frac{|\boldsymbol{A}|^2-|\boldsymbol{B}|^2-|\boldsymbol{C}|^2}{2} = \frac{(\sqrt{5})^2-(\sqrt{2})^2-1^2}{2} = 1$$

となるので

$$\cos\theta = \frac{\boldsymbol{B}\cdot\boldsymbol{C}}{|\boldsymbol{B}||\boldsymbol{C}|} = \frac{1}{\sqrt{2}\cdot 1} = \frac{1}{\sqrt{2}} \qquad \therefore \quad \theta = \frac{\pi}{4}$$

【2】 単位ベクトル $\boldsymbol{u} = u_x\boldsymbol{i} + u_y\boldsymbol{j} + u_z\boldsymbol{k}$ と x, y, z 軸のなす角を α, β, γ とすれば

$$\cos\alpha = \frac{\boldsymbol{u}\cdot\boldsymbol{i}}{|\boldsymbol{u}||\boldsymbol{i}|} = \boldsymbol{u}\cdot\boldsymbol{i} = u_x$$
$$\cos\beta = \frac{\boldsymbol{u}\cdot\boldsymbol{j}}{|\boldsymbol{u}||\boldsymbol{j}|} = \boldsymbol{u}\cdot\boldsymbol{j} = u_y$$
$$\cos\gamma = \frac{\boldsymbol{u}\cdot\boldsymbol{k}}{|\boldsymbol{u}||\boldsymbol{k}|} = \boldsymbol{u}\cdot\boldsymbol{k} = u_z$$

題意から $\alpha = \beta = \gamma$ であるから，$\cos\alpha = \cos\beta = \cos\gamma$，すなわち，$u_x = u_y = u_z$ となる。このとき，$|\boldsymbol{u}| = 1$ より

$$|\boldsymbol{u}|^2 = u_x^2 + u_y^2 + u_z^2 = 3u_x^2 = 1$$

これから，$u_x = u_y = u_z = \pm 1/\sqrt{3}$ となり

$$\boldsymbol{u} = \pm\frac{1}{\sqrt{3}}(\boldsymbol{i} + \boldsymbol{j} + \boldsymbol{k})$$

【3】 $\boldsymbol{A}\times\boldsymbol{B} = -\boldsymbol{i} - \boldsymbol{j} + \boldsymbol{k}$，$|\boldsymbol{A}\times\boldsymbol{B}| = \sqrt{3}$ であるから

$$\boldsymbol{C} = \pm\frac{\boldsymbol{A}\times\boldsymbol{B}}{|\boldsymbol{A}\times\boldsymbol{B}|} = \pm\frac{1}{\sqrt{3}}(-\boldsymbol{i} - \boldsymbol{j} + \boldsymbol{k})$$

【4】 平面上の任意の点の位置ベクトルを $\boldsymbol{r} = x\boldsymbol{i} + y\boldsymbol{j} + z\boldsymbol{k}$ とし，平面上の点 $(1, 5, 3)$ の位置ベクトルを $\boldsymbol{a} = \boldsymbol{i} + 5\boldsymbol{j} + 3\boldsymbol{k}$ とする。平面内に含まれるベクトル $\boldsymbol{r} - \boldsymbol{a}$ は平面の法線ベクトル $\boldsymbol{A} = 2\boldsymbol{i} + 3\boldsymbol{j} + 6\boldsymbol{k}$ に垂直であるから

$$\boldsymbol{A}\cdot(\boldsymbol{r} - \boldsymbol{a}) = 0 \qquad \therefore\ \boldsymbol{A}\cdot\boldsymbol{r} = \boldsymbol{A}\cdot\boldsymbol{a}$$

これより，求める平面の方程式は $2x + 3y + 6z = 35$ となる。

【5】 外積の定義から，求める三角形の面積は $S = |\overrightarrow{\mathrm{PQ}}\times\overrightarrow{\mathrm{PR}}|/2$ となる。ここで

$$\overrightarrow{\mathrm{PQ}} = \overrightarrow{\mathrm{OQ}} - \overrightarrow{\mathrm{OP}} = \boldsymbol{i} - 4\boldsymbol{j} - \boldsymbol{k}, \quad \overrightarrow{\mathrm{PR}} = \overrightarrow{\mathrm{OR}} - \overrightarrow{\mathrm{OP}} = -\boldsymbol{j} + \boldsymbol{k}$$

より，$\overrightarrow{\mathrm{PQ}}\times\overrightarrow{\mathrm{PR}} = -5\boldsymbol{i} - \boldsymbol{j} - \boldsymbol{k}$ となる。ゆえに，$S = 3\sqrt{3}/2$ である。

【6】 $V = |\boldsymbol{A}\cdot(\boldsymbol{B}\times\boldsymbol{C})| = |16| = 16$

【7】 $\boldsymbol{k}\times(\boldsymbol{A}\times\boldsymbol{k}) = (\boldsymbol{k}\cdot\boldsymbol{k})\boldsymbol{A} - (\boldsymbol{k}\cdot\boldsymbol{A})\boldsymbol{k}$

$$= \boldsymbol{A} - A_z\boldsymbol{k} = (A_x\boldsymbol{i} + A_y\boldsymbol{j} + A_z\boldsymbol{k}) - A_z\boldsymbol{k} = A_x\boldsymbol{i} + A_y\boldsymbol{j}$$

【8】 スカラー三重積の公式とベクトル三重積の公式を用いる。与式の第1項は

$$\begin{aligned}(\boldsymbol{A}\times\boldsymbol{B})\cdot(\boldsymbol{C}\times\boldsymbol{D}) &= \boldsymbol{C}\cdot\{\boldsymbol{D}\times(\boldsymbol{A}\times\boldsymbol{B})\}\\ &= \boldsymbol{C}\cdot\{(\boldsymbol{D}\cdot\boldsymbol{B})\boldsymbol{A} - (\boldsymbol{D}\cdot\boldsymbol{A})\boldsymbol{B})\}\\ &= (\boldsymbol{D}\cdot\boldsymbol{B})(\boldsymbol{C}\cdot\boldsymbol{A}) - (\boldsymbol{D}\cdot\boldsymbol{A})(\boldsymbol{C}\cdot\boldsymbol{B}) \qquad (4)\end{aligned}$$

となる。同様に，第 2 項，第 3 項は

$$(\boldsymbol{B}\times\boldsymbol{C})\cdot(\boldsymbol{A}\times\boldsymbol{D})=(\boldsymbol{D}\cdot\boldsymbol{C})(\boldsymbol{A}\cdot\boldsymbol{B})-(\boldsymbol{D}\cdot\boldsymbol{B})(\boldsymbol{A}\cdot\boldsymbol{C}) \quad (5)$$

$$(\boldsymbol{C}\times\boldsymbol{A})\cdot(\boldsymbol{B}\times\boldsymbol{D})=(\boldsymbol{D}\cdot\boldsymbol{A})(\boldsymbol{B}\cdot\boldsymbol{C})-(\boldsymbol{D}\cdot\boldsymbol{C})(\boldsymbol{B}\cdot\boldsymbol{A}) \quad (6)$$

となる。ゆえに，式 (4) + 式 (5) + 式 (6) により与式が得られる。

【 9 】 ベクトル三重積の公式を利用する。

$$\begin{aligned}&\boldsymbol{i}\times(\boldsymbol{A}\times\boldsymbol{i})+\boldsymbol{j}\times(\boldsymbol{A}\times\boldsymbol{j})+\boldsymbol{k}\times(\boldsymbol{A}\times\boldsymbol{k})\\&=(\boldsymbol{A}-A_x\boldsymbol{i})+(\boldsymbol{A}-A_y\boldsymbol{j})+(\boldsymbol{A}-A_z\boldsymbol{k})=2\boldsymbol{A}\end{aligned}$$

【10】 $\boldsymbol{A}=A_x\boldsymbol{i}+A_y\boldsymbol{j}+A_z\boldsymbol{k}$ とおく。

$$\begin{aligned}&(\boldsymbol{A}\cdot\boldsymbol{i})(\boldsymbol{A}\times\boldsymbol{i})+(\boldsymbol{A}\cdot\boldsymbol{j})(\boldsymbol{A}\times\boldsymbol{j})+(\boldsymbol{A}\cdot\boldsymbol{k})(\boldsymbol{A}\times\boldsymbol{k})\\&=A_x(A_z\boldsymbol{j}-A_y\boldsymbol{k})+A_y(-A_z\boldsymbol{i}+A_x\boldsymbol{k})+A_z(A_y\boldsymbol{i}-A_x\boldsymbol{j})=\boldsymbol{0}\end{aligned}$$

2章解答

問 2.1 与えられた不等式より

$$\begin{aligned}|\boldsymbol{A}(u)-\boldsymbol{C}|&=\sqrt{(A_x(u)-C_x)^2+(A_y(u)-C_y)^2+(A_z(u)-C_z)^2}\\&\geqq|A_x(u)-C_x|\end{aligned}$$

となるから，$|\boldsymbol{A}(u)-\boldsymbol{C}|\to 0$ のとき，$|A_x(u)-C_x|\to 0$ となる。同様に，$|\boldsymbol{A}(u)-\boldsymbol{C}|\to 0$ のとき，$|A_y(u)-C_y|\to 0$，$|A_z(u)-C_z|\to 0$ となる。また，与えられた不等式より

$$\begin{aligned}&|A_x(u)-C_x|+|A_y(u)-C_y|+|A_z(u)-C_z|\\&\geqq\sqrt{(A_x(u)-C_x)^2+(A_y(u)-C_y)^2+(A_z(u)-C_z)^2}\\&=|\boldsymbol{A}(u)-\boldsymbol{C}|\end{aligned}$$

であるから，$|A_x(u)-C_x|\to 0$，$|A_y(u)-C_y|\to 0$，$|A_z(u)-C_z|\to 0$ のとき，$|\boldsymbol{A}(u)-\boldsymbol{C}|\to 0$ となる。以上により，式 (2.2) が確認される。

問 2.2 成分に分けて考える。

$$\boldsymbol{A}'(u)=\frac{d\boldsymbol{A}}{du}=\lim_{\Delta u\to 0}\frac{\boldsymbol{A}(u+\Delta u)-\boldsymbol{A}(u)}{\Delta u}$$

$$
\begin{aligned}
&= \lim_{\Delta u \to 0} \frac{\begin{array}{r}\{A_x(u+\Delta u)\boldsymbol{i}+A_y(u+\Delta u)\boldsymbol{j}+A_z(u+\Delta u)\boldsymbol{k}\} \\ -\{A_x(u)\boldsymbol{i}+A_y(u)\boldsymbol{j}+A_z(u)\boldsymbol{k}\}\end{array}}{\Delta u} \\
&= \lim_{\Delta u \to 0} \frac{\begin{array}{r}\{A_x(u+\Delta u)-A_x(u)\}\boldsymbol{i}+\{A_y(u+\Delta u)-A_y(u)\}\boldsymbol{j} \\ +\{A_z(u+\Delta u)-A_z(u)\}\boldsymbol{k}\end{array}}{\Delta u} \\
&= \lim_{\Delta u \to 0} \frac{A_x(u+\Delta u)-A_x(u)}{\Delta u}\boldsymbol{i}+\lim_{\Delta u \to 0} \frac{A_y(u+\Delta u)-A_y(u)}{\Delta u}\boldsymbol{j} \\
&\quad +\lim_{\Delta u \to 0} \frac{A_z(u+\Delta u)-A_z(u)}{\Delta u}\boldsymbol{k} \\
&= A_x'(u)\boldsymbol{i}+A_y'(u)\boldsymbol{j}+A_z'(u)\boldsymbol{k}
\end{aligned}
$$

問 2.3　$\boldsymbol{A}'(u) = 6u\boldsymbol{i} - 2u\boldsymbol{j} + \dfrac{1}{2\sqrt{u-1}}\boldsymbol{k}$

問 2.4　$\boldsymbol{A} = A_x\boldsymbol{i} + A_y\boldsymbol{j} + A_z\boldsymbol{k}$, $\boldsymbol{B} = B_x\boldsymbol{i} + B_y\boldsymbol{j} + B_z\boldsymbol{k}$ とおく。

〔式 (2.10) の証明〕

$$
\begin{aligned}
(\boldsymbol{A}\cdot\boldsymbol{B})' &= (A_xB_x + A_yB_y + A_zB_z)' \\
&= (A_xB_x)' + (A_yB_y)' + (A_zB_z)' \\
&= (A_x'B_x + A_xB_x') + (A_y'B_y + A_yB_y') + (A_z'B_z + A_zB_z') \\
&= (A_x'B_x + A_y'B_y + A_z'B_z) + (A_xB_x' + A_yB_y' + A_zB_z') \\
&= \boldsymbol{A}'\cdot\boldsymbol{B} + \boldsymbol{A}\cdot\boldsymbol{B}'
\end{aligned}
$$

〔式 (2.11) の証明〕

$$
\begin{aligned}
(\boldsymbol{A}\times\boldsymbol{B})' &= \boldsymbol{i}(A_yB_z - A_zB_y)' + \boldsymbol{j}(A_zB_x - A_xB_z)' \\
&\quad +\boldsymbol{k}(A_xB_y - A_yB_x)' \\
&= \boldsymbol{i}\{(A_y'B_z+A_yB_z') - (A_z'B_y+A_zB_y')\}+\boldsymbol{j}\{(A_z'B_x+A_zB_x') \\
&\quad -(A_x'B_z+A_xB_z')\}+\boldsymbol{k}\{(A_x'B_y+A_xB_y')-(A_y'B_x+A_yB_x')\} \\
&= \{\boldsymbol{i}(A_y'B_z-A_z'B_y)+\boldsymbol{j}(A_z'B_x-A_x'B_z)+\boldsymbol{k}(A_x'B_y-A_y'B_x)\} \\
&\quad +\{\boldsymbol{i}(A_yB_z'-A_zB_y')+\boldsymbol{j}(A_zB_x'-A_xB_z')+\boldsymbol{k}(A_xB_y'-A_yB_x')\} \\
&= \boldsymbol{A}'\times\boldsymbol{B}+\boldsymbol{A}\times\boldsymbol{B}'
\end{aligned}
$$

問 2.5　両辺を計算して一致することを示す。

$$
\frac{\partial^2\boldsymbol{A}}{\partial u\partial v} = \frac{\partial}{\partial u}\left(\frac{\partial\boldsymbol{A}}{\partial v}\right) = \frac{\partial}{\partial u}\left\{(3u+2v)\boldsymbol{i} + 2u\boldsymbol{j} + 2u^2\boldsymbol{k}\right\}
$$

$$= 3\boldsymbol{i} + 2\boldsymbol{j} + 4u\boldsymbol{k}$$

$$\frac{\partial^2 \boldsymbol{A}}{\partial v \partial u} = \frac{\partial}{\partial v}\left(\frac{\partial \boldsymbol{A}}{\partial u}\right) = \frac{\partial}{\partial v}\left\{(2u+3v)\boldsymbol{i} + 2v\boldsymbol{j} + (3u^2+4uv)\boldsymbol{k}\right\}$$

$$= 3\boldsymbol{i} + 2\boldsymbol{j} + 4u\boldsymbol{k}$$

よって，$\dfrac{\partial^2 \boldsymbol{A}}{\partial u \partial v} = \dfrac{\partial^2 \boldsymbol{A}}{\partial v \partial u}$ の関係が成り立つ。

問 2.6 ベクトル三重積の公式より

$$\boldsymbol{r} \times (\boldsymbol{r}' \times \boldsymbol{r}'') = (\boldsymbol{r} \cdot \boldsymbol{r}'')\boldsymbol{r}' - (\boldsymbol{r} \cdot \boldsymbol{r}')\boldsymbol{r}'' \tag{1}$$

$\boldsymbol{r}$ が単位ベクトルなので，$\boldsymbol{r} \cdot \boldsymbol{r} = 1$ が成り立ち，u で微分すると

$$\boldsymbol{r} \cdot \boldsymbol{r}' = 0 \tag{2}$$

さらに両辺を u で微分すると

$$\boldsymbol{r}' \cdot \boldsymbol{r}' + \boldsymbol{r} \cdot \boldsymbol{r}'' = 0$$

$\boldsymbol{r}'$ も単位ベクトルなので，$\boldsymbol{r}' \cdot \boldsymbol{r}' = 1$ が成り立つ。これを上式に代入すると

$$\boldsymbol{r} \cdot \boldsymbol{r}'' = -1 \tag{3}$$

式 (2)，式 (3) を式 (1) に代入すると

$$\boldsymbol{r} \times (\boldsymbol{r}' \times \boldsymbol{r}'') = (-1)\boldsymbol{r}' - (0)\boldsymbol{r}'' = -\boldsymbol{r}'$$

問 2.7 $\boldsymbol{B} = \boldsymbol{A}/|\boldsymbol{A}| = \boldsymbol{A}/f$ を微分する。ただし，$f = |\boldsymbol{A}|$ とする。

$$\boldsymbol{B}' = \left(\frac{1}{f}\right)'\boldsymbol{A} + \frac{1}{f}\boldsymbol{A}' = -\frac{f'}{f^2}\boldsymbol{A} + \frac{1}{f}\boldsymbol{A}' = \frac{-f'\boldsymbol{A} + f\boldsymbol{A}'}{f^2}$$

$f^2 = |\boldsymbol{A}|^2 = \boldsymbol{A} \cdot \boldsymbol{A}$ を微分すると，$2ff' = 2\boldsymbol{A} \cdot \boldsymbol{A}'$ となるから

$$-f'\boldsymbol{A} + f\boldsymbol{A}' = -\frac{\boldsymbol{A} \cdot \boldsymbol{A}'}{f}\boldsymbol{A} + f\boldsymbol{A}' = \frac{-(\boldsymbol{A} \cdot \boldsymbol{A}')\boldsymbol{A} + f^2\boldsymbol{A}'}{f}$$

$$= -\frac{(\boldsymbol{A} \cdot \boldsymbol{A}')\boldsymbol{A} - (\boldsymbol{A} \cdot \boldsymbol{A})\boldsymbol{A}'}{f} = -\frac{\boldsymbol{A} \times (\boldsymbol{A} \times \boldsymbol{A}')}{f}$$

$$= -\frac{\boldsymbol{A} \times \boldsymbol{0}}{f} = \boldsymbol{0}$$

最後から 3 番目の等号においてベクトル三重積の公式を利用した。よっ

て，$\boldsymbol{B}' = \boldsymbol{0}$，すなわち，$\boldsymbol{B} = \boldsymbol{A}/|\boldsymbol{A}|$ は定ベクトルとなる。

問 2.8 t に関する微分を $'$ で表す。このとき，運動方程式は

$$m\boldsymbol{r}'' = f(r)\boldsymbol{r} \tag{4}$$

(1) $\boldsymbol{r} \times \boldsymbol{r}'$ を t で微分すると

$$(\boldsymbol{r} \times \boldsymbol{r}')' = \boldsymbol{r}' \times \boldsymbol{r}' + \boldsymbol{r} \times \boldsymbol{r}'' = \boldsymbol{r} \times \boldsymbol{r}''$$

となることを利用する。ここで，$\boldsymbol{r}' \times \boldsymbol{r}' = \boldsymbol{0}$ であることを用いた。式 (4) の左から $\boldsymbol{r}$ との外積を計算すると

$$m\boldsymbol{r} \times \boldsymbol{r}'' = f(r)\boldsymbol{r} \times \boldsymbol{r} = \boldsymbol{0}$$
$$\therefore\ \ \boldsymbol{r} \times \boldsymbol{r}'' = (\boldsymbol{r} \times \boldsymbol{r}')' = \boldsymbol{0} \qquad \therefore\ \ \boldsymbol{r} \times \boldsymbol{r}' = \boldsymbol{K}$$

このように，$\boldsymbol{r} \times \boldsymbol{r}'$ は定ベクトルである。上式ではこれを $\boldsymbol{K}$ としている。また，$\boldsymbol{r} \perp (\boldsymbol{r} \times \boldsymbol{r}')$ であるから，$\boldsymbol{r} \cdot \boldsymbol{K} = \boldsymbol{r} \cdot (\boldsymbol{r} \times \boldsymbol{r}') = 0$ となる。

(2) $\boldsymbol{K} = a\boldsymbol{i} + b\boldsymbol{j} + c\boldsymbol{k}$ とおくと，$\boldsymbol{r} \cdot \boldsymbol{K} = 0$ より，$\boldsymbol{r} = x\boldsymbol{i} + y\boldsymbol{j} + z\boldsymbol{k}$ は

$$ax + by + cz = 0 \tag{5}$$

を満たすので，原点を通過する平面上を運動する。

(3) $\boldsymbol{K} = \boldsymbol{0}$ のとき，(1) より $\boldsymbol{r} \times \boldsymbol{r}' = \boldsymbol{0}$ となる。よって，(問 2.7) の結果より $\boldsymbol{r}/|\boldsymbol{r}|$ は定ベクトルとなる。これから，原点を通る直線上を運動することがわかる。

問 2.9 式 (2.18) の右辺を u で微分すると，各成分について「スカラー関数の不定積分」を適用すれば，(右辺の微分) $= A_x(u)\boldsymbol{i} + A_y(u)\boldsymbol{j} + A_z(u)\boldsymbol{k}$ が得られる。一方，式 (2.18) の左辺の微分は $\dfrac{d}{du}\displaystyle\int \boldsymbol{A}(u)du$ は，「ベクトル関数の不定積分」より，$\boldsymbol{A}(u)$ に等しい。よって，式 (2.18) が成り立つ。

問 2.10 (1) $\displaystyle\int (3\boldsymbol{i} + 6u^2\boldsymbol{j} + 8u\boldsymbol{k})du = 3u\boldsymbol{i} + 2u^3\boldsymbol{j} + 4u^2\boldsymbol{k} + \boldsymbol{C}$

(2) $$\int \{(2u+1)\boldsymbol{i} + (3u^2+2)\boldsymbol{j} + 2\boldsymbol{k}\}du$$
$$= (u^2+u)\boldsymbol{i} + (u^3+2u)\boldsymbol{j} + 2u\boldsymbol{k} + \boldsymbol{C}$$

ただし，$\boldsymbol{C}$ は定ベクトルとする。

問 2.11　$\dfrac{d\boldsymbol{A}}{du} \times \dfrac{d\boldsymbol{A}}{du} = \boldsymbol{0}$ であることを用いると

$$\frac{d}{du}\left(\boldsymbol{A} \times \frac{d\boldsymbol{A}}{du}\right) = \frac{d\boldsymbol{A}}{du} \times \frac{d\boldsymbol{A}}{du} + \boldsymbol{A} \times \frac{d^2\boldsymbol{A}}{du^2} = \boldsymbol{A} \times \frac{d^2\boldsymbol{A}}{du^2}$$

が成り立つから

$$\int \left(\boldsymbol{A} \times \frac{d^2\boldsymbol{A}}{du^2}\right) du = \int \frac{d}{du}\left(\boldsymbol{A} \times \frac{d\boldsymbol{A}}{du}\right) du = \boldsymbol{A} \times \frac{d\boldsymbol{A}}{du} + \boldsymbol{C}$$

となる。ただし，$\boldsymbol{C}$ は定ベクトルとする。

問 2.12　(1)

$$\int_0^1 (3\boldsymbol{i} + 6u^2\boldsymbol{j} + 8u\boldsymbol{k})du = \int_0^1 3du\boldsymbol{i} + \int_0^1 6u^2du\boldsymbol{j} + \int_0^1 8udu\boldsymbol{k}$$
$$= 3\boldsymbol{i} + 2\boldsymbol{j} + 4\boldsymbol{k}$$

(2)

$$\int_0^1 \{(2u+1)\boldsymbol{i} + (3u^2+2)\boldsymbol{j} + 2\boldsymbol{k}\}du$$
$$= \int_0^1 (2u+1)du\boldsymbol{i} + \int_0^1 (3u^2+2)du\boldsymbol{j} + \int_0^1 2du\boldsymbol{k}$$
$$= 2\boldsymbol{i} + 3\boldsymbol{j} + 2\boldsymbol{k}$$

章末問題（2 章）

【1】 合成関数の微分法を利用する。

$$\frac{d\boldsymbol{a}_\rho}{dt} = \frac{d}{dt}(\cos\phi\boldsymbol{i} + \sin\phi\boldsymbol{j}) = \frac{d}{d\phi}(\cos\phi)\frac{d\phi}{dt}\boldsymbol{i} + \frac{d}{d\phi}(\sin\phi)\frac{d\phi}{dt}\boldsymbol{j}$$
$$= -\sin\phi\frac{d\phi}{dt}\boldsymbol{i} + \cos\phi\frac{d\phi}{dt}\boldsymbol{j} = \frac{d\phi}{dt}(-\sin\phi\boldsymbol{i} + \cos\phi\boldsymbol{j}) = \frac{d\phi}{dt}\boldsymbol{a}_\phi$$
$$\frac{d\boldsymbol{a}_\phi}{dt} = \frac{d}{dt}(-\sin\phi\boldsymbol{i} + \cos\phi\boldsymbol{j}) = \frac{d}{d\phi}(-\sin\phi)\frac{d\phi}{dt}\boldsymbol{i} + \frac{d}{d\phi}(\cos\phi)\frac{d\phi}{dt}\boldsymbol{j}$$
$$= -\cos\phi\frac{d\phi}{dt}\boldsymbol{i} - \sin\phi\frac{d\phi}{dt}\boldsymbol{j} = -\frac{d\phi}{dt}(\cos\phi\boldsymbol{i} + \sin\phi\boldsymbol{j}) = -\frac{d\phi}{dt}\boldsymbol{a}_\rho$$

【2】 (1)

$$\frac{d\boldsymbol{a}_r}{dt} = \frac{d}{dt}(\sin\theta\cos\phi\boldsymbol{i} + \sin\theta\sin\phi\boldsymbol{j} + \cos\theta\boldsymbol{k})$$
$$= \frac{d}{dt}(\sin\theta\cos\phi)\boldsymbol{i} + \frac{d}{dt}(\sin\theta\sin\phi)\boldsymbol{j} + \frac{d}{dt}(\cos\theta)\boldsymbol{k}$$
$$= \left\{\frac{\partial}{\partial\theta}(\sin\theta\cos\phi)\frac{d\theta}{dt} + \frac{\partial}{\partial\phi}(\sin\theta\cos\phi)\frac{d\phi}{dt}\right\}\boldsymbol{i}$$
$$+ \left\{\frac{\partial}{\partial\theta}(\sin\theta\sin\phi)\frac{d\theta}{dt} + \frac{\partial}{\partial\phi}(\sin\theta\sin\phi)\frac{d\phi}{dt}\right\}\boldsymbol{j}$$

$$
\begin{aligned}
&\quad + \frac{\partial}{\partial\theta}(\cos\theta)\frac{d\theta}{dt}\boldsymbol{k} \\
&= (\cos\theta\cos\phi\boldsymbol{i} + \cos\theta\sin\phi\boldsymbol{j} - \sin\theta\boldsymbol{k})\frac{d\theta}{dt} \\
&\quad + (-\sin\theta\sin\phi\boldsymbol{i} + \sin\theta\cos\phi\boldsymbol{j})\frac{d\phi}{dt} \\
&= \frac{d\theta}{dt}\boldsymbol{a}_\theta + \sin\theta\frac{d\phi}{dt}\boldsymbol{a}_\phi
\end{aligned}
$$

(2)　$\boldsymbol{r} = r\boldsymbol{a}_r$ であるから，(1) の結果を利用して

$$
\begin{aligned}
\boldsymbol{v} &= \frac{d\boldsymbol{r}}{dt} = \frac{dr}{dt}\boldsymbol{a}_r + r\frac{d\boldsymbol{a}_r}{dt} = \frac{dr}{dt}\boldsymbol{a}_r + r\left(\frac{d\theta}{dt}\boldsymbol{a}_\theta + \sin\theta\frac{d\phi}{dt}\boldsymbol{a}_\phi\right) \\
&= \frac{dr}{dt}\boldsymbol{a}_r + r\frac{d\theta}{dt}\boldsymbol{a}_\theta + r\sin\theta\frac{d\phi}{dt}\boldsymbol{a}_\phi
\end{aligned}
$$

【３】(1)　$\boldsymbol{r}\cdot\boldsymbol{r} = r^2$ の両辺を t で微分すると，$\boldsymbol{r}'\cdot\boldsymbol{r} + \boldsymbol{r}\cdot\boldsymbol{r}' = 2rr'$ となる。整理して，$\boldsymbol{r}\cdot\boldsymbol{r}' = rr'$ を得る。

(2)　ベクトル三重積の公式と (1) の結果を利用して

$$
\begin{aligned}
(\text{左辺}) &= \frac{\boldsymbol{r}\times(\boldsymbol{r}\times\boldsymbol{r}')}{r^3} = \frac{(\boldsymbol{r}\cdot\boldsymbol{r}')\boldsymbol{r} - (\boldsymbol{r}\cdot\boldsymbol{r})\boldsymbol{r}'}{r^3} \\
&= \frac{rr'\boldsymbol{r} - r^2\boldsymbol{r}'}{r^3} = \frac{r'\boldsymbol{r} - r\boldsymbol{r}'}{r^2} \\
(\text{右辺}) &= -\left(\frac{\boldsymbol{r}}{r}\right)' = -\frac{\boldsymbol{r}'r - \boldsymbol{r}r'}{r^2} = \frac{r'\boldsymbol{r} - r\boldsymbol{r}'}{r^2}
\end{aligned}
$$

よって，(左辺) = (右辺) となる。

【４】(1)　$\dfrac{d}{dt}(f\boldsymbol{A}) = \dfrac{df}{dt}\boldsymbol{A} + f\dfrac{d\boldsymbol{A}}{dt}$

を利用する。

$$
\frac{d}{dt}\left(\frac{\boldsymbol{r}}{r}\right) = \frac{d}{dt}\left(\frac{1}{r}\right)\boldsymbol{r} + \frac{1}{r}\frac{d\boldsymbol{r}}{dt} = -\frac{\boldsymbol{r}}{r^2}\frac{dr}{dt} + \frac{1}{r}\frac{d\boldsymbol{r}}{dt}
$$

(2)　(1) の結果を利用する。$\boldsymbol{C}$ を定ベクトルとして

$$
\int\left(\frac{1}{r}\frac{d\boldsymbol{r}}{dt} - \frac{dr}{dt}\frac{\boldsymbol{r}}{r^2}\right)dt = \int\frac{d}{dt}\left(\frac{\boldsymbol{r}}{r}\right)dt = \frac{\boldsymbol{r}}{r} + \boldsymbol{C}
$$

【５】式 (2.12) を利用する。

$$
\begin{aligned}
\int_2^3 \boldsymbol{A}\cdot\frac{d\boldsymbol{A}}{dt}dt &= \frac{1}{2}\int_2^3 \frac{d}{dt}(|\boldsymbol{A}|^2)dt = \frac{1}{2}\left[|\boldsymbol{A}|^2\right]_2^3 \\
&= \frac{1}{2}\left\{|\boldsymbol{A}(3)|^2 - |\boldsymbol{A}(2)|^2\right\} \\
&= \frac{1}{2}\left\{|4\boldsymbol{i} - 2\boldsymbol{j} + 3\boldsymbol{k}|^2 - |2\boldsymbol{i} - \boldsymbol{j} + 2\boldsymbol{k}|^2\right\} = 10
\end{aligned}
$$

3章解答

問 3.1 (1) $2x\boldsymbol{i}+2y\boldsymbol{j}+2z\boldsymbol{k}$, (2) $yz\boldsymbol{i}+xz\boldsymbol{j}+xy\boldsymbol{k}$

問 3.2

$$\nabla x=\frac{\partial(x)}{\partial x}\boldsymbol{i}+\frac{\partial(x)}{\partial y}\boldsymbol{j}+\frac{\partial(x)}{\partial z}\boldsymbol{k}=\boldsymbol{i}$$

$$\nabla y=\frac{\partial(y)}{\partial x}\boldsymbol{i}+\frac{\partial(y)}{\partial y}\boldsymbol{j}+\frac{\partial(y)}{\partial z}\boldsymbol{k}=\boldsymbol{j}$$

$$\nabla z=\frac{\partial(z)}{\partial x}\boldsymbol{i}+\frac{\partial(z)}{\partial y}\boldsymbol{j}+\frac{\partial(z)}{\partial z}\boldsymbol{k}=\boldsymbol{k}$$

問 3.3 (1)

$$\begin{aligned}\nabla(f+g)&=\frac{\partial(f+g)}{\partial x}\boldsymbol{i}+\frac{\partial(f+g)}{\partial y}\boldsymbol{j}+\frac{\partial(f+g)}{\partial z}\boldsymbol{k}\\&=\left(\frac{\partial f}{\partial x}+\frac{\partial g}{\partial x}\right)\boldsymbol{i}+\left(\frac{\partial f}{\partial y}+\frac{\partial g}{\partial y}\right)\boldsymbol{j}+\left(\frac{\partial f}{\partial z}+\frac{\partial g}{\partial z}\right)\boldsymbol{k}\\&=\left(\frac{\partial f}{\partial x}\boldsymbol{i}+\frac{\partial f}{\partial y}\boldsymbol{j}+\frac{\partial f}{\partial z}\boldsymbol{k}\right)+\left(\frac{\partial g}{\partial x}\boldsymbol{i}+\frac{\partial g}{\partial y}\boldsymbol{j}+\frac{\partial g}{\partial z}\boldsymbol{k}\right)\\&=\nabla f+\nabla g\end{aligned}$$

(2)

$$\begin{aligned}\nabla(cf)&=\frac{\partial(cf)}{\partial x}\boldsymbol{i}+\frac{\partial(cf)}{\partial y}\boldsymbol{j}+\frac{\partial(cf)}{\partial z}\boldsymbol{k}=c\frac{\partial f}{\partial x}\boldsymbol{i}+c\frac{\partial f}{\partial y}\boldsymbol{j}+c\frac{\partial f}{\partial z}\boldsymbol{k}\\&=c\left(\frac{\partial f}{\partial x}\boldsymbol{i}+\frac{\partial f}{\partial y}\boldsymbol{j}+\frac{\partial f}{\partial z}\boldsymbol{k}\right)=c\nabla f\end{aligned}$$

問 3.4 (1) $\nabla r^n=\dfrac{d(r^n)}{dr}\nabla r=nr^{n-1}\dfrac{\boldsymbol{r}}{r}=nr^{n-2}\boldsymbol{r}$

(2) $\nabla\log r=\dfrac{d(\log r)}{dr}\nabla r=\dfrac{1}{r}\dfrac{\boldsymbol{r}}{r}=\dfrac{\boldsymbol{r}}{r^2}$

問 3.5 $\boldsymbol{A}=A_x\boldsymbol{i}+A_y\boldsymbol{j}+A_z\boldsymbol{k}$ とおく。

$$\begin{aligned}\nabla(\boldsymbol{A}\cdot\boldsymbol{r})&=\frac{\partial}{\partial x}(A_xx+A_yy+A_zz)\boldsymbol{i}+\frac{\partial}{\partial y}(A_xx+A_yy+A_zz)\boldsymbol{j}\\&\quad+\frac{\partial}{\partial z}(A_xx+A_yy+A_zz)\boldsymbol{k}\\&=A_x\boldsymbol{i}+A_y\boldsymbol{j}+A_z\boldsymbol{k}=\boldsymbol{A}\end{aligned}$$

問 3.6 $\nabla f=\boldsymbol{0}$ がに成り立つならば

$$\frac{\partial f}{\partial x}=\frac{\partial f}{\partial y}=\frac{\partial f}{\partial z}=0$$

が成り立つので，f は一定である。逆に，f が一定ならば，明らかに $\nabla f=\boldsymbol{0}$ が成り立つ。

問 3.7 曲面 $f=z-x^2-y^2=0$ に対して，$\nabla f=-2x\boldsymbol{i}-2y\boldsymbol{j}+\boldsymbol{k}$ であるから，$\nabla f|_P=-2\boldsymbol{i}-2\boldsymbol{j}+\boldsymbol{k}$，$|\nabla f|_P=3$ より

$$\boldsymbol{n}=\pm\frac{\nabla f|_P}{|\nabla f|_P}=\pm\frac{-2\boldsymbol{i}-2\boldsymbol{j}+\boldsymbol{k}}{3}$$

問 3.8　x 方向を東西方向，y 方向を南北方向，z 方向を基準面からの高さ方向とすると，考えている斜面は平面であるから，斜面上の点 (x, y, z) は $z = f(x, y) = ax + by$ なる関係を満足する。斜面の勾配 ∇f は

$$\nabla f = \frac{\partial f}{\partial x}\boldsymbol{i} + \frac{\partial f}{\partial y}\boldsymbol{j} + \frac{\partial f}{\partial z}\boldsymbol{k} = a\boldsymbol{i} + b\boldsymbol{j}$$

であるから次式を得る。

$$|\nabla f|^2 = a^2 + b^2$$

ここで, $|\nabla f|$ は斜面の最大傾斜, $\partial f/\partial x = a$ は東西方向の傾斜, $\partial f/\partial y = b$ は南北方向の傾斜を表す。したがって，南北方向の傾斜 $\partial f/\partial y$ は

$$\frac{\partial f}{\partial y} = \sqrt{|\nabla f|^2 - \left(\frac{\partial f}{\partial x}\right)^2} = \sqrt{\left(\frac{1}{3}\right)^2 - \left(\frac{1}{5}\right)^2} = \frac{4}{15}$$

問 3.9　(1)　0,　　(2)　0

問 3.10

$$(\nabla A_x)\cdot\boldsymbol{i} = \left(\frac{\partial A_x}{\partial x}\boldsymbol{i} + \frac{\partial A_x}{\partial y}\boldsymbol{j} + \frac{\partial A_x}{\partial z}\boldsymbol{k}\right)\cdot\boldsymbol{i} = \frac{\partial A_x}{\partial x}$$

$$(\nabla A_y)\cdot\boldsymbol{j} = \left(\frac{\partial A_y}{\partial x}\boldsymbol{i} + \frac{\partial A_y}{\partial y}\boldsymbol{j} + \frac{\partial A_y}{\partial z}\boldsymbol{k}\right)\cdot\boldsymbol{j} = \frac{\partial A_y}{\partial y}$$

$$(\nabla A_z)\cdot\boldsymbol{k} = \left(\frac{\partial A_z}{\partial x}\boldsymbol{i} + \frac{\partial A_z}{\partial y}\boldsymbol{j} + \frac{\partial A_z}{\partial z}\boldsymbol{k}\right)\cdot\boldsymbol{k} = \frac{\partial A_z}{\partial z}$$

これから，与式の成立が確認される。

問 3.11　(1)

$$\begin{aligned}\nabla\cdot(\boldsymbol{A}+\boldsymbol{B}) &= \frac{\partial}{\partial x}(A_x + B_x) + \frac{\partial}{\partial y}(A_y + B_y) + \frac{\partial}{\partial z}(A_z + B_z)\\ &= \left(\frac{\partial A_x}{\partial x} + \frac{\partial A_y}{\partial y} + \frac{\partial A_z}{\partial z}\right) + \left(\frac{\partial B_x}{\partial x} + \frac{\partial B_y}{\partial y} + \frac{\partial B_z}{\partial z}\right)\\ &= \nabla\cdot\boldsymbol{A} + \nabla\cdot\boldsymbol{B}\end{aligned}$$

(2)

$$\begin{aligned}\nabla\cdot(c\boldsymbol{A}) &= \frac{\partial}{\partial x}(cA_x) + \frac{\partial}{\partial y}(cA_y) + \frac{\partial}{\partial z}(cA_z)\\ &= c\frac{\partial A_x}{\partial x} + c\frac{\partial A_y}{\partial y} + c\frac{\partial A_z}{\partial z} = c\left(\frac{\partial A_x}{\partial x} + \frac{\partial A_y}{\partial y} + \frac{\partial A_z}{\partial z}\right)\\ &= c(\nabla\cdot\boldsymbol{A})\end{aligned}$$

問 3.12　$\nabla\cdot\boldsymbol{r} = 3$ と（問 3.4）の結果を利用する。

(1)　$\nabla\cdot(r^n\boldsymbol{r}) = (\nabla r^n)\cdot\boldsymbol{r} + r^n(\nabla\cdot\boldsymbol{r}) = (nr^{n-2}\boldsymbol{r})\cdot\boldsymbol{r} + 3r^n = (n+3)r^n$

(2)

$$\begin{aligned}\nabla\cdot\{(\log r)\boldsymbol{r}\} &= (\nabla\log r)\cdot\boldsymbol{r} + (\log r)(\nabla\cdot\boldsymbol{r}) = \frac{\boldsymbol{r}}{r^2}\cdot\boldsymbol{r} + 3\log r\\ &= 1 + 3\log r\end{aligned}$$

問 3.13 $\boldsymbol{A}$ を $\boldsymbol{A} = A_x\boldsymbol{i} + A_y\boldsymbol{j} + A_z\boldsymbol{k}$（$A_x, A_y, A_z$ は定数）とおく。$\boldsymbol{A} \times \boldsymbol{r} = (A_y z - A_z y)\boldsymbol{i} + (A_z x - A_x z)\boldsymbol{j} + (A_x y - A_y x)\boldsymbol{k}$ であるから

$$\nabla \cdot (\boldsymbol{A} \times \boldsymbol{r}) = \frac{\partial}{\partial x}(A_y z - A_z y) + \frac{\partial}{\partial y}(A_z x - A_x z) + \frac{\partial}{\partial z}(A_x y - A_y x) = 0$$

問 3.14 $\nabla r = \boldsymbol{r}/r$, $\nabla \cdot \boldsymbol{r} = 3$, 問 3.4, 問 3.12の結果を利用する。

(1) $$\begin{aligned}\nabla^2(r^n) &= \nabla \cdot (\nabla r^n) = \nabla \cdot (n r^{n-2}\boldsymbol{r}) \\ &= n\{\nabla(r^{n-2}) \cdot \boldsymbol{r} + r^{n-2}(\nabla \cdot \boldsymbol{r})\} \\ &= n\{(n-2)r^{(n-2)-2}\boldsymbol{r} \cdot \boldsymbol{r} + 3r^{n-2}\} = n(n+1)r^{n-2}\end{aligned}$$

(2) $$\begin{aligned}\nabla^2(\log r) &= \nabla \cdot (\nabla \log r) = \nabla \cdot \left(\frac{1}{r^2}\boldsymbol{r}\right) \\ &= \nabla\left(\frac{1}{r^2}\right) \cdot \boldsymbol{r} + \frac{1}{r^2}(\nabla \cdot \boldsymbol{r}) = -\frac{2}{r^3}\nabla r \cdot \boldsymbol{r} + \frac{3}{r^2} = \frac{1}{r^2}\end{aligned}$$

問 3.15 (1) $\nabla(fg) = (\nabla f)g + f(\nabla g)$ を利用する。

$$\begin{aligned}\nabla^2(fg) &= \nabla \cdot \{\nabla(fg)\} = \nabla \cdot \{(\nabla f)g + f(\nabla g)\} \\ &= [\{\nabla \cdot (\nabla f)\}g + \nabla f \cdot \nabla g] + [\nabla f \cdot \nabla g + f\nabla \cdot (\nabla g)] \\ &= (\nabla^2 f)g + 2\nabla f \cdot \nabla g + f(\nabla^2 g)\end{aligned}$$

(2) $\boldsymbol{A} = \nabla f$, $\boldsymbol{B} = \nabla g$ とおき，公式 $\nabla \cdot (f\boldsymbol{A}) = \nabla f \cdot \boldsymbol{A} + f\nabla \cdot \boldsymbol{A}$ を利用する。

$$\begin{aligned}\nabla \cdot (f\nabla g - g\nabla f) &= \nabla \cdot (f\nabla g) - \nabla \cdot (g\nabla f) \\ &= \nabla f \cdot \nabla g + f\nabla \cdot (\nabla g) - \{\nabla g \cdot \nabla f + g\nabla \cdot (\nabla f)\} \\ &= f(\nabla^2 g) - g(\nabla^2 f)\end{aligned}$$

問 3.16 (1) $-2\boldsymbol{i} - 2\boldsymbol{j} - 2\boldsymbol{k}$, (2) $\boldsymbol{0}$

問 3.17 $$\begin{aligned}(\nabla A_x) \times \boldsymbol{i} &= (\nabla A_x) \times (\boldsymbol{j} \times \boldsymbol{k}) = (\nabla A_x \cdot \boldsymbol{k})\boldsymbol{j} - (\nabla A_x \cdot \boldsymbol{j})\boldsymbol{k} \\ &= \frac{\partial A_x}{\partial z}\boldsymbol{j} - \frac{\partial A_x}{\partial y}\boldsymbol{k}\end{aligned}$$

同様に

$$(\nabla A_y) \times \boldsymbol{j} = \frac{\partial A_y}{\partial x}\boldsymbol{k} - \frac{\partial A_y}{\partial z}\boldsymbol{i}, \quad (\nabla A_z) \times \boldsymbol{k} = \frac{\partial A_z}{\partial y}\boldsymbol{i} - \frac{\partial A_z}{\partial x}\boldsymbol{j}$$

であるから，与式の成立が確認される。

問 3.18 (1) $\nabla\times(\boldsymbol{A}+\boldsymbol{B})=\left(\dfrac{\partial(A_z+B_z)}{\partial y}-\dfrac{\partial(A_y+B_y)}{\partial z}\right)\boldsymbol{i}$

$$+\left(\frac{\partial(A_x+B_x)}{\partial z}-\frac{\partial(A_z+B_z)}{\partial x}\right)\boldsymbol{j}$$

$$+\left(\frac{\partial(A_y+B_y)}{\partial x}-\frac{\partial(A_x+B_x)}{\partial y}\right)\boldsymbol{k}$$

$$=\left\{\left(\frac{\partial A_z}{\partial y}-\frac{\partial A_y}{\partial z}\right)\boldsymbol{i}+\left(\frac{\partial A_x}{\partial z}-\frac{\partial A_z}{\partial x}\right)\boldsymbol{j}+\left(\frac{\partial A_y}{\partial x}-\frac{\partial A_x}{\partial y}\right)\boldsymbol{k}\right\}$$

$$+\left\{\left(\frac{\partial B_z}{\partial y}-\frac{\partial B_y}{\partial z}\right)\boldsymbol{i}+\left(\frac{\partial B_x}{\partial z}-\frac{\partial B_z}{\partial x}\right)\boldsymbol{j}+\left(\frac{\partial B_y}{\partial x}-\frac{\partial B_x}{\partial y}\right)\boldsymbol{k}\right\}$$

$$=\nabla\times\boldsymbol{A}+\nabla\times\boldsymbol{B}$$

(2) $\nabla\times(c\boldsymbol{A})=\left(\dfrac{\partial(cA_z)}{\partial y}-\dfrac{\partial(cA_y)}{\partial z}\right)\boldsymbol{i}+\left(\dfrac{\partial(cA_x)}{\partial z}-\dfrac{\partial(cA_z)}{\partial x}\right)\boldsymbol{j}$

$$+\left(\frac{\partial(cA_y)}{\partial x}-\frac{\partial(cA_x)}{\partial y}\right)\boldsymbol{k}$$

$$=c\left\{\left(\frac{\partial A_z}{\partial y}-\frac{\partial A_y}{\partial z}\right)\boldsymbol{i}+\left(\frac{\partial A_x}{\partial z}-\frac{\partial A_z}{\partial x}\right)\boldsymbol{j}\right.$$

$$\left.+\left(\frac{\partial A_y}{\partial x}-\frac{\partial A_x}{\partial y}\right)\boldsymbol{k}\right\}=c\nabla\times\boldsymbol{A}$$

問 3.19 $\nabla\times\boldsymbol{r}=\boldsymbol{0}$ と 問 3.4 の結果を利用する。

(1) $\nabla\times(r^n\boldsymbol{r})=(\nabla r^n)\times\boldsymbol{r}+r^n(\nabla\times\boldsymbol{r})=(nr^{n-2}\boldsymbol{r})\times\boldsymbol{r}+r^n(\boldsymbol{0})=\boldsymbol{0}$

(2) $\nabla\times\{(\log r)\boldsymbol{r}\}=(\nabla\log r)\times\boldsymbol{r}+(\log r)(\nabla\times\boldsymbol{r})$

$$=\frac{\boldsymbol{r}}{r^2}\times\boldsymbol{r}+(\log r)(\boldsymbol{0})=\boldsymbol{0}$$

問 3.20 定ベクトル $\boldsymbol{A}$ を $\boldsymbol{A}=A_x\boldsymbol{i}+A_y\boldsymbol{j}+A_z\boldsymbol{k}$（$A_x, A_y, A_z$ は定数）とおく。

$$\boldsymbol{A}\times\boldsymbol{r}=\begin{vmatrix}\boldsymbol{i}&\boldsymbol{j}&\boldsymbol{k}\\A_x&A_y&A_z\\x&y&z\end{vmatrix}=(A_yz-A_zy)\boldsymbol{i}+(A_zx-A_xz)\boldsymbol{j}+(A_xy-A_yx)\boldsymbol{k}$$

であるから，$\nabla\times(\boldsymbol{A}\times\boldsymbol{r})$ の x 成分は

$$\{\nabla\times(\boldsymbol{A}\times\boldsymbol{r})\}_x=\frac{\partial}{\partial y}(A_xy-A_yx)-\frac{\partial}{\partial z}(A_zx-A_xz)=2A_x$$

同様に，$\{\nabla\times(\boldsymbol{A}\times\boldsymbol{r})\}_y=2A_y$, $\{\nabla\times(\boldsymbol{A}\times\boldsymbol{r})\}_z=2A_z$ となるから

$$\nabla\times(\boldsymbol{A}\times\boldsymbol{r})=2A_x\boldsymbol{i}+2A_y\boldsymbol{j}+2A_z\boldsymbol{k}=2\boldsymbol{A}$$

問 3.21 (1) 成分表示を利用する。

$$
\begin{aligned}
\nabla\cdot(\boldsymbol{A}\times\boldsymbol{B}) &= \frac{\partial}{\partial x}(A_yB_z-A_zB_y)+\frac{\partial}{\partial y}(A_zB_x-A_xB_z)\\
&\quad +\frac{\partial}{\partial z}(A_xB_y-A_yB_x)\\
&= \left(\frac{\partial A_y}{\partial x}B_z+A_y\frac{\partial B_z}{\partial x}-\frac{\partial A_z}{\partial x}B_y-A_z\frac{\partial B_y}{\partial x}\right)\\
&\quad +\left(\frac{\partial A_z}{\partial y}B_x+A_z\frac{\partial B_x}{\partial y}-\frac{\partial A_x}{\partial y}B_z-A_x\frac{\partial B_z}{\partial y}\right)\\
&\quad +\left(\frac{\partial A_x}{\partial z}B_y+A_x\frac{\partial B_y}{\partial z}-\frac{\partial A_y}{\partial z}B_x-A_y\frac{\partial B_x}{\partial z}\right)\\
&= B_x\left(\frac{\partial A_z}{\partial y}-\frac{\partial A_y}{\partial z}\right)+B_y\left(\frac{\partial A_x}{\partial z}-\frac{\partial A_z}{\partial x}\right)\\
&\quad +B_z\left(\frac{\partial A_y}{\partial x}-\frac{\partial A_x}{\partial y}\right)-\left\{A_x\left(\frac{\partial B_z}{\partial y}-\frac{\partial B_y}{\partial z}\right)\right.\\
&\quad \left.+A_y\left(\frac{\partial B_x}{\partial z}-\frac{\partial B_z}{\partial x}\right)+A_z\left(\frac{\partial B_y}{\partial x}-\frac{\partial B_x}{\partial y}\right)\right\}\\
&= \boldsymbol{B}\cdot(\nabla\times\boldsymbol{A})-\boldsymbol{A}\cdot(\nabla\times\boldsymbol{B})
\end{aligned}
$$

(2) x 成分について計算する。

$$
\begin{aligned}
\{\nabla\times(\nabla\times\boldsymbol{A})\}_x &= \frac{\partial}{\partial y}(\nabla\times\boldsymbol{A})_z-\frac{\partial}{\partial z}(\nabla\times\boldsymbol{A})_y\\
&= \frac{\partial}{\partial y}\left(\frac{\partial A_y}{\partial x}-\frac{\partial A_x}{\partial y}\right)-\frac{\partial}{\partial z}\left(\frac{\partial A_x}{\partial z}-\frac{\partial A_z}{\partial x}\right)\\
&= \frac{\partial}{\partial y}\left(\frac{\partial A_y}{\partial x}\right)+\frac{\partial}{\partial z}\left(\frac{\partial A_z}{\partial x}\right)-\frac{\partial}{\partial y}\left(\frac{\partial A_x}{\partial y}\right)-\frac{\partial}{\partial z}\left(\frac{\partial A_x}{\partial z}\right)\\
&= \frac{\partial}{\partial x}\left(\frac{\partial A_y}{\partial y}+\frac{\partial A_z}{\partial z}\right)-\left(\frac{\partial^2}{\partial y^2}+\frac{\partial^2}{\partial z^2}\right)A_x\\
&= \frac{\partial}{\partial x}\left(\frac{\partial A_x}{\partial x}+\frac{\partial A_y}{\partial y}+\frac{\partial A_z}{\partial z}\right)-\left(\frac{\partial^2}{\partial x^2}+\frac{\partial^2}{\partial y^2}+\frac{\partial^2}{\partial z^2}\right)A_x\\
&= \left\{\nabla(\nabla\cdot\boldsymbol{A})-\nabla^2\boldsymbol{A}\right\}_x
\end{aligned}
$$

y, z 成分についても同様である。よって，与式が成り立つ。

問 3.22 (1) $\boldsymbol{A}\cdot\boldsymbol{B}=A_xB_x+A_yB_y+A_zB_z$ から

$$
\begin{aligned}
\nabla(\boldsymbol{A}\cdot\boldsymbol{B}) &= \{(\nabla A_x)B_x+(\nabla A_y)B_y+(\nabla A_z)B_z\}\\
&\quad +\{A_x(\nabla B_x)+A_y(\nabla B_y)+A_z(\nabla B_z)\}
\end{aligned}
$$

一方，定義から変形すると

$$(\boldsymbol{A}\cdot\nabla)\boldsymbol{B}=(\boldsymbol{A}\cdot\nabla B_x)\boldsymbol{i}+(\boldsymbol{A}\cdot\nabla B_y)\boldsymbol{j}+(\boldsymbol{A}\cdot\nabla B_z)\boldsymbol{k}$$

となる。また，(問 3.17)の結果とベクトル三重積の公式から

$$\begin{aligned}\boldsymbol{A}\times(\nabla\times\boldsymbol{B})&=\boldsymbol{A}\times\{(\nabla B_x)\times\boldsymbol{i}+(\nabla B_y)\times\boldsymbol{j}+(\nabla B_z)\times\boldsymbol{k}\}\\&=[A_x(\nabla B_x)-\{\boldsymbol{A}\cdot(\nabla B_x)\}\boldsymbol{i}]+[A_y(\nabla B_y)-\{\boldsymbol{A}\cdot(\nabla B_y)\}\boldsymbol{j}]\\&\quad+[A_z(\nabla B_z)-\{\boldsymbol{A}\cdot(\nabla B_z)\}\boldsymbol{k}]\end{aligned}$$

これらから

$$(\boldsymbol{A}\cdot\nabla)\boldsymbol{B}+\boldsymbol{A}\times(\nabla\times\boldsymbol{B})=(\nabla A_x)B_x+(\nabla A_y)B_y+(\nabla A_z)B_z$$

を得る。同様に

$$(\boldsymbol{B}\cdot\nabla)\boldsymbol{A}+\boldsymbol{B}\times(\nabla\times\boldsymbol{A})=A_x(\nabla B_x)+A_y(\nabla B_y)+A_z(\nabla B_z)$$

以上から，与式の成立が確認される。

(2)　$\boldsymbol{A}\times\boldsymbol{B}=(A_yB_z-A_zB_y)\boldsymbol{i}+(A_zB_x-A_xB_z)\boldsymbol{j}+(A_xB_y-A_yB_x)\boldsymbol{k}=C_x\boldsymbol{i}+C_y\boldsymbol{j}+C_z\boldsymbol{k}$ とおく。

$$\boldsymbol{A}\nabla\cdot\boldsymbol{B}+(\boldsymbol{B}\cdot\nabla)\boldsymbol{A}=\frac{\partial(\boldsymbol{A}B_x)}{\partial x}+\frac{\partial(\boldsymbol{A}B_y)}{\partial y}+\frac{\partial(\boldsymbol{A}B_z)}{\partial z}$$
$$\boldsymbol{B}\nabla\cdot\boldsymbol{A}+(\boldsymbol{A}\cdot\nabla)\boldsymbol{B}=\frac{\partial(A_x\boldsymbol{B})}{\partial x}+\frac{\partial(A_y\boldsymbol{B})}{\partial y}+\frac{\partial(A_z\boldsymbol{B})}{\partial z}$$

となるから，与式の右辺を変形すると次式となる。

$$\begin{aligned}(\text{右辺})&=\frac{\partial(\boldsymbol{A}B_x-A_x\boldsymbol{B})}{\partial x}+\frac{\partial(\boldsymbol{A}B_y-A_y\boldsymbol{B})}{\partial y}+\frac{\partial(\boldsymbol{A}B_z-A_z\boldsymbol{B})}{\partial z}\\&=\frac{\partial(-C_z\boldsymbol{j}+C_y\boldsymbol{k})}{\partial x}+\frac{\partial(C_z\boldsymbol{i}-C_x\boldsymbol{k})}{\partial y}+\frac{\partial(-C_y\boldsymbol{i}+C_x\boldsymbol{j})}{\partial z}\\&=\nabla\times(\boldsymbol{A}\times\boldsymbol{B})=(\text{左辺})\end{aligned}$$

章末問題（3 章）

【1】 合成関数の勾配の公式 (3.4) を利用する。

(1)　$\nabla\left(r^2-\dfrac{2}{\sqrt{r}}\right)=\dfrac{d}{dr}\left(r^2-2r^{-1/2}\right)\nabla r=\left(2+\dfrac{1}{r^{5/2}}\right)\boldsymbol{r}$

(2)　$\nabla(r^2e^{-r})=\dfrac{d}{dr}\left(r^2e^{-r}\right)\nabla r=(2-r)e^{-r}\boldsymbol{r}$

【2】(1) $\boldsymbol{n} = \pm\nabla f/|\nabla f|$ を利用する。等位面の方程式は $f = x^2y + y^2z + z^2x - 1 = 0$ であるから

$$\nabla f = (2xy + z^2)\boldsymbol{i} + (x^2 + 2yz)\boldsymbol{j} + (y^2 + 2zx)\boldsymbol{k}$$

これより

$$\nabla f|_P = -3\boldsymbol{i} + 2\boldsymbol{j} + 5\boldsymbol{k}$$
$$|\nabla f|_P = \sqrt{(-3)^2 + 2^2 + 5^2} = \sqrt{38}$$

ゆえに

$$\boldsymbol{n} = \pm\frac{\nabla f|_P}{|\nabla f|_P} = \pm\frac{1}{\sqrt{38}}(-3\boldsymbol{i} + 2\boldsymbol{j} + 5\boldsymbol{k})$$

(2) $$\left.\frac{df}{da}\right|_P = \nabla f|_P \cdot \frac{\boldsymbol{a}}{|\boldsymbol{a}|} = (-3\boldsymbol{i} + 2\boldsymbol{j} + 5\boldsymbol{k}) \cdot \frac{\boldsymbol{i} - 2\boldsymbol{j} + 2\boldsymbol{k}}{\sqrt{1^2 + (-2)^2 + 2^2}} = 1$$

【3】$\nabla^2 f = 0$ を満足するか否かを確かめる。

$$\frac{\partial^2 f}{\partial x^2} = \frac{\partial}{\partial x}\left(\frac{\partial f}{\partial x}\right) = \frac{\partial}{\partial x}\left(\frac{2x}{x^2 + y^2}\right) = \frac{2(-x^2 + y^2)}{(x^2 + y^2)^2}$$

同様に

$$\frac{\partial^2 f}{\partial y^2} = \frac{2(x^2 - y^2)}{(x^2 + y^2)^2}$$

であるから

$$\nabla^2 f = \frac{\partial^2 f}{\partial x^2} + \frac{\partial^2 f}{\partial y^2} + \frac{\partial^2 f}{\partial z^2}$$
$$= \frac{2(-x^2 + y^2)}{(x^2 + y^2)^2} + \frac{2(x^2 - y^2)}{(x^2 + y^2)^2} + 0 = 0$$

【4】スカラー三重積の公式，ベクトル三重積の公式を用いると

$$(\boldsymbol{A} \times \boldsymbol{r}) \cdot (\boldsymbol{B} \times \boldsymbol{r}) = \boldsymbol{B} \cdot \{\boldsymbol{r} \times (\boldsymbol{A} \times \boldsymbol{r})\}$$
$$= \boldsymbol{B} \cdot \{(\boldsymbol{r} \cdot \boldsymbol{r})\boldsymbol{A} - (\boldsymbol{r} \cdot \boldsymbol{A})\boldsymbol{r}\}$$
$$= (\boldsymbol{A} \cdot \boldsymbol{B})(\boldsymbol{r} \cdot \boldsymbol{r}) - (\boldsymbol{B} \cdot \boldsymbol{r})(\boldsymbol{A} \cdot \boldsymbol{r})$$

ここで，$r = |\boldsymbol{r}|$ として，$\nabla(\boldsymbol{r} \cdot \boldsymbol{r}) = \nabla(r^2) = 2r\nabla r = 2r(\boldsymbol{r}/r) = 2\boldsymbol{r}$ であり，(問 3.5) より，$\nabla(\boldsymbol{A} \cdot \boldsymbol{r}) = \boldsymbol{A}$，$\nabla(\boldsymbol{B} \cdot \boldsymbol{r}) = \boldsymbol{B}$ であるから

$$\nabla\{(\boldsymbol{A}\times\boldsymbol{r})\cdot(\boldsymbol{B}\times\boldsymbol{r})\}$$
$$=(\boldsymbol{A}\cdot\boldsymbol{B})\nabla(\boldsymbol{r}\cdot\boldsymbol{r})-[\{\nabla(\boldsymbol{B}\cdot\boldsymbol{r})\}(\boldsymbol{A}\cdot\boldsymbol{r})+\{\nabla(\boldsymbol{A}\cdot\boldsymbol{r})\}(\boldsymbol{B}\cdot\boldsymbol{r})]$$
$$=2(\boldsymbol{A}\cdot\boldsymbol{B})\boldsymbol{r}-(\boldsymbol{A}\cdot\boldsymbol{r})\boldsymbol{B}-(\boldsymbol{B}\cdot\boldsymbol{r})\boldsymbol{A}$$

となる。一方

$$\boldsymbol{A}\times(\boldsymbol{r}\times\boldsymbol{B})+\boldsymbol{B}\times(\boldsymbol{r}\times\boldsymbol{A})$$
$$=\{(\boldsymbol{A}\cdot\boldsymbol{B})\boldsymbol{r}-(\boldsymbol{A}\cdot\boldsymbol{r})\boldsymbol{B}\}+\{(\boldsymbol{B}\cdot\boldsymbol{A})\boldsymbol{r}-(\boldsymbol{B}\cdot\boldsymbol{r})\boldsymbol{A}\}$$
$$=2(\boldsymbol{A}\cdot\boldsymbol{B})\boldsymbol{r}-(\boldsymbol{A}\cdot\boldsymbol{r})\boldsymbol{B}-(\boldsymbol{B}\cdot\boldsymbol{r})\boldsymbol{A}$$

であるから，与式の成立が確認される。

【5】 (問 3.20)の結果を利用する。

$$\nabla\times\left(\frac{\boldsymbol{A}\times\boldsymbol{r}}{r^2}\right)=\nabla\times\left\{\frac{1}{r^2}(\boldsymbol{A}\times\boldsymbol{r})\right\}$$
$$=\nabla\left(\frac{1}{r^2}\right)\times(\boldsymbol{A}\times\boldsymbol{r})+\frac{1}{r^2}\nabla\times(\boldsymbol{A}\times\boldsymbol{r})$$

ここで

$$\nabla\left(\frac{1}{r^2}\right)=\frac{d}{dr}\left(\frac{1}{r^2}\right)\nabla r=\frac{-2}{r^3}\frac{\boldsymbol{r}}{r}=-\frac{2}{r^4}\boldsymbol{r}$$

であって，ベクトル三重積の公式から，$\boldsymbol{r}\times(\boldsymbol{A}\times\boldsymbol{r})=(\boldsymbol{r}\cdot\boldsymbol{r})\boldsymbol{A}-(\boldsymbol{r}\cdot\boldsymbol{A})\boldsymbol{r}=r^2\boldsymbol{A}-(\boldsymbol{r}\cdot\boldsymbol{A})\boldsymbol{r}$ であるから

$$\nabla\left(\frac{1}{r^2}\right)\times(\boldsymbol{A}\times\boldsymbol{r})=-\frac{2}{r^4}\boldsymbol{r}\times(\boldsymbol{A}\times\boldsymbol{r})=-\frac{2}{r^4}\left\{r^2\boldsymbol{A}-(\boldsymbol{r}\cdot\boldsymbol{A})\boldsymbol{r}\right\}$$
$$=-\frac{2\boldsymbol{A}}{r^2}+\frac{2(\boldsymbol{r}\cdot\boldsymbol{A})}{r^4}\boldsymbol{r}$$

また，(問 3.20)の結果より $\nabla\times(\boldsymbol{A}\times\boldsymbol{r})=2\boldsymbol{A}$ であるから

$$\nabla\times\left(\frac{\boldsymbol{A}\times\boldsymbol{r}}{r^2}\right)=\nabla\times\left\{\frac{1}{r^2}(\boldsymbol{A}\times\boldsymbol{r})\right\}$$
$$=-\frac{2\boldsymbol{A}}{r^2}+\frac{2(\boldsymbol{r}\cdot\boldsymbol{A})}{r^4}\boldsymbol{r}+\frac{1}{r^2}2\boldsymbol{A}=\frac{2(\boldsymbol{r}\cdot\boldsymbol{A})}{r^4}\boldsymbol{r}$$

【6】 $\nabla\times\boldsymbol{F}=\nabla\times(f\nabla g)=\nabla f\times\nabla g+f(\nabla\times\nabla g)$ であるから

$$\boldsymbol{F}\cdot(\nabla\times\boldsymbol{F})=f\nabla g\cdot\{\nabla f\times\nabla g+f(\nabla\times\nabla g)\}$$
$$=f\nabla g\cdot(\nabla f\times\nabla g)+f\nabla g\cdot f(\nabla\times\nabla g)$$

ここで，$\nabla g\perp(\nabla f\times\nabla g)$ より $\nabla g\cdot(\nabla f\times\nabla g)=0$ である。また，式 (3.31) から $\nabla\times\nabla g=\boldsymbol{0}$ である。よって，$\boldsymbol{F}\cdot(\nabla\times\boldsymbol{F})=0$ が成り立つ。

【7】 (1) (問 3.5)の結果から，$\nabla(\boldsymbol{A}\cdot\boldsymbol{r})=\boldsymbol{A}$ であるから

$$
\begin{aligned}
\nabla\times\{\boldsymbol{A}\times(\boldsymbol{r}\times\boldsymbol{B})\} &= \nabla\times\{(\boldsymbol{A}\cdot\boldsymbol{B})\boldsymbol{r}\}-\nabla\times\{(\boldsymbol{A}\cdot\boldsymbol{r})\boldsymbol{B}\}\\
&=(\boldsymbol{A}\cdot\boldsymbol{B})\nabla\times\boldsymbol{r}-\{\nabla(\boldsymbol{A}\cdot\boldsymbol{r})\times\boldsymbol{B}+(\boldsymbol{A}\cdot\boldsymbol{r})\nabla\times\boldsymbol{B}\}\\
&=-\nabla(\boldsymbol{A}\cdot\boldsymbol{r})\times\boldsymbol{B}=-\boldsymbol{A}\times\boldsymbol{B}
\end{aligned}
$$

(2) $\nabla(\boldsymbol{A}\cdot\boldsymbol{r})=\boldsymbol{A}$ であることに注意して

$$
\begin{aligned}
\nabla\cdot\{\boldsymbol{A}\times(\boldsymbol{r}\times\boldsymbol{B})\} &= \nabla\cdot\{(\boldsymbol{A}\cdot\boldsymbol{B})\boldsymbol{r}\}-\nabla\cdot\{(\boldsymbol{A}\cdot\boldsymbol{r})\boldsymbol{B}\}\\
&=(\boldsymbol{A}\cdot\boldsymbol{B})\nabla\cdot\boldsymbol{r}-\{\nabla(\boldsymbol{A}\cdot\boldsymbol{r})\cdot\boldsymbol{B}+(\boldsymbol{A}\cdot\boldsymbol{r})\nabla\cdot\boldsymbol{B}\}\\
&=3(\boldsymbol{A}\cdot\boldsymbol{B})-\nabla(\boldsymbol{A}\cdot\boldsymbol{r})\cdot\boldsymbol{B}=2(\boldsymbol{A}\cdot\boldsymbol{B})
\end{aligned}
$$

【8】 $\nabla\left(\dfrac{1}{r}\right)=\dfrac{d}{dr}\left(\dfrac{1}{r}\right)\nabla r=-\dfrac{1}{r^2}\dfrac{\boldsymbol{r}}{r}=-\dfrac{\boldsymbol{r}}{r^3}$ であるから

$$
\begin{aligned}
\nabla\left\{\boldsymbol{A}\cdot\nabla\left(\frac{1}{r}\right)\right\} &= \nabla\left\{\boldsymbol{A}\cdot\left(-\frac{\boldsymbol{r}}{r^3}\right)\right\}=-\nabla\left\{\frac{1}{r^3}(\boldsymbol{A}\cdot\boldsymbol{r})\right\}\\
&=-\left\{\nabla\left(\frac{1}{r^3}\right)(\boldsymbol{A}\cdot\boldsymbol{r})+\frac{1}{r^3}\nabla(\boldsymbol{A}\cdot\boldsymbol{r})\right\}\\
&=-\left\{\frac{-3}{r^4}\frac{\boldsymbol{r}}{r}(\boldsymbol{A}\cdot\boldsymbol{r})+\frac{1}{r^3}\boldsymbol{A}\right\}=-\frac{\boldsymbol{A}}{r^3}+\frac{3(\boldsymbol{A}\cdot\boldsymbol{r})}{r^5}\boldsymbol{r}
\end{aligned}
$$

$$
\begin{aligned}
\nabla\times\left\{\boldsymbol{A}\times\nabla\left(\frac{1}{r}\right)\right\} &= \nabla\times\left\{\boldsymbol{A}\times\left(-\frac{\boldsymbol{r}}{r^3}\right)\right\}=-\nabla\times\left\{\frac{1}{r^3}(\boldsymbol{A}\times\boldsymbol{r})\right\}\\
&=-\left\{\nabla\left(\frac{1}{r^3}\right)\times(\boldsymbol{A}\times\boldsymbol{r})+\frac{1}{r^3}\nabla\times(\boldsymbol{A}\times\boldsymbol{r})\right\}\\
&=-\left\{\frac{-3}{r^4}\frac{\boldsymbol{r}}{r}\times(\boldsymbol{A}\times\boldsymbol{r})+\frac{1}{r^3}2\boldsymbol{A}\right\}=\frac{3}{r^5}\boldsymbol{r}\times(\boldsymbol{A}\times\boldsymbol{r})-\frac{2\boldsymbol{A}}{r^3}\\
&=\frac{3}{r^5}\{(\boldsymbol{r}\cdot\boldsymbol{r})\boldsymbol{A}-(\boldsymbol{r}\cdot\boldsymbol{A})\boldsymbol{r}\}-\frac{2\boldsymbol{A}}{r^3}=\frac{\boldsymbol{A}}{r^3}-\frac{3(\boldsymbol{A}\cdot\boldsymbol{r})}{r^5}\boldsymbol{r}
\end{aligned}
$$

ゆえに

$$
\begin{aligned}
&\nabla\left\{\boldsymbol{A}\cdot\nabla\left(\frac{1}{r}\right)\right\}+\nabla\times\left\{\boldsymbol{A}\times\nabla\left(\frac{1}{r}\right)\right\}\\
&\quad=\left\{-\frac{\boldsymbol{A}}{r^3}+\frac{3(\boldsymbol{A}\cdot\boldsymbol{r})}{r^5}\boldsymbol{r}\right\}+\left\{\frac{\boldsymbol{A}}{r^3}-\frac{3(\boldsymbol{A}\cdot\boldsymbol{r})}{r^5}\boldsymbol{r}\right\}=\boldsymbol{0}
\end{aligned}
$$

【9】 つぎの関係を利用する。

$$\frac{\partial f}{\partial x} = \frac{df}{d\rho}\frac{\partial \rho}{\partial x} = \frac{df}{d\rho}\frac{x}{\sqrt{x^2+y^2}}$$

$$\frac{\partial f}{\partial y} = \frac{df}{d\rho}\frac{\partial \rho}{\partial y} = \frac{df}{d\rho}\frac{y}{\sqrt{x^2+y^2}}$$

$$\frac{\partial f}{\partial z} = 0$$

(1) $\nabla \cdot \boldsymbol{F} = \dfrac{\partial}{\partial x}(-yf) + \dfrac{\partial}{\partial y}(xf) + \dfrac{\partial}{\partial z}(0) = -y\dfrac{\partial f}{\partial x} + x\dfrac{\partial f}{\partial y} = 0$

$$\nabla \times \boldsymbol{F} = \left\{\frac{\partial}{\partial x}(xf) + \frac{\partial}{\partial y}(yf)\right\}\boldsymbol{k} = \left\{\left(f + x\frac{\partial f}{\partial x}\right) + \left(f + y\frac{\partial f}{\partial y}\right)\right\}\boldsymbol{k}$$

$$= \left(2f + \rho\frac{df}{d\rho}\right)\boldsymbol{k}$$

(2) $\nabla \cdot \boldsymbol{G} = \dfrac{\partial}{\partial x}(xf) + \dfrac{\partial}{\partial y}(yf) + \dfrac{\partial}{\partial z}(0) = \left(f + x\dfrac{\partial f}{\partial x}\right) + \left(f + y\dfrac{\partial f}{\partial y}\right)$

$$= 2f + \rho\frac{df}{d\rho}$$

$$\nabla \times \boldsymbol{G} = \left\{\frac{\partial}{\partial x}(yf) - \frac{\partial}{\partial y}(xf)\right\}\boldsymbol{k} = \left(y\frac{\partial f}{\partial x} - x\frac{\partial f}{\partial y}\right)\boldsymbol{k} = \boldsymbol{0}$$

【10】 (1) 合成関数の勾配の公式 (3.4) を用いる。

$$\nabla f(r) = \frac{df(r)}{dr}\nabla r = \frac{df(r)}{dr}\frac{\boldsymbol{r}}{r}$$

(2) $\nabla \cdot \{f(r)\boldsymbol{r}\} = \nabla f(r) \cdot \boldsymbol{r} + f(r)(\nabla \cdot \boldsymbol{r})$

$$= \frac{df(r)}{dr}\frac{\boldsymbol{r}}{r} \cdot \boldsymbol{r} + 3f(r) = r\frac{df(r)}{dr} + 3f(r)$$

(3) $\nabla^2 f(r) = \nabla \cdot \{\nabla f(r)\} = \nabla \cdot \left\{\left(\dfrac{1}{r}\dfrac{df(r)}{dr}\right)\boldsymbol{r}\right\}$

$$= \nabla\left(\frac{1}{r}\frac{df(r)}{dr}\right) \cdot \boldsymbol{r} + \frac{1}{r}\frac{df(r)}{dr}(\nabla \cdot \boldsymbol{r})$$

$$= \frac{d}{dr}\left(\frac{1}{r}\frac{df(r)}{dr}\right)\nabla r \cdot \boldsymbol{r} + \frac{3}{r}\frac{df(r)}{dr}$$

$$= \left(\frac{-1}{r^2}\frac{df(r)}{dr} + \frac{1}{r}\frac{d^2 f(r)}{dr^2}\right)\frac{\boldsymbol{r}}{r} \cdot \boldsymbol{r} + \frac{3}{r}\frac{df(r)}{dr}$$

$$= \frac{d^2 f(r)}{dr^2} + \frac{2}{r}\frac{df(r)}{dr}$$

(4) $\nabla \times \{f(r)\boldsymbol{r}\} = \nabla f(r) \times \boldsymbol{r} + f(r)\nabla \times \boldsymbol{r} = \dfrac{df(r)}{dr}\dfrac{\boldsymbol{r}}{r} \times \boldsymbol{r} + f(r)(\boldsymbol{0}) = \boldsymbol{0}$

4章解答

問 4.1 (1) $\dfrac{d\boldsymbol{r}}{du}=6u^2\boldsymbol{i}+3\boldsymbol{j}+6u\boldsymbol{k},\ \left|\dfrac{d\boldsymbol{r}}{du}\right|=3(2u^2+1)$

であるから

$$s=\int_0^u\left|\frac{d\boldsymbol{r}}{du}\right|du=\int_0^u 3(2u^2+1)du=2u^3+3u$$

$$\boldsymbol{t}=\frac{d\boldsymbol{r}}{du}\Big/\left|\frac{d\boldsymbol{r}}{du}\right|=\frac{6u^2\boldsymbol{i}+3\boldsymbol{j}+6u\boldsymbol{k}}{3(2u^2+1)}=\frac{2u^2\boldsymbol{i}+\boldsymbol{j}+2u\boldsymbol{k}}{2u^2+1}$$

(2) $\dfrac{d\boldsymbol{r}}{du}=e^u\boldsymbol{i}-e^{-u}\boldsymbol{j}+\sqrt{2}\,\boldsymbol{k},\ \left|\dfrac{d\boldsymbol{r}}{du}\right|=e^u+e^{-u}$

であるから

$$s=\int_0^u\left|\frac{d\boldsymbol{r}}{du}\right|du=\int_0^u(e^u+e^{-u})du=e^u-e^{-u}$$

$$\boldsymbol{t}=\frac{d\boldsymbol{r}}{du}\Big/\left|\frac{d\boldsymbol{r}}{du}\right|=\frac{e^u\boldsymbol{i}-e^{-u}\boldsymbol{j}+\sqrt{2}\,\boldsymbol{k}}{e^u+e^{-u}}$$

問 4.2 (1) C 上で $\boldsymbol{r}=u\boldsymbol{i}+u\boldsymbol{j}+u\boldsymbol{k}$ であるから

$$\int_C f ds=\int_C f\left|\frac{d\boldsymbol{r}}{du}\right|du=\int_0^1(u+2u^2)|\boldsymbol{i}+\boldsymbol{j}+\boldsymbol{k}|du=\frac{7}{6}\sqrt{3}$$

(2) C 上で $\boldsymbol{r}=u\boldsymbol{i}+u\boldsymbol{j}+u^2\boldsymbol{k}$ であるから

$$\int_C f ds=\int_C f\left|\frac{d\boldsymbol{r}}{du}\right|du=\int_0^1(u+2u^3)|\boldsymbol{i}+\boldsymbol{j}+2u\boldsymbol{k}|du$$

$$=\int_0^1(u+2u^3)\sqrt{2(1+2u^2)}du$$

ここで，$1+2u^2=v$ と置き換えると，$4udu=dv$ であって，$0\leqq u\leqq 1$ の範囲は $1\leqq v\leqq 3$ に対応する。したがって

$$\int_C f ds=\int_1^3 v\sqrt{2v}\frac{dv}{4}=\frac{\sqrt{2}}{4}\int_1^3 v^{3/2}dv=\frac{\sqrt{2}}{10}\left(9\sqrt{3}-1\right)$$

問 4.3 (1) 線分 C の方程式は

$$\boldsymbol{r}=\overrightarrow{\mathrm{OP}}+u\overrightarrow{\mathrm{PQ}}=(1-u)\boldsymbol{i}+u\boldsymbol{j}+(\pi u/2)\boldsymbol{k}\quad(0\leqq u\leqq 1)$$

となり，線分 C に沿って

$$\boldsymbol{A}\cdot\frac{d\boldsymbol{r}}{du}=\left\{2u\boldsymbol{i}+(1-u)\boldsymbol{j}+\sin^2(\pi u/2)\boldsymbol{k}\right\}\cdot\left(-\boldsymbol{i}+\boldsymbol{j}+\frac{\pi}{2}\boldsymbol{k}\right)$$

$$=(1-3u)+\frac{\pi}{2}\sin^2\frac{\pi}{2}u$$

であるから

$$\int_C \boldsymbol{A}\cdot d\boldsymbol{r} = \int_C \boldsymbol{A}\cdot\frac{d\boldsymbol{r}}{du}du$$
$$= \int_0^1 \left(1-3u+\frac{\pi}{2}\frac{1-\cos\pi u}{2}\right)du = \frac{\pi}{4}-\frac{1}{2}$$

(2)　曲線 C に沿って

$$\boldsymbol{A}\cdot\frac{d\boldsymbol{r}}{du} = (2\sin u\boldsymbol{i}+\cos u\boldsymbol{j}+\sin^2 u\boldsymbol{k})\cdot(-\sin u\boldsymbol{i}+\cos u\boldsymbol{j}+\boldsymbol{k})$$
$$= \cos 2u$$

であるから

$$\int_C \boldsymbol{A}\cdot d\boldsymbol{r} = \int_C \boldsymbol{A}\cdot\frac{d\boldsymbol{r}}{du}du = \int_0^{\pi/2}\cos 2u du = 0$$

問 4.4　曲面 S 上の点の位置ベクトルは $\boldsymbol{r} = x\boldsymbol{i}+y\boldsymbol{j}+\sqrt{a^2-x^2-y^2}\boldsymbol{k}$ と与えられるから

$$\frac{\partial\boldsymbol{r}}{\partial x}\times\frac{\partial\boldsymbol{r}}{\partial y} = \left(\boldsymbol{i}+\frac{-x}{\sqrt{a^2-x^2-y^2}}\boldsymbol{k}\right)\times\left(\boldsymbol{j}+\frac{-y}{\sqrt{a^2-x^2-y^2}}\boldsymbol{k}\right)$$
$$= \frac{x\boldsymbol{i}+y\boldsymbol{j}+\sqrt{a^2-x^2-y^2}\boldsymbol{k}}{\sqrt{a^2-x^2-y^2}} = \frac{\boldsymbol{r}}{\sqrt{a^2-x^2-y^2}}$$

これより，法単位ベクトル $\boldsymbol{n}$ は次式で与えられる。

$$\boldsymbol{n} = \frac{\dfrac{\partial\boldsymbol{r}}{\partial x}\times\dfrac{\partial\boldsymbol{r}}{\partial y}}{\left|\dfrac{\partial\boldsymbol{r}}{\partial x}\times\dfrac{\partial\boldsymbol{r}}{\partial y}\right|} = \frac{\dfrac{\boldsymbol{r}}{\sqrt{a^2-x^2-y^2}}}{\left|\dfrac{\boldsymbol{r}}{\sqrt{a^2-x^2-y^2}}\right|} = \frac{\boldsymbol{r}}{a}$$

ここで，球面上で $|\boldsymbol{r}| = a$ であることを用いた。また，面素は

$$dS = \left|\frac{\partial\boldsymbol{r}}{\partial x}\times\frac{\partial\boldsymbol{r}}{\partial y}\right|dxdy$$
$$= \left|\frac{\boldsymbol{r}}{\sqrt{a^2-x^2-y^2}}\right|dxdy = \frac{a}{\sqrt{a^2-x^2-y^2}}dxdy$$

と与えられる。x，y の範囲は，$-a \leqq x \leqq a$，$-\sqrt{a^2-x^2} \leqq y \leqq \sqrt{a^2-x^2}$ であるから，半球面の面積は

$$S = \int_S dS = \int_{-a}^{a} \int_{-\sqrt{a^2-x^2}}^{\sqrt{a^2-x^2}} \frac{a}{\sqrt{a^2-x^2-y^2}} dydx$$
$$= 4a \int_0^a \int_0^{\sqrt{a^2-x^2}} \frac{dy}{\sqrt{a^2-x^2-y^2}} dx$$
$$= 4a \int_0^a \left[\sin^{-1}\left(\frac{y}{\sqrt{a^2-x^2}}\right)\right]_0^{\sqrt{a^2-x^2}} dx$$
$$= 4a \int_0^a \sin^{-1}(1)dx = 4a \int_0^a \frac{\pi}{2}dx = 2\pi a^2$$

問 4.5 (1) 平面 S 上では，$\boldsymbol{r} = x\boldsymbol{i} + y\boldsymbol{j} + (-2x-2y+4)\boldsymbol{k}$ であるから

$$\frac{\partial \boldsymbol{r}}{\partial x} \times \frac{\partial \boldsymbol{r}}{\partial y} = (\boldsymbol{i} - 2\boldsymbol{k}) \times (\boldsymbol{j} - 2\boldsymbol{k}) = 2\boldsymbol{i} + 2\boldsymbol{j} + \boldsymbol{k}$$

より次式を得る。

$$dS = \left|\frac{\partial \boldsymbol{r}}{\partial x} \times \frac{\partial \boldsymbol{r}}{\partial y}\right| dxdy = |2\boldsymbol{i} + 2\boldsymbol{j} + \boldsymbol{k}|dxdy = 3dxdy$$

$x \geqq 0,\ y \geqq 0,\ z = -2x-2y+4 \geqq 0$ は，$0 \leqq x \leqq 2,\ 0 \leqq y \leqq -x+2$ と対応するので

$$\iint_S f dS = \int_0^2 \int_0^{-x+2} (-y-x+4)3dydx$$
$$= 3\int_0^2 \left[-\frac{y^2}{2} + (-x+4)y\right]_0^{-x+2} dx$$
$$= 3\int_0^2 \left(\frac{x^2}{2} - 4x + 6\right) dx = 16$$

(2) 平面 S 上では，$\boldsymbol{r} = x\boldsymbol{i} + y\boldsymbol{j} + (-2x-y+2)\boldsymbol{k}$ であるから

$$\frac{\partial \boldsymbol{r}}{\partial x} \times \frac{\partial \boldsymbol{r}}{\partial y} = (\boldsymbol{i} - 2\boldsymbol{k}) \times (\boldsymbol{j} - \boldsymbol{k}) = 2\boldsymbol{i} + \boldsymbol{j} + \boldsymbol{k}$$

より次式を得る。

$$dS = \left|\frac{\partial \boldsymbol{r}}{\partial x} \times \frac{\partial \boldsymbol{r}}{\partial y}\right| dxdy = |2\boldsymbol{i} + \boldsymbol{j} + \boldsymbol{k}\ |dxdy = \sqrt{6}\,dxdy$$

$x \geqq 0,\ y \geqq 0,\ z = -2x-y+2 \geqq 0$ は，$0 \leqq x \leqq 1,\ 0 \leqq y \leqq -2x+2$ と対応するので

$$\iint_S f dS = \int_0^1 \int_0^{-2x+2} (2y + x^2 + 2x - 2)\sqrt{6}\, dydx$$
$$= \sqrt{6} \int_0^1 \left[2\frac{y^2}{2} + (x^2 + 2x - 2)y \right]_0^{-2x+2} dx$$
$$= 2\sqrt{6} \int_0^1 (-x^3 + x^2) dx = \frac{\sqrt{6}}{6}$$

問 4.6 (1) 平面 S 上では，$z = -x/2 - y + 1$ より，$\boldsymbol{A}$ は x, y を用いて

$$\boldsymbol{A} = xy\boldsymbol{i} - \boldsymbol{j} + \left(-\frac{x}{2} - y + 1 \right) \boldsymbol{k}$$

となる。また，$\boldsymbol{r} = x\boldsymbol{i} + y\boldsymbol{j} + (-x/2 - y + 1)\boldsymbol{k}$ であるから

$$\frac{\partial \boldsymbol{r}}{\partial x} \times \frac{\partial \boldsymbol{r}}{\partial y} = \left(\boldsymbol{i} - \frac{1}{2}\boldsymbol{k} \right) \times (\boldsymbol{j} - \boldsymbol{k}) = \frac{1}{2}\boldsymbol{i} + \boldsymbol{j} + \boldsymbol{k}$$

となり次式を得る。

$$\boldsymbol{A} \cdot d\boldsymbol{S} = \boldsymbol{A} \cdot \left(\frac{\partial \boldsymbol{r}}{\partial x} \times \frac{\partial \boldsymbol{r}}{\partial y} \right) dxdy = \left\{ \left(\frac{x}{2} - 1 \right) y - \frac{x}{2} \right\} dxdy$$

$x \geqq 0, y \geqq 0, z = -x/2 - y + 1 \geqq 0$ は，$0 \leqq x \leqq 2, 0 \leqq y \leqq -x/2 + 1$ と対応するので

$$\iint_S \boldsymbol{A} \cdot d\boldsymbol{S} = \int_0^2 \int_0^{-x/2+1} \left\{ \left(\frac{x}{2} - 1 \right) y - \frac{x}{2} \right\} dydx$$
$$= \frac{1}{2} \int_0^2 \left(\frac{x^3}{8} - \frac{x^2}{4} + \frac{x}{2} - 1 \right) dx = -\frac{7}{12}$$

(2) 平面 S 上では，$z = -2x - 2y + 2$ より，$\boldsymbol{A}$ は x, y を用いて

$$\boldsymbol{A} = x^2\boldsymbol{i} + y^2\boldsymbol{j} + (-2x - 2y + 2)^2\boldsymbol{k}$$

となる。また，$\boldsymbol{r} = x\boldsymbol{i} + y\boldsymbol{j} + (-2x - 2y + 2)\boldsymbol{k}$ であるから

$$\frac{\partial \boldsymbol{r}}{\partial x} \times \frac{\partial \boldsymbol{r}}{\partial y} = (\boldsymbol{i} - 2\boldsymbol{k}) \times (\boldsymbol{j} - 2\boldsymbol{k}) = 2\boldsymbol{i} + 2\boldsymbol{j} + \boldsymbol{k}$$

となり次式を得る。

$$\boldsymbol{A} \cdot d\boldsymbol{S} = \boldsymbol{A} \cdot \left(\frac{\partial \boldsymbol{r}}{\partial x} \times \frac{\partial \boldsymbol{r}}{\partial y} \right) dxdy$$
$$= \{6y^2 + 8(x - 1)y + (6x^2 - 8x + 4)\} dxdy$$

$x \geqq 0, y \geqq 0, z = -2x - 2y + 2 \geqq 0$ は，$0 \leqq x \leqq 1, 0 \leqq y \leqq -x + 1$ と対応するので

$$\iint_S \boldsymbol{A}\cdot d\boldsymbol{S} = \int_0^1 \int_0^{-x+1} \{6y^2+8(x-1)y+(6x^2-8x+4)\}dydx$$
$$= \int_0^1 (-4x^3+8x^2-6x+2)dx = \frac{2}{3}$$

問 4.7
$$\iiint_V (x+y+z)dv = \int_0^1 dx \int_0^{1-x} dy \int_0^{1-x-y} (x+y+z)dz$$
$$= \int_0^1 dx \int_0^{1-x} dy \left[(x+y)z + \frac{z^2}{2}\right]_0^{1-x-y}$$
$$= \frac{1}{2}\int_0^1 dx \int_0^{1-x} \left\{1-(x+y)^2\right\} dy$$
$$= \frac{1}{2}\int_0^1 \left(\frac{2}{3} - x + \frac{x^3}{3}\right) dx = \frac{1}{8}$$

問 4.8 $\nabla\cdot\boldsymbol{r} = 3$ であるから

$$\iiint_V \nabla\cdot\boldsymbol{r}dv = \iiint_V 3dv = 3\iiint_V dv = 3v$$

問 4.9

$$\nabla\times\boldsymbol{A} = \begin{vmatrix} \boldsymbol{i} & \boldsymbol{j} & \boldsymbol{k} \\ \dfrac{\partial}{\partial x} & \dfrac{\partial}{\partial y} & \dfrac{\partial}{\partial z} \\ y & -x & 0 \end{vmatrix} = -2\boldsymbol{k}$$

であるから

$$\iiint_V \nabla\times\boldsymbol{A}dv = -2\boldsymbol{k}\iiint_V dv = -2v\boldsymbol{k}$$

問 4.10 まず，必要となる定積分について計算する。b を定数として

$$\int_0^b \sqrt{b^2-y^2}dy = \int_0^{\pi/2} b\cos t\cdot b\cos tdt = b^2\int_0^{\pi/2}\cos^2 tdt$$
$$= b^2\int_0^{\pi/2}\frac{1+\cos 2t}{2}dt = b^2\left[\frac{t}{2}+\frac{\sin 2t}{4}\right]_0^{\pi/2} = \frac{\pi b^2}{4}$$

ここで，$y = b\sin t$ と置き換えた。

つぎに，積分領域 V が球であることから，対称性より

$$I = \iiint_V x^2dxdydz = \iiint_V y^2dxdydz = \iiint_V z^2dxdydz$$

の関係が成り立つ。球面内部 V ; $x^2+y^2+z^2 \leqq a^2$ は $-a \leqq x \leqq a, -\sqrt{a^2-x^2} \leqq y \leqq \sqrt{a^2-x^2}, -\sqrt{a^2-x^2-y^2} \leqq z \leqq \sqrt{a^2-x^2-y^2}$ によって表現される。したがって

$$I=\iiint_V x^2 dxdydz=\int_{-a}^{a} x^2 dx\int_{-\sqrt{a^2-x^2}}^{\sqrt{a^2-x^2}} dy\int_{-\sqrt{a^2-x^2-y^2}}^{\sqrt{a^2-x^2-y^2}} dz$$
$$=8\int_0^a x^2 dx\int_0^{\sqrt{a^2-x^2}} dy\int_0^{\sqrt{a^2-x^2-y^2}} dz$$
$$=8\int_0^a x^2 dx\int_0^{\sqrt{a^2-x^2}} \sqrt{a^2-x^2-y^2}dy=8\int_0^a x^2\frac{\pi(a^2-x^2)}{4}dx$$
$$=2\pi\int_0^a (a^2x^2-x^4)dx=\frac{4\pi a^5}{15}$$

以上から

(1) $$\iiint_V fdv=\iiint_V x^2dxdydz+\iiint_V y^2dxdydz+\iiint_V z^2dxdydz$$
$$=3I=\frac{4\pi a^5}{5}$$

(2) $$\iiint_V \boldsymbol{A}dv=\iiint_V x^2dxdydz\boldsymbol{i}+\iiint_V y^2dxdydz\boldsymbol{j}+\iiint_V z^2dxdydz\boldsymbol{k}$$
$$=I(\boldsymbol{i}+\boldsymbol{j}+\boldsymbol{k})=\frac{4\pi a^5}{15}(\boldsymbol{i}+\boldsymbol{j}+\boldsymbol{k})$$

章末問題（4 章）

【1】 $\dfrac{d\boldsymbol{r}}{du}=a(1-\cos u)\boldsymbol{i}+a\sin u\boldsymbol{j}$, $\left|\dfrac{d\boldsymbol{r}}{du}\right|=2a\sin\dfrac{u}{2}$
であるから

$$s=\int_0^{2\pi}\left|\frac{d\boldsymbol{r}}{du}\right|du=2a\int_0^{2\pi}\sin\frac{u}{2}du=8a$$

【2】 $\dfrac{d\boldsymbol{r}}{du}=3a\sin u\cos u(-\cos u\boldsymbol{i}+\sin u\boldsymbol{j})$, $\left|\dfrac{d\boldsymbol{r}}{du}\right|=3a\sin u\cos u$
であるから

$$s=\int_0^{2\pi}\left|\frac{d\boldsymbol{r}}{du}\right|du=3a\int_0^{\pi/2}\sin u\cos u du=\frac{3a}{2}$$

【3】 (1) 線分 C を表す方程式は $\boldsymbol{r}=3u\boldsymbol{i}+3u\boldsymbol{j}+2u\boldsymbol{k}$, $(0\leqq u\leqq 1)$ であるから

$$\frac{ds}{dt}=\left|\frac{d\boldsymbol{r}}{du}\right|=|3\boldsymbol{i}+3\boldsymbol{j}+2\boldsymbol{k}|=\sqrt{22}$$

また，C に沿って，$f=2x-yz=2\cdot 3u-3u\cdot 2u=6u-6u^2$ であるから

$$\int_C fds=\int_C f\frac{ds}{du}du=\int_0^1(6u-6u^2)\sqrt{22}du=\sqrt{22}$$

(2) 線分 C を二つに分割し，$C = C_1 + C_2 = \overline{\mathrm{OP}} + \overline{\mathrm{PQ}}$ とすると，C_1, C_2 に関する方程式は

$$C_1 : \boldsymbol{r}_1 = 3u_1\boldsymbol{i} + 3u_1\boldsymbol{j} \quad (0 \leqq u_1 \leqq 1),$$
$$C_2 : \boldsymbol{r}_2 = 3\boldsymbol{i} + 3\boldsymbol{j} + 2u_2\boldsymbol{k} \quad (0 \leqq u_2 \leqq 1)$$

であるから

$$\frac{ds_1}{du_1} = \left|\frac{d\boldsymbol{r}_1}{du_1}\right| = |3\boldsymbol{i} + 3\boldsymbol{j}| = 3\sqrt{2}, \quad \frac{ds_2}{du_2} = \left|\frac{d\boldsymbol{r}_2}{du_2}\right| = |2\boldsymbol{k}| = 2$$

一方，f は C_1 に沿って，$f = 2x - yz = 2 \cdot 3u_1 - 3u_1 \cdot 0 = 6u_1$ であって，f は C_2 に沿って，$f = 2x - yz = 2 \cdot 3 - 3 \cdot 2u_2 = 6 - 6u_2$ であるから

$$\begin{aligned}\int_C f ds &= \int_C f\frac{ds}{du}du = \int_{C_1} f\frac{ds_1}{du_1}du_1 + \int_{C_2} f\frac{ds_2}{du_2}du_2 \\ &= \int_0^1 6u_1 \cdot 3\sqrt{2}\,du_1 + \int_0^1 6(1-u_2) \cdot 2du_2 \\ &= 9\sqrt{2} + 6\end{aligned}$$

【4】(1) 線分上において $\boldsymbol{r} = u\boldsymbol{i} + u\boldsymbol{j} + u\boldsymbol{k}$ $(0 \leqq u \leqq 1)$ であるから

$$\begin{aligned}\int_C \boldsymbol{A} \cdot d\boldsymbol{r} &= \int_C \boldsymbol{A} \cdot \frac{d\boldsymbol{r}}{du}du \\ &= \int_C \left\{(u^2 + 2u)\boldsymbol{i} + 7u^2\boldsymbol{j} - 8u^3\boldsymbol{k}\right\} \cdot (\boldsymbol{i} + \boldsymbol{j} + \boldsymbol{k})du \\ &= 2\int_0^1 (u + 4u^2 - 4u^3)du = \frac{5}{3}\end{aligned}$$

(2)
$$\begin{aligned}\int_C \boldsymbol{A} \cdot d\boldsymbol{r} &= \int_C \boldsymbol{A} \cdot \frac{d\boldsymbol{r}}{du}du \\ &= \int_C \left(3u^2\boldsymbol{i} + 7u^5\boldsymbol{j} - 8u^5\boldsymbol{k}\right) \cdot (\boldsymbol{i} + 2u\boldsymbol{j} + 3u^2\boldsymbol{k})du \\ &= \int_0^1 (3u^2 + 14u^6 - 24u^7)du = 0\end{aligned}$$

【5】
$$\begin{aligned}\int_C \left(\frac{x\boldsymbol{i} + y\boldsymbol{j}}{x^2 + y^2}\right) \cdot d\boldsymbol{r} &= \int_0^\pi \frac{(2 + \cos u)\boldsymbol{i} + \sin u\boldsymbol{j}}{(2 + \cos u)^2 + \sin^2 u} \cdot \frac{d\boldsymbol{r}}{du}du \\ &= \int_0^\pi \frac{(2+\cos u)\boldsymbol{i}+\sin u\boldsymbol{j}}{5 + 4\cos u} \cdot (-\sin u\boldsymbol{i} + \cos u\boldsymbol{j})du \\ &= 2\int_0^\pi \frac{-\sin u du}{5 + 4\cos u}\end{aligned}$$

ここで，$v = \cos u$ とおくと，$dv = -\sin u du$ であるから

$$\int_C \left(\frac{x\boldsymbol{i} + y\boldsymbol{j}}{x^2 + y^2}\right) \cdot d\boldsymbol{r} = 2\int_1^{-1} \frac{dv}{5 + 4v} = -\log_e 3$$

【６】(1)　S は平面である（図 4.9 参照）。平面 S 上で，$\boldsymbol{r} = x\boldsymbol{i} + y\boldsymbol{j} + (2 - 2x/3 - y/3)\boldsymbol{k}$ であるから

$$\frac{\partial \boldsymbol{r}}{\partial x} \times \frac{\partial \boldsymbol{r}}{\partial y} = \left(\boldsymbol{i} - \frac{2}{3}\boldsymbol{k}\right) \times \left(\boldsymbol{j} - \frac{1}{3}\boldsymbol{k}\right) = \frac{2}{3}\boldsymbol{i} + \frac{1}{3}\boldsymbol{j} + \boldsymbol{k}$$

より

$$dS = \left|\frac{\partial \boldsymbol{r}}{\partial x} \times \frac{\partial \boldsymbol{r}}{\partial y}\right| dxdy = \left|\frac{2}{3}\boldsymbol{i} + \frac{1}{3}\boldsymbol{j} + \boldsymbol{k}\ \right| dxdy = \frac{\sqrt{14}}{3} dxdy$$

である。$x \geqq 0$，$y \geqq 0$，$z = 2 - 2x/3 - y/3 \geqq 0$ は，$0 \leqq x \leqq 3$，$0 \leqq y \leqq -2x + 6$ と対応するので

$$\begin{aligned}\iint_S f dS &= \int_0^3 \int_0^{-2x+6} (2y + 3x - 6)\,\frac{\sqrt{14}}{3} dydx \\ &= \frac{\sqrt{14}}{3} \int_0^3 \left[2\frac{y^2}{2} + (3x - 6)y\right]_0^{-2x+6} dx \\ &= \frac{2\sqrt{14}}{3} \int_0^3 (-x^2 + 3x)dx = 3\sqrt{14}\end{aligned}$$

(2)　曲面 S は放物面の一部である。曲面 S 上では，$\boldsymbol{r} = x\boldsymbol{i} + y\boldsymbol{j} + (2 - x^2 - y^2)\boldsymbol{k}$ であるから

$$\frac{\partial \boldsymbol{r}}{\partial x} \times \frac{\partial \boldsymbol{r}}{\partial y} = (\boldsymbol{i} - 2x\boldsymbol{k}) \times (\boldsymbol{j} - 2y\boldsymbol{k}) = 2x\boldsymbol{i} + 2y\boldsymbol{j} + \boldsymbol{k}$$

これから

$$\begin{aligned}dS &= \left|\frac{\partial \boldsymbol{r}}{\partial x} \times \frac{\partial \boldsymbol{r}}{\partial y}\right| dxdy = |2x\boldsymbol{i} + 2y\boldsymbol{j} + \boldsymbol{k}| dxdy \\ &= \sqrt{4(x^2 + y^2) + 1}\, dxdy\end{aligned}$$

である。$x \geqq 0, y \geqq 0, z = 2 - x^2 - y^2 \geqq 0$，すなわち，$x^2 + y^2 \leqq (\sqrt{2})^2$ より，x, y の取り得る範囲は原点 O を中心とする半径 $\sqrt{2}$ の円の第 1 象限の部分 D である。

$$\iint_S f dS = \iint_D (x^2 + y^2)\sqrt{4(x^2 + y^2) + 1}\, dxdy$$

$x = \rho\cos\phi, y = \rho\sin\phi$ と変数変換すると，$dxdy = \rho d\rho d\phi$ などから

$$\iint_S f dS = \int_0^{\pi/2} \int_0^{\sqrt{2}} \rho^2 \sqrt{4\rho^2+1}\, \rho d\rho d\phi$$
$$= \int_0^{\pi/2} d\phi \int_0^{\sqrt{2}} \rho^2 \sqrt{4\rho^2+1}\, \rho d\rho$$
$$= \frac{\pi}{2} \int_0^{\sqrt{2}} \rho^2 \sqrt{4\rho^2+1}\, \rho d\rho$$

さらに，$t = \sqrt{4\rho^2+1}$ と変数変換すると

$$\frac{dt}{d\rho} = \frac{4\rho}{\sqrt{4\rho^2+1}} = \frac{4\rho}{t}$$

すなわち，$\rho d\rho = (1/4) t dt$ などの関係から

$$\iint_S f dS = \frac{\pi}{2} \int_1^3 \frac{t^2-1}{4} \cdot t \frac{1}{4} t dt = \frac{\pi}{32} \int_1^3 (t^4 - t^2) dt = \frac{149}{120}\pi$$

【7】 S は図 4.9 の平面である。

(1) 平面 S 上では，$\boldsymbol{A}$ は x, y を用いて

$$\boldsymbol{A} = (12 - 2x - 3y)\boldsymbol{i} - 4\boldsymbol{j} + y\boldsymbol{k}$$

となり，また，$\boldsymbol{r} = x\boldsymbol{i} + y\boldsymbol{j} + (2 - x/3 - y/2)\boldsymbol{k}$ であるから

$$\frac{\partial \boldsymbol{r}}{\partial x} \times \frac{\partial \boldsymbol{r}}{\partial y} = \left(\boldsymbol{i} - \frac{1}{2}\boldsymbol{k}\right) \times \left(\boldsymbol{j} - \frac{1}{2}\boldsymbol{k}\right) = \frac{1}{3}\boldsymbol{i} + \frac{1}{2}\boldsymbol{j} + \boldsymbol{k}$$

である。$x \geqq 0$, $y \geqq 0$, $z = 2 - x/3 - y/2 \geqq 0$ は，$0 \leqq x \leqq 6$, $0 \leq y \leq -2x/3 + 4$ と対応するので

$$\iint_S \boldsymbol{A} \cdot d\boldsymbol{S} = \int_0^6 \int_0^{-2x/3+4} \left(-\frac{2}{3}x + 2\right) dy dx$$
$$= \int_0^6 \left[\left(-\frac{2}{3}x + 2\right) y\right]_0^{-2x/3+4} dx = \int_0^6 \left(\frac{4}{9}x^2 - 4x + 8\right) dx$$
$$= 8$$

(2) 平面 S 上では，$\boldsymbol{A}$ は x, y を用いて

$$\boldsymbol{A} = (4 - 4x - 2y)\boldsymbol{i} + (y + 4x)\boldsymbol{j} + 8x\boldsymbol{k}$$

となり，また，$\boldsymbol{r} = x\boldsymbol{i} + y\boldsymbol{j} + (4 - 4x - 2y)\boldsymbol{k}$ であるから

$$\frac{\partial \boldsymbol{r}}{\partial x} \times \frac{\partial \boldsymbol{r}}{\partial y} = (\boldsymbol{i} - 4\boldsymbol{k}) \times (\boldsymbol{j} - 2\boldsymbol{k}) = 4\boldsymbol{i} + 2\boldsymbol{j} + \boldsymbol{k}$$

である。$x \geqq 0,\ y \geqq 0,\ z = 4 - 4x - 2y \geqq 0$ は，$0 \leqq x \leqq 1$, $0 \leqq y \leqq -2x + 2$ と対応するので

$$\iint_S \boldsymbol{A} \cdot d\boldsymbol{S} = \int_0^1 \int_0^{-2x+2} (-6y + 16) dy dx$$
$$= \int_0^1 \left[-6\frac{y^2}{2} + 16y\right]_0^{-2x+2} dx = \int_0^1 (-12x^2 - 8x + 20) dx$$
$$= 12$$

【8】 S は解図 **4.1** で示す部分である。このとき，$D = \{(x, y) : 0 \leqq x \leqq 1,\ 0 \leqq y \leqq 2,\ z = 0\}$ とする。

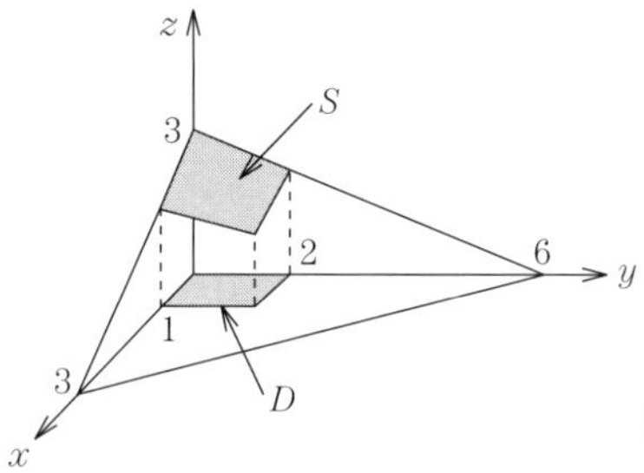

解図 **4.1**

S 上では，$\boldsymbol{r} = x\boldsymbol{i} + y\boldsymbol{j} + (3 - x - y/2)\boldsymbol{k}$ であるから，面素ベクトル $d\boldsymbol{S}$ は

$$d\boldsymbol{S} = \frac{\partial \boldsymbol{r}}{\partial x} \times \frac{\partial \boldsymbol{r}}{\partial y} dx dy$$
$$= (\boldsymbol{i} - \boldsymbol{k}) \times \left(\boldsymbol{j} - \frac{1}{2}\boldsymbol{k}\right) dx dy = \left(\boldsymbol{i} + \frac{1}{2}\boldsymbol{j} + \boldsymbol{k}\right) dx dy$$

となる。これから

$$(\nabla \times \boldsymbol{A}) \cdot d\boldsymbol{S} = (3\boldsymbol{i} - \boldsymbol{j} - 2\boldsymbol{k}) \cdot \left(\boldsymbol{i} + \frac{1}{2}\boldsymbol{j} + \boldsymbol{k}\right) dx dy = \frac{1}{2} dx dy$$

となるので

$$\iint_S (\nabla \times \boldsymbol{A}) \cdot d\boldsymbol{S} = \iint_D \frac{1}{2} dx dy = \frac{1}{2} \int_0^1 \int_0^2 dy dx = 1$$

【9】 円柱面上では，$\boldsymbol{r} = x\boldsymbol{i} + \sqrt{16 - x^2}\boldsymbol{j} + z\boldsymbol{k}, 0 \leqq x \leqq 4, 0 \leqq z \leqq 5$ である。これより，面素ベクトル $d\boldsymbol{S}$ は

$$d\boldsymbol{S} = \frac{\partial \boldsymbol{r}}{\partial z} \times \frac{\partial \boldsymbol{r}}{\partial x} dzdx = \left\{ \boldsymbol{k} \times \left(\boldsymbol{i} - \frac{x}{\sqrt{16-x^2}} \boldsymbol{j} \right) \right\} dzdx$$
$$= \left(\frac{x}{\sqrt{16-x^2}} \boldsymbol{i} + \boldsymbol{j} \right) dzdx$$

これから

$$\boldsymbol{A} \cdot d\boldsymbol{S} = \left\{ z\boldsymbol{i} + x\boldsymbol{j} - 3(16-x^2)z\boldsymbol{k} \right\} \cdot \left(\frac{x}{\sqrt{16-x^2}} \boldsymbol{i} + \boldsymbol{j} \right) dzdx$$
$$= \left(\frac{zx}{\sqrt{16-x^2}} + x \right) dzdx$$

となるので

$$\iint_S \boldsymbol{A} \cdot d\boldsymbol{S} = \int_0^4 \int_0^5 \left(\frac{zx}{\sqrt{16-x^2}} + x \right) dzdx$$
$$= \int_0^4 \left[\frac{x}{\sqrt{16-x^2}} \frac{z^2}{2} + xz \right]_0^5 dx$$
$$= \int_0^4 \left(\frac{25}{2} \frac{x}{\sqrt{16-x^2}} + 5x \right) dx$$
$$= 90$$

【10】 曲面 $S : x^2 + y^2 + z^2 = 1$ は，原点を中心とする半径 1 の球面のうち $x \geqq 0, y \geqq 0, z \geqq 0$ の部分である。曲面 S に対応する xy 平面の領域 D は，原点を中心とする半径 1 の円の第 1 象限の部分，すなわち，$D : 0 \leqq x \leqq 1,\ 0 \leqq y \leqq \sqrt{1-x^2}$ である。曲面 S 上で

$$\boldsymbol{A} = \boldsymbol{r} = x\boldsymbol{i} + y\boldsymbol{j} + \sqrt{1-x^2-y^2}\boldsymbol{k}$$

であるから，面素ベクトル $d\boldsymbol{S}$ は

$$d\boldsymbol{S} = \frac{\partial \boldsymbol{r}}{\partial x} \times \frac{\partial \boldsymbol{r}}{\partial y} dxdy$$
$$= \left(\boldsymbol{i} - \frac{x}{\sqrt{1-x^2-y^2}} \boldsymbol{k} \right) \times \left(\boldsymbol{j} - \frac{y}{\sqrt{1-x^2-y^2}} \boldsymbol{k} \right) dxdy$$
$$= \frac{x\boldsymbol{i} + y\boldsymbol{j} + \sqrt{1-x^2-y^2}\boldsymbol{k}}{\sqrt{1-x^2-y^2}} dxdy = \frac{\boldsymbol{r}}{\sqrt{1-x^2-y^2}} dxdy$$

となる。このとき

$$\boldsymbol{A} \cdot d\boldsymbol{S} = \boldsymbol{r} \cdot \frac{\boldsymbol{r}}{\sqrt{1-x^2-y^2}} dxdy = \frac{dxdy}{\sqrt{1-x^2-y^2}}$$

したがって

$$\iint_S \boldsymbol{A}\cdot d\boldsymbol{S} = \int_0^1 \int_0^{\sqrt{1-x^2}} \frac{dy}{\sqrt{1-x^2-y^2}}dx$$

$$= \int_0^1 \left[\sin^{-1}\left(\frac{y}{\sqrt{1-x^2}}\right)\right]_0^{\sqrt{1-x^2}} dx$$

$$= \int_0^1 \left\{\sin^{-1}(1) - \sin^{-1}(0)\right\} dx = \frac{\pi}{2}$$

5章解答

問 5.1 半球面 S とその底面（円）$S' : x^2+y^2 \leqq 1,\ z=0$ の和集合は，半球領域 $V : x^2+y^2+z^2 \leqq 1,\ z \geqq 0$ の閉曲面である。したがって，ガウスの発散定理より

$$\iiint_V \nabla\cdot\boldsymbol{A}dv = \iint_S \boldsymbol{A}\cdot d\boldsymbol{S} + \iint_{S'} \boldsymbol{A}\cdot d\boldsymbol{S}$$

S' 上では，$z=0$ より $\boldsymbol{A}=\boldsymbol{0}$ であるから

$$\iint_S \boldsymbol{A}\cdot d\boldsymbol{S} = \iiint_V \nabla\cdot\boldsymbol{A}dv$$

ここで，$\nabla\cdot\boldsymbol{A} = 6z$ であるから

$$\iint_S \boldsymbol{A}\cdot d\boldsymbol{S} = \iiint_V 6zdv = 6\int_0^1 zdz \iint_{x^2+y^2\leqq 1-z^2} dxdy$$

$$= 6\int_0^1 z\cdot\pi(1-z^2)dz = 6\pi\int_0^1 (z-z^3)dz = \frac{3\pi}{2}$$

問 5.2 $\nabla\cdot\boldsymbol{r} = 3$ であるから，ガウスの発散定理より

$$\oint\!\!\!\!\!\!\iint_S \boldsymbol{r}\cdot d\boldsymbol{S} = \iiint_V \nabla\cdot\boldsymbol{r}dv = \iiint_V 3dv = 3\iiint_V dv = 3v$$

問 5.3 ストークスの定理により，線積分を面積分に変換して計算を行う。

$$\oint_C \boldsymbol{A}\cdot d\boldsymbol{r} = \iint_S \nabla\times\boldsymbol{A}\cdot d\boldsymbol{S}$$

解図 5.1 にわかるように，S 上の点は，$\boldsymbol{r} = x\boldsymbol{i} + y\boldsymbol{j} + (-y+1)\boldsymbol{k}$ と表現できる。ただし，x, y の積分範囲は S の xy 平面上への正射影 D（中心が原点 O で半径が 1 の円内部）とする。このとき

$$d\boldsymbol{S} = \frac{\partial\boldsymbol{r}}{\partial x}\times\frac{\partial\boldsymbol{r}}{\partial y}dxdy = \boldsymbol{i}\times(\boldsymbol{j}-\boldsymbol{k})dxdy = (\boldsymbol{j}+\boldsymbol{k})dxdy$$

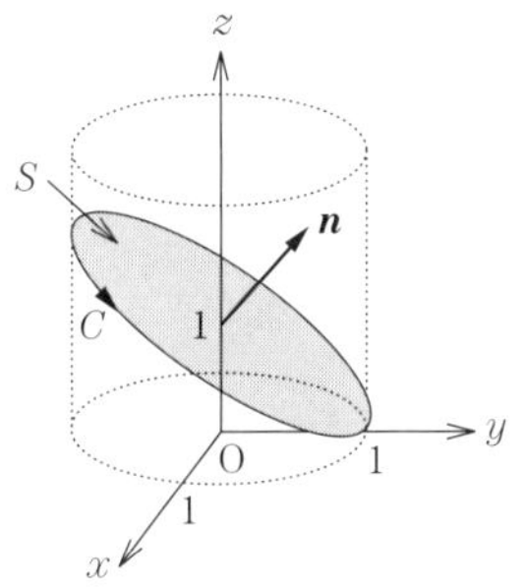

解図 5.1

これから

$$\oint_C \boldsymbol{A} \cdot d\boldsymbol{r} = \iint_S \nabla \times \boldsymbol{A} \cdot d\boldsymbol{S} = \iint_S (-\boldsymbol{j} + \boldsymbol{k}) \cdot (\boldsymbol{j} + \boldsymbol{k}) dxdy = 0$$

問 5.4 (1) $\nabla \times \boldsymbol{r} = \boldsymbol{0}$ であるから，ストークスの定理により

$$\oint_C \boldsymbol{r} \cdot d\boldsymbol{r} = \iint_S \nabla \times \boldsymbol{r} \cdot d\boldsymbol{S} = 0$$

(2) $\nabla \times \nabla r = \boldsymbol{0}$ であるから，ストークスの定理により

$$\oint_C \nabla r \cdot d\boldsymbol{r} = \iint_S (\nabla \times \nabla r) \cdot d\boldsymbol{S} = \iint_S \boldsymbol{0} \cdot d\boldsymbol{S} = 0$$

章末問題（5 章）

【1】(1) ベクトル恒等式 $\nabla \cdot (\nabla \times \boldsymbol{A}) = 0$ に留意して，ガウスの発散定理により

$$\oiint_S \nabla \times \boldsymbol{A} \cdot d\boldsymbol{S} = \iiint_v \nabla \cdot (\nabla \times \boldsymbol{A}) dv = 0$$

(2) 解図 **5.2** に示すように，閉曲面 S を 1 本の閉曲線 C で切断し，二つの曲面 S_1 と S_2 とに分割する。S_1, S_2 に対して，ストークスの定理を適用すると

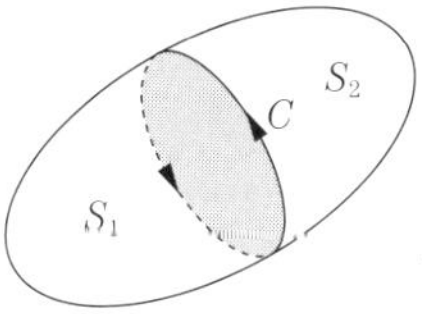

解図 5.2

$$\iint_{S_1} \nabla \times \boldsymbol{A} \cdot d\boldsymbol{S} = \oint_C \boldsymbol{A} \cdot d\boldsymbol{r}$$

$$\iint_{S_2} \nabla \times \boldsymbol{A} \cdot d\boldsymbol{S} = \oint_{-C} \boldsymbol{A} \cdot d\boldsymbol{r} = -\oint_C \boldsymbol{A} \cdot d\boldsymbol{r}$$

以上により，閉曲面 S に対して次式が成り立つ。

$$\begin{aligned}\oiint_S \nabla \times \boldsymbol{A} \cdot d\boldsymbol{S} &= \iint_{S_1} \nabla \times \boldsymbol{A} \cdot d\boldsymbol{S} + \iint_{S_2} \nabla \times \boldsymbol{A} \cdot d\boldsymbol{S} \\ &= \oint_C \boldsymbol{A} \cdot d\boldsymbol{r} - \oint_C \boldsymbol{A} \cdot d\boldsymbol{r} = 0\end{aligned}$$

【2】 ガウスの発散定理より

$$\oiint_S \frac{\boldsymbol{A}}{r} \cdot d\boldsymbol{S} = \iiint_V \nabla \cdot \left(\frac{\boldsymbol{A}}{r}\right) dv$$

ここで

$$\begin{aligned}\nabla \cdot \left(\frac{\boldsymbol{A}}{r}\right) &= \nabla\left(\frac{1}{r}\right) \cdot \boldsymbol{A} + \frac{1}{r}\nabla \cdot \boldsymbol{A} = \frac{d}{dr}\left(\frac{1}{r}\right)\nabla r \cdot \boldsymbol{A} + \frac{1}{r}\nabla \cdot \boldsymbol{A} \\ &= -\frac{1}{r^2}\frac{\boldsymbol{r}}{r} \cdot \boldsymbol{A} + \frac{1}{r}(0) = -\frac{\boldsymbol{A} \cdot \boldsymbol{r}}{r^3}\end{aligned}$$

となる。上式では，$\boldsymbol{A}$ が定ベクトルより $\nabla \cdot \boldsymbol{A} = 0$ であること，$\nabla r = \boldsymbol{r}/r$ の関係を利用した。したがって

$$\oiint_S \frac{\boldsymbol{A}}{r} \cdot d\boldsymbol{S} = \iiint_V \nabla \cdot \left(\frac{\boldsymbol{A}}{r}\right) dv = -\iiint_V \frac{\boldsymbol{A} \cdot \boldsymbol{r}}{r^3} dv$$

【3】 $\nabla \cdot \boldsymbol{r} = 3$, $\nabla r = \boldsymbol{r}/r$ であることに注意して

$$\begin{aligned}\nabla \cdot \left(\frac{\boldsymbol{r}}{r^2}\right) &= \nabla\left(\frac{1}{r^2}\right) \cdot \boldsymbol{r} + \frac{1}{r^2}\nabla \cdot \boldsymbol{r} = \frac{d}{dr}\left(\frac{1}{r^2}\right)\nabla r \cdot \boldsymbol{r} + \frac{3}{r^2} \\ &= -\frac{2}{r^3}\frac{\boldsymbol{r}}{r} \cdot \boldsymbol{r} + \frac{3}{r^2} = \frac{1}{r^2}\end{aligned}$$

ガウスの発散定理を適用して

$$\iiint_V \frac{dv}{r^2} = \iiint_V \nabla \cdot \left(\frac{\boldsymbol{r}}{r^2}\right) dv = \oiint_S \frac{\boldsymbol{r} \cdot d\boldsymbol{S}}{r^2}$$

S は半径 a の球面だから，$d\boldsymbol{S} = \boldsymbol{n}dS = (\boldsymbol{r}/r)dS$, $r = a$ である。したがって

$$\iiint_V \frac{dv}{r^2} = \oiint_S \frac{\boldsymbol{r} \cdot d\boldsymbol{S}}{r^2} = \oiint_S \frac{\boldsymbol{r} \cdot \boldsymbol{r}}{r^3} dS = \frac{1}{a}\oiint_S dS = \frac{1}{a}4\pi a^2 = 4\pi a$$

【4】(1)　$\boldsymbol{A} = \nabla g$ とおくと

$$\nabla\cdot(f\nabla g) = \nabla\cdot(f\boldsymbol{A}) = \nabla f\cdot\boldsymbol{A} + f\nabla\cdot\boldsymbol{A}$$
$$= \nabla f\cdot\nabla g + f\nabla\cdot(\nabla g) = f\nabla^2 g + \nabla f\cdot\nabla g$$

が得られるから，これに対してガウスの発散定理を適用して

$$\iiint_V (f\nabla^2 g + \nabla f\cdot\nabla g)dv = \iiint_V \nabla\cdot(f\nabla g)dv = \oiint_S f\nabla g\cdot d\boldsymbol{S}$$

(2)　(1) の式において f と g を交換して

$$\iiint_V (g\nabla^2 f + \nabla g\cdot\nabla f)dv = \oiint_S g\nabla f\cdot d\boldsymbol{S}$$

(1) の式と上式の辺々を差し引くと

$$\iiint_V (f\nabla^2 g - g\nabla^2 f)dv = \oiint_S (f\nabla g - g\nabla f)\cdot d\boldsymbol{S}$$

【5】(1)　$\boldsymbol{c}$ は定ベクトルであるから，式 (3.27) より

$$\nabla\cdot\boldsymbol{B} = \nabla\cdot(\boldsymbol{A}\times\boldsymbol{c}) = \boldsymbol{c}\cdot\nabla\times\boldsymbol{A} - \boldsymbol{A}\cdot\nabla\times\boldsymbol{c} = \boldsymbol{c}\cdot\nabla\times\boldsymbol{A}$$

となるので

$$\iiint_V \nabla\cdot\boldsymbol{B}dv = \iiint_V \boldsymbol{c}\cdot\nabla\times\boldsymbol{A}dv = \boldsymbol{c}\cdot\iiint_V \nabla\times\boldsymbol{A}dv$$

一方，ガウスの発散定理より

$$\iiint_V \nabla\cdot\boldsymbol{B}dv = \oiint_S \boldsymbol{B}\cdot d\boldsymbol{S} = \oiint_S (\boldsymbol{A}\times\boldsymbol{c})\cdot d\boldsymbol{S}$$
$$= \oiint_S \boldsymbol{n}\cdot(\boldsymbol{A}\times\boldsymbol{c})dS = \oiint_S \boldsymbol{c}\cdot(\boldsymbol{n}\times\boldsymbol{A})dS$$
$$= \boldsymbol{c}\cdot\oiint_S \boldsymbol{n}\times\boldsymbol{A}dS$$

ゆえに

$$\boldsymbol{c}\cdot\left(\iiint_V \nabla\times\boldsymbol{A}dv - \oiint_S \boldsymbol{n}\times\boldsymbol{A}dS\right) = 0$$

任意の定ベクトル $\boldsymbol{c}$ に対して上式が成り立つためには，(　) 内 $= \boldsymbol{0}$，すなわち

$$\iiint_V \nabla\times\boldsymbol{A}\,dv = \oiint_S \boldsymbol{n}\times\boldsymbol{A}dS$$

(2)　$\boldsymbol{c}$ は定ベクトルであるから

$$\nabla \cdot \boldsymbol{A} = \nabla \cdot (f\boldsymbol{c}) = \nabla f \cdot \boldsymbol{c} + f\nabla \cdot \boldsymbol{c} = \boldsymbol{c} \cdot \nabla f$$

ガウスの発散定理を適用すると

$$\iiint_V \nabla \cdot \boldsymbol{A} dv = \iiint_V \boldsymbol{c} \cdot \nabla f dv = \boldsymbol{c} \cdot \iiint_V \nabla f dv$$

$$\iiint_V \nabla \cdot \boldsymbol{A} dv = \oiint_S \boldsymbol{A} \cdot d\boldsymbol{S} = \oiint_S (f\boldsymbol{c}) \cdot d\boldsymbol{S} = \boldsymbol{c} \cdot \oiint_S f d\boldsymbol{S}$$

ゆえに

$$\boldsymbol{c} \cdot \left(\iiint_V \nabla f dv - \oiint_S f d\boldsymbol{S} \right) = 0$$

任意の定ベクトル $\boldsymbol{c}$ に対して上式が成り立つためには，(　) 内 $= \boldsymbol{0}$，すなわち

$$\iiint_V \nabla f dv = \oiint_S f d\boldsymbol{S}$$

付録解答

問 A.1　$-2abc$

問 A.2　$-2abc$

問 A.3　$a^3 + b^3 + c^3 - 3abc$

問 A.4　(1) 16，　(2) 8，　(3) $1 + a + b + c$

問 A.5　(1) 67，　(2) $x^4 + cx^2 + bx + a$

問 A.6　省略

索　　引

【ち】

【て】

【と】

【な】

【に】

【は】

【ひ】

【ふ】

【へ】

【ほ】

【め】

【よ】

【ら】

【り】

◇　◇

【C】

【D】

【G】

【L】

【N】

【R】

【U】

【V】

—— 著者略歴 ——

丸山　武男（まるやま　たけお）
1965年　新潟大学工学部電気工学科卒業
1965年　新潟大学助手
1974年　新潟大学講師
1977年　新潟大学助教授
1979年　工学博士（名古屋大学）
1989年　新潟大学教授
2008年　新潟大学名誉教授

石井　望（いしい　のぞむ）
1989年　北海道大学工学部電子工学科卒業
1991年　北海道大学大学院工学研究科
　　　　修士課程修了（電子工学専攻）
1991年　北海道大学助手
1996年　博士（工学）（北海道大学）
1998年　新潟大学助教授
2007年　新潟大学准教授
　　　　現在に至る

要点がわかるベクトル解析
Elementary Vector Analysis

2007年4月25日　初版第1刷発行
2022年2月10日　初版第15刷発行

検印省略

著　者　丸山　武男
　　　　石井　望
発行者　株式会社　コロナ社
　　　　代表者　牛来真也
印刷所　三美印刷株式会社
製本所　有限会社　愛千製本所

112-0011　東京都文京区千石 4-46-10
発行所　株式会社　コロナ社
CORONA PUBLISHING CO., LTD.
Tokyo Japan
振替 00140-8-14844・電話(03)3941-3131(代)
ホームページ　https://www.coronasha.co.jp

ISBN 978-4-339-06093-5　C3041　Printed in Japan　（横尾）